环境监测实践教程

主　编　周遗品
副主编　周康群　邓金川　张　磊
参　编　陶雪琴　冯茜丹　刘　雯　邹梦遥

华中科技大学出版社
中国·武汉

内 容 提 要

本书是一本集环境监测实验室基础知识、环境监测实验和环境监测实习(综合实践)等内容于一体的高等学校环境类专业实践教学教材。

本书分为七章,内容包括环境监测实验室基础、水质监测实验、空气与废气监测实验、土壤污染与固体废物监测实验、生物及生物样品监测实验、物理性污染监测实验与环境监测实习(综合实践)。附录中列出了常用物理化学常数和主要的现行环境标准限值。

本书可作为高等学校环境科学、环境工程、资源环境科学等专业的教学用书和相关专业学生参考用书,也可作为环境保护与环境科学研究人员和高等学校教师参考用书。

图书在版编目(CIP)数据

环境监测实践教程/周遗品主编.—武汉:华中科技大学出版社,2017.7
全国高等院校环境科学与工程统编教材
ISBN 978-7-5680-2892-9

Ⅰ.①环… Ⅱ.①周… Ⅲ.①环境监测-高等学校-教材 Ⅳ.①X83

中国版本图书馆 CIP 数据核字(2017)第 126887 号

环境监测实践教程   周遗品　主编
Huanjing Jiance Shijian Jiaocheng

策划编辑:王新华
责任编辑:谢贤燕　王新华
封面设计:潘　群
责任校对:曾　婷
责任监印:周治超
出版发行:华中科技大学出版社(中国·武汉)　　　电话:(027)81321913
　　　　　武汉市东湖新技术开发区华工科技园　　　邮编:430223
录　　排:华中科技大学惠友文印中心
印　　刷:武汉华工鑫宏印务有限公司
开　　本:787mm×1092mm　1/16
印　　张:17　插页:1
字　　数:446 千字
版　　次:2017 年 7 月第 1 版第 1 次印刷
定　　价:38.00 元

前　言

　　目前我国高等院校环境工程、环境科学、资源环境科学、生态学、农业资源与环境等专业都开设了环境监测课程。环境监测是一门应用性、技术性很强的课程,因此,实践教学是环境监测课程必不可少的教学环节。环境监测实践教学环节主要包括环境监测实验、环境监测实习(或环境监测综合实践)。本书是一本集环境监测实验室基础知识、环境监测实验和环境监测实习(综合实践)等内容于一体的高等学校环境类专业实践教学教材。

　　本书具有以下特点。

　　(1) 内容丰富翔实:第 1 章"环境监测实验室基础"包括环境监测实验室规则、实验室安全知识、环境监测实验室用水的制备与检测、环境监测实验室试剂配制与保存、监测实验室常用仪器的性能和选用、环境监测实验基本要求等内容。第 2~6 章,包括水质、空气与废气、土壤污染与固体废物、生物及生物样品、物理性污染等环境介质和污染因素的监测实验。第 7 章"环境监测实习(综合实践)"包括环境监测实习的目的及任务、环境空气质量监测实习方案、地表水和废水监测实习方案、土壤环境质量监测实习方案、环境监测实习报告与实习总结的撰写、现场采样安全注意事项。附录中列出了常用物理化学常数和主要的现行环境标准限值。

　　(2) 监测实验的代表性、实用性强:本书编入的环境监测实验包括水质监测实验 27 个、空气与废气监测实验 10 个、土壤污染与固体废物监测实验 8 个、生物及生物样品监测实验 8 个、物理性污染监测实验 4 个。另外还有水、气、土等环境要素监测的综合实践方案。内容涵盖了环境监测基础实验、提高性实验、综合实践。可供各学校根据教学的实际需要和实验室条件从中取舍。

　　(3) 规范性和先进性:本书参考了大量现行的最新环境监测标准和环境监测技术规范,包括采样、样品处理、分析测试、数据处理与结果表示,尽量做到与现行环境监测规范一致,力求做到监测实验和综合实践的规范性和先进性。

　　本书适合高等院校环境监测相关专业的学生使用,同时也可以作为广大的环境保护工作者的工具书。

　　本书由仲恺农业工程学院环境科学与工程学院环境监测课程组编写,其中第 1 章、第 2 章由周遗品、周康群执笔,第 3 章由张磊、冯茜丹执笔,第 4 章由邓金川执笔,第 5 章由陶雪琴执笔,第 6 章由邹梦遥执笔,第 7 章由刘雯执笔。全书最后由周遗品、周康群审核、定稿。

　　本书的编写与出版得到了广东省教育厅创新强校项目的支持和资助,在此表示感谢。

　　由于编者水平有限,书中不足之处在所难免,敬请使用本书的读者批评指正。

编　者

目　　录

第1章 环境监测实验室基础

1.1 环境监测实验室规则

环境监测实验是环境监测课程的主要组成部分,也是环境类专业实践教学的重要环节,通过环境监测实验,加深对环境监测基本理论的认识与理解;通过环境监测实验的基本操作与综合实践,养成严谨、认真、求实的科学态度和工作作风,提高分析问题和解决问题的能力。实验室是进行科学研究和实践教学的重要场所,同时也存在各种危及人身和财产安全的危险因素。为了保证学生人身和实验室财产安全,顺利进行实验,学生进入实验室之前必须了解实验室安全知识,遵守实验室规则。环境监测实验室规则如下。

(1)牢固树立"安全第一"的思想,认真学习实验室安全条例,实验前要知道电源总开关和灭火器材的位置及正确的使用方法;熟悉实验室环境,特别是安全疏散通道。

(2)进入实验室要穿戴整齐,不允许穿拖鞋、高跟鞋、短裤、短裙进入实验室,应按规定穿着长袖、过膝的实验服进行实验。长发(过衣领)必须束起或盘于头顶或藏于帽内。

(3)实验室内严禁饮食,实验室不允许储存、烹煮食品。一切化学试剂严禁入口。

(4)实验室内禁止吸烟,严禁追逐嬉戏、大声喧哗。

(5)实验前必须做好预习,明确实验的目的、原理、操作步骤,特别是要了解每个实验步骤的目的和注意事项、仪器设备的使用方法,写好预习报告。

(6)实验时严格遵守实验操作规程。常温下或者加热时,对有挥发性、有毒有害物质产生的操作必须在通风橱内或抽风管道下进行,必要时戴好防护口罩;高温操作实验必须戴防高温手套;取用强腐蚀性液体要戴橡皮手套或乳胶手套;易燃易爆试剂要远离明火;任何化学试剂未经教师批准不允许带出实验室。在使用不熟悉性能的仪器和药品时,应查阅有关说明书或请教指导教师,不要随意进行实验,以免损坏仪器,更重要的是预防意外事故的发生。

(7)实验时认真观察实验现象,客观地记录实验现象和数据,不得任意修改、伪造或抄袭他人实验结果。所用药品不得随意丢弃和散失。实验过程中始终保持实验台面和地面的整洁,仪器应摆放整齐。腐蚀性废液、有毒有害废液、固体废物不允许倾入水槽内,应倒入指定的废液(物)桶内,始终保持水槽清洁干净,防止有毒有害物质污染环境。

(8)实验公用仪器和试剂,用后应立刻归还原处,切不可随意乱放,养成良好的习惯,节约试剂、水、电、燃气等。

(9)发生意外事故时不要慌乱,应采取正确的应急措施,并及时报告,妥善处理,必要时要及时疏散。损坏仪器、设备应如实说明情况,予以登记。

(10)实验结束,需将实验记录交教师审阅、签字。整理好仪器和药品,关好水、电、燃气开关,做好实验室的清洁、整理工作。经检查合格,方可离开实验室。

1.2　实验室安全知识

1.2.1　实验室常见危险化学试剂

国家标准 GB 13690—2009《化学品分类和危险性公示》对有关《化学品分类及标记全球协调制度》(GHS)的化学品进行了分类及其危险公示,并详细列述了危险符号在 GHS 中应当使用的标准符号。下面就环境监测实验室中一些常见的危险化学品进行简要介绍。

1. 环境监测实验室常见理化危险

1) 爆炸物

爆炸物(或混合物)是这样一种固态或液态物质(或物质的混合物),其本身能够通过化学反应产生气体,而产生气体的温度、压力和速度能对周围环境造成破坏。其中也包括发火物质,即使它们不放出气体。

发火物质(或发火混合物)是这样一种物质或物质的混合物,它旨在通过非爆炸自持放热化学反应产生的热、光、声、气体、烟或所有这些的组合来产生效应。

2) 易燃气体和压力下气体

(1) 易燃气体是在 20 ℃和标准压力(101.3 kPa)下,与空气有易燃范围的气体。

(2) 压力下气体是指高压气体在压力大于或等于 200 kPa(表压)下装入贮器的气体、液化气体或冷冻液化气体。压力下气体包括压缩气体、液化气体、溶解气体和冷冻液化气体。

3) 易燃液体和自燃液体

(1) 易燃液体是指闪点不高于 93 ℃的液体。

(2) 自燃液体是指即使数量少也能在与空气接触后 5 min 之内引燃的液体。

4) 易燃固体和自燃固体

(1) 易燃固体是容易燃烧或通过摩擦可能引燃或助燃的固体。易于燃烧的固体为粉末、颗粒状或糊状物质,它们在与燃烧着的火柴等火源短暂接触和火焰迅速蔓延的情况下,都非常危险。

(2) 自燃固体是指即使数量少也能在与空气接触后 5 min 之内引燃的固体。

5) 金属腐蚀剂

腐蚀金属的物质或混合物,是通过化学作用显著损坏或毁坏金属的物质或混合物。

2. 环境监测实验室常见健康危险

1) 急性毒性

急性毒性是指在单剂量或在 24 h 内多剂量口服或皮肤接触或吸入、接触一种物质 4 h 之后出现的有害效应。

2) 皮肤腐蚀和皮肤刺激

(1) 皮肤腐蚀是指对皮肤造成不可逆性损伤,即施用试验物质达到 4 h 后,可观察到表皮和真皮坏死。

(2) 皮肤刺激是指施用试验物质达到 4 h 后对皮肤造成可逆性损伤。

3) 严重眼损伤和眼刺激

(1) 严重眼损伤是在眼前部表面施加试验物质之后,对眼部造成在施用 21 天内并不完全可逆的组织损伤或严重的视觉物理衰退。

（2）眼刺激是在眼前部表面施加试验物质之后，在眼部产生在施用 21 天内完全可逆的变化。

4）呼吸或皮肤过敏

呼吸过敏物是吸入后会导致气管发生超过敏反应的物质。皮肤过敏物是皮肤接触后会导致过敏反应的物质。

3. 环境监测实验室常见氧化性物质

1）氧化性气体

氧化性气体一般是指通过提供气体，比空气更能导致或促使其他物质燃烧的气体。

2）氧化性液体

氧化性液体是指它本身可能并不燃烧，但放出氧气后可能引起或促使其他物质燃烧的液体。

3）氧化性固体

氧化性固体是指它本身可能并不燃烧，但放出氧气后可能引起或促使其他物质燃烧的固体。

1.2.2　事故的预防及应急处理

1. 中毒的预防及处理

1）中毒的预防

（1）实验中用到挥发性或者操作过程中会产生有毒、恶臭、有刺激性的气体时，应该在通风橱内或者抽风管道下进行操作，并打开抽风管道开关抽风。

（2）用鼻子鉴别试剂气味时，应将试剂瓶远离鼻子，用手轻轻扇动，稍闻其味即可，严禁用鼻子直接对着瓶口或试管口嗅闻气味。

（3）使用有毒试剂（如氟化物、氰化物、铅盐、钡盐、六价铬盐、汞的化合物和砷的化合物等）时，严防进入口内或接触伤口，剩余药品或废液不得倒入下水道或废液桶内，应倒入专用回收瓶中集中处理。

2）中毒的应急处理

当发生急性中毒时，紧急处理十分重要。若在实验中出现咽喉灼痛、嘴唇脱色、胃部痉挛或恶心呕吐、心悸、头晕等症状，则可能是中毒所致，应立即急救。急救方法如下。

（1）一氧化碳、乙炔、稀氨水及灯用煤气中毒时，应将中毒者移至空气新鲜流通处（勿使身体着凉），进行人工呼吸并输氧。

（2）生物碱中毒时，用活性炭水溶液灌入，引起呕吐。

（3）汞等重金属化合物中毒，误入口者，应吃生鸡蛋或喝牛奶（约 1 L）引起呕吐。

（4）苯中毒，误入口者，应服涌吐剂，引起呕吐；进行人工呼吸，输氧。

（5）苯酚（石炭酸）中毒，可大量饮水、石灰水或石灰粉水，引起呕吐。

（6）NH_3 中毒，口服者应饮带有醋或柠檬汁的水，或植物油、牛奶等，引起呕吐。

（7）酸中毒，饮入苏打水（$NaHCO_3$）和水，吃氧化镁，引起呕吐。

（8）氟化物中毒，应饮 20 g/L 的氯化钙，引起呕吐。

（9）氰化物中毒，饮浆糊、蛋白、牛奶等，引起呕吐。

（10）高锰酸盐中毒，饮浆糊、蛋白、牛奶等，引起呕吐。

如果中毒是因吞入不明化学试剂，最有效的办法是借呕吐排出胃中的毒物，同时应将中毒者送往医务部门,救护越及时,中毒影响越小。

2. 燃烧、爆炸预防及处理

1)燃烧、爆炸预防

(1)应将挥发性的药品、试剂存放于通风良好处;易燃药品(如乙醇、苯、丙酮、乙醚、石油醚等)应远离明火或热源。防止易燃有机溶剂的蒸气外逸,切勿将易燃有机溶剂倒入废液缸、水槽(下水道),更不能用开口容器(如烧杯)盛放有机溶剂,不可用明火直接加热装有易燃有机溶剂的容器。回流或蒸馏液体时应放沸石,以防液体过热暴沸,引起火灾。开启易挥发的试剂瓶时(尤其在夏季),不可将瓶口对着自己或他人的脸部,因在开启时极易有大量气液冲出,发生伤害事故。

(2)加热易挥发或易燃烧的有机溶剂时,应在水浴锅或密封的电热板上缓慢地进行,严禁用明火直接加热。在蒸馏可燃性物质时,应先通冷凝水,确信有水流出冷凝管后再加热。

(3)身上或手上沾有易燃物时,应立即清洗干净,不得靠近灯火;沾有氧化剂溶液的衣服,稍微遇热就会着火而引发火灾,应注意及时予以清洗。

(4)一些有机化合物如过氧化物、干燥的重氮盐、硝酸酯、多硝基化合物等,均具有爆炸性,必须严格按照操作规程进行实验,以防爆炸。

(5)当实验室不慎起火时,不要惊慌失措,而应根据不同的着火情况,采取不同的灭火措施。由于物质燃烧需要空气和一定的温度,所以灭火的原则是降温或将燃烧的物质与空气隔绝。

2)化学实验室常用的灭火措施

(1)小火用湿布、石棉布覆盖燃烧物即可灭火,大火可用泡沫灭火器灭火。

(2)对活泼金属 Na、K、Mg、Al 等引起的着火,应用干燥的细沙覆盖灭火。

(3)有机溶剂着火,切勿用水灭火,应用二氧化碳灭火器、沙子和干粉灭火器等灭火。

(4)电器设备着火时,应先切断电源,再用四氯化碳灭火器灭火,也可用干粉灭火器灭火。

(5)当衣服上着火时,切勿慌张跑动,应立即脱下衣服或用石棉布覆盖着火处或就地卧倒打滚,起到灭火的作用。

(6)在加热时着火,应立即停止加热,切断电源,把一切易燃易爆物移至远处。

(7)遇到火灾应及时报火警,并及时疏散。

3. 腐蚀性化学品伤害的预防及处理

1)腐蚀性化学品伤害的预防

(1)使用具有强腐蚀性的浓酸、浓碱、溴、洗液时,应避免接触皮肤和溅在衣服上,要戴橡皮手套操作,更要注意保护眼睛,需要时应配备防护眼镜。

(2)稀释浓硫酸时必须在烧杯等耐热容器内进行,而且必须在玻璃棒的不断搅拌下,仔细缓慢地将浓硫酸加入水中,而绝对不能将水加注到浓硫酸中。

(3)溶解氢氧化钠、氢氧化钾等发热物质应在耐热容器内进行,且不要一次加入太多,在不断搅拌的情况下分批加入水中。

(4)加热、浓缩液体的操作要十分小心,不能俯视正在加热的液体,以免溅出的液体将眼、面灼伤。取下正在沸腾的水或溶液时,必须先用烧杯夹子摇动后才能取下使用,以防使用时突然沸腾溅出伤人。用试管加热液体时,试管口不要对着人,以免液体冲出伤害他人。

(5)进行灼烧、蒸发等操作时,要有专人看管。烘箱不能做蒸发之用,能产生腐蚀性气体的物质或易燃烧的物质均不得放入烘箱内。

(6) 一切固体不溶物、浓酸和浓碱废液，严禁直接倒入水槽中，以防堵塞和腐蚀下水道。残余毒物更应尽快妥善处理，切勿任意丢弃或倒在水槽中。

2) 腐蚀性化学品伤害的处理

(1) 若强酸溅洒在皮肤或衣服上，先用大量水冲洗，及时脱下被化学药品污染的衣服，然后用 50 g/L 的碳酸氢钠或 1∶9 的氨水清洗。

(2) 若被氢氟酸灼伤，先用水洗伤口至苍白，再用新鲜配制的 20 g/L 的氧化镁甘油悬液涂抹；若眼睛被酸伤，先用水冲洗，然后用 30 g/L 的碳酸氢钠洗，严重者请医生医治。

(3) 强碱溅洒在皮肤或衣服上，先用大量水冲洗，再用 20 g/L 的硼酸或 20 g/L 的乙酸清洗；眼睛碱伤先用水冲洗，再用 20 g/L 的硼酸清洗。

(4) 如被有机化合物灼伤，用乙醇擦去有机物特别有效。溴灼伤，先用乙醇擦至患处不再有黄色，然后涂上甘油以保持皮肤滋润。

任何较为严重的伤害都应及时到医院处理。

4. 烧伤、烫伤的预防及处理

1) 烧伤、烫伤的预防

(1) 灼热的仪器不可直接与冷物体接触，以免破裂；不可用手直接接触加热容器或物体，移动时要用隔热手套、抹布或专用工具，以免烫伤；灼热物体不可立即放入橱内或桌上，以免引起燃烧和灼焦，最好放在隔热材料上，使其自然冷却。

(2) 通常玻璃试剂瓶如容量瓶等不可加热，也不可用于溶解或进行其他反应，以免过热破裂或使量度不准确。密闭的玻璃仪器，不可加热，以免爆裂伤人。

2) 烧伤、烫伤的应急处理

(1) 如果烧伤，应立即用冷水冷却。轻度的火烧伤，用冰水冲洗是有效的急救方法。如果皮肤并未破裂，可涂擦治疗烧伤药物，以使患处及早恢复。当大面积的皮肤表面受到伤害时，可以先用湿毛巾冷却，然后用洁净纱布覆盖伤处以防止感染，随后立即送医院请医生处理。

(2) 被火焰、蒸汽、红热的玻璃或铁器等烫伤，应立即将伤处用大量水冲淋或浸泡，以迅速降温，避免深度烧伤。

(3) 一度烫伤(发红)：轻微烫伤，将棉花用无水乙醇或 90%～96% 乙醇浸湿盖于伤处或用麻油浸过的纱布盖敷，可在伤处涂烫伤油膏或万花油。

(4) 二度烫伤(起水疱)：不宜挑破水疱，用上述处理也可，或用 30～50 g/L 的高锰酸钾或 50 g/L 的现制单宁溶液处理，然后请医生诊治。

(5) 严重烫伤的应及时送医院治疗。

5. 割伤的预防及处理

在插入或拔出玻璃管的瓶塞时，要涂上水或凡士林等润滑剂，并用布垫手，以防玻璃管破碎时割伤手部。把瓶塞插入玻璃管内时，必须握住瓶塞的侧面，不要把瓶塞撑在手掌上。

轻微割伤，先将伤口处的玻璃碎片取出，再用水洗净伤口，挤出一点血后，可用 3% 的过氧化氢将伤口周围擦净，涂上红汞或碘酒，必要时洒上一些磺胺消炎粉，包扎，也可在洗净的伤口贴上创可贴。创口较大时，须先涂上甲紫，然后洒上消炎粉，用纱布按压伤口，立即就医缝治。严重割伤、出血多时，必须立即用手指压住或把相应动脉扎住，使血不流出，包上压定布，而不能用脱脂棉，若压定布被血浸透，不要换掉，要再盖上一块施压，立即送医院治疗。

1.3　环境监测实验室用水的制备与检测

1.3.1　纯水标准与纯水分级

目前世界上比较通用的纯水标准主要有国际标准化组织（ISO）标准、临床试验标准国际委员会（NCCLS）标准、美国临床病理学会（CAP）试药级用水标准、美国测试和材料实验社团组织（ASTM）标准、美国药学会（USP）标准等。我国的纯水标准主要有《电子级水》（GB/T 11446.1—2013）和《分析实验室用水规格和试验方法》（GB/T 6682—2008）。

《电子级水》（GB/T 11446.1—2013）适用于电子元器件生产和清洗用水。《分析实验室用水规格和试验方法》（GB/T 6682—2008）（表1.3.1）适用于化学分析和无机痕量分析等试验用水，规定了分析实验室用水的级别、规格、取样及储存、试验方法和试验报告，将分析实验室用水分为一级水、二级水和三级水三个级别。

一级水用于有严格要求的分析试验，包括对颗粒有要求的试验。如高效液相色谱分析用水。二级水用于无机痕量分析等试验，如原子吸收光谱分析用水。三级水用于一般化学分析试验。

也有人根据纯水的制备方法和质量不同，将纯水分为蒸馏水、去离子水、高纯水、超纯水等。

表1.3.1　分析实验室用水规格和试验方法（GB/T 6682—2008）

名　　称	一级	二级	三级
pH值范围（25 ℃）	—	—	5.0～7.5
电导率（25 ℃）/(μS/cm)	≤0.1	≤1.0	≤5.0
可氧化物质（以O计）含量/(mg/L)	—	≤0.08	≤0.4
吸光度（254 nm，1 cm光程）	≤0.001	≤0.01	—
蒸发残渣（105 ℃±2 ℃）含量/(mg/L)	—	≤1.0	≤2.0
可溶性硅（以SiO_2计）含量/(mg/L)	≤0.01	≤0.02	—

注1：由于在一级水、二级水的纯度下，难于测定其真实的pH值，因此，对一级水、二级水的pH值范围不做规定。

注2：由于在一级水的纯度下，难于测定可氧化物质和蒸发残渣，对其限量不做规定，可用其他条件和制备方法来保证一级水的质量。

1.3.2　纯水的制备

纯水的制备是将原水中的悬浮性、可溶性和非可溶性杂质全部除去的水处理方法。制备纯水的方法很多，通常多用蒸馏法、离子交换法、电渗析法、反渗透法、超滤法等。

1.蒸馏法

以蒸馏法制备的纯水常称为蒸馏水，主要去除水中在100 ℃以下难挥发的离子化合物和有机物，蒸馏水中常含可溶性气体和挥发性物质。蒸馏水的质量因蒸馏器的材料与结构的不同而异。制造蒸馏器的材料通常有金属、普通玻璃和石英玻璃三种，下面分别介绍几种不同的蒸馏器及其蒸馏水。

1) 金属蒸馏器

金属蒸馏器内壁为不锈钢(图 1.3.1)、纯铜、黄铜、青铜,也有镀锡的。金属蒸馏器蒸馏所得水含有微量金属杂质,如含 Cu^{2+} 10～200 mg/L;电阻率为 30～100 kΩ·cm(25 ℃)(电导率为 10～33 μS/cm),这种蒸馏水的质量劣于三级水的要求,只适用于清洗容器和配制一般试液。

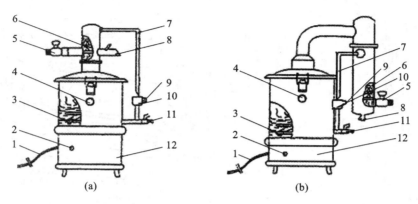

图 1.3.1　两种不同结构的不锈钢蒸馏器

1—电源线;2—工作指示灯;3—加热管;4—水位窗;5—进水阀;6—冷凝管;
7—回水管;8—蒸馏水出口;9—溢水管;10—加水杯;11—放水阀;12—蒸发锅

2) 普通玻璃蒸馏器

普通玻璃蒸馏器由含低碱高硼硅酸盐的硬质玻璃制成,含二氧化硅约 80%,经蒸馏所得的蒸馏水中含痕量金属,如含 Cu^{2+} 5 μg/L,还可能有微量玻璃溶出物,如硼、砷等。其电阻率为 100～200 kΩ·cm(电导率为 5～10 μS/cm),适用于配制一般定量分析试液,不宜用于配制分析重金属或痕量非金属的试液。

3) 石英玻璃蒸馏器

石英玻璃蒸馏器所用材料为石英玻璃,石英玻璃含二氧化硅 99.9% 以上。所得蒸馏水仅含痕量金属,不含玻璃溶出物。其电阻率为 200～300 kΩ·cm(电导率为 3～5 μS/cm)。特别适用于配制对痕量非金属进行分析的试液。

将两个单级普通玻璃或石英玻璃蒸馏器串联起来,就成为双蒸水器,可以提高蒸馏水的质量,双蒸水器的结构如图 1.3.2 所示。

4) 石英亚沸蒸馏器

石英亚沸蒸馏器是制取高纯水的全封闭石英玻璃仪器,它在保持液相温度低于沸点温度的条件下蒸发冷凝制取高纯水。石英亚沸蒸馏器避免了玻璃杂质的污染,使水在沸点以下缓慢蒸发,不会因沸腾而在蒸汽中夹带水珠,使蒸馏水质量降低,即气液分离完全。因此,所得蒸馏水质量极高,蒸馏水中几乎不含金属杂质(超痕量),为高纯水。该高纯水可用于极谱分析、高效液相色谱、离子电极、原子吸收分析、临床生化、火焰光度计和各种微量及痕量分析。亚沸蒸馏器是由石英制成的自动补液蒸馏装置,其热源功率很小,因此适用于配制除可溶性气体和挥发性物质外的各种物质的痕量分析用试液。亚沸蒸馏器常作为最终的纯水器与其他纯水装置(如离子交换纯水器等)联用,所得高纯水的电阻率可高达 16 MΩ·cm(电导率可低至 0.06 μS/cm),要注意保存,一旦接触空气,其电阻率在 5 min 内可降为 2 MΩ·cm(电导率迅速升高至 0.5 μS/cm)。

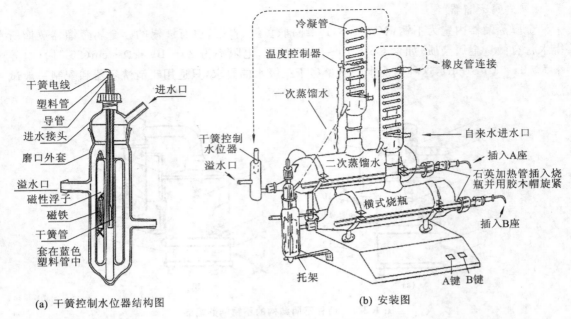

(a) 干簧控制水位器结构图　　　　　　　　　(b) 安装图

图 1.3.2　双蒸水器的结构示意图

另外，一次蒸馏的效果差，有时需要多次蒸馏。例如，第一次蒸馏时加入几滴硫酸，可以减少蒸馏水中的重金属和氨氮；第二次蒸馏时加少许碱溶液，可以减少蒸馏水中的挥发性酸、酚等物质；第三次蒸馏不加入酸或碱。

2. 离子交换法

以离子交换法制备的水称为去离子水或无离子水。水中不能完全除去有机物和非电解质，因此较适用于配制痕量金属分析用的试液，而不适用于配制有机分析试液。

在实际工作中，常将离子交换法和蒸馏法联用，即将去离子水再蒸馏一次或以蒸馏水代替原水进行离子交换处理，这样就可以得到既无电解质，又无微生物及热原质等杂质的纯水。

3. 电渗析法

采用电渗析法可制取电阻率大于 $2\ M\Omega \cdot cm$（电导率小于 $0.5\ \mu S/cm$）的纯水。它具有比离子交换法的设备和操作管理简单、不需使用酸碱再生等优点，实用价值较大。其缺点是在水的纯度提高后，水的电导率会逐渐降低，如继续增大电压，就会迫使水分子电离为 H^+ 和 OH^-，使大量的电耗在水的电离上，水质却提高得很少。目前，也有将电渗析法和离子交换法结合起来制备纯水的方法，即先用电渗析法把水中大量离子除去后，再用离子交换法除去少量离子，这样制得的纯水纯度高，电阻率为 $5\sim 10\ M\Omega \cdot cm$（电导率为 $0.1\sim 0.2\ \mu S/cm$），具有不需使用酸碱再生，操作方便的优点，易于设备化，易于搬迁，灵活性大，可以置于生产用水设备旁边，就地取纯水使用。

4. 反渗透法

反渗透法制备纯水的原理是水分子在压力的作用下，通过反渗透膜成为纯水，水中的杂质被反渗透膜截留排出。通过反渗透法所得纯水克服了蒸馏水和去离子水的许多缺点，利用反渗透技术可以有效去除水中的溶解盐、胶体、细菌、病毒、细菌内毒素和大部分有机物等杂质，但反渗透膜的质量对纯水的质量影响很大。反渗透膜的孔径一般为 $1\sim 10\ nm$，它能够去除 95% 以上的离子态杂质。

5. 多种方法联合使用制备高纯水和超纯水

高纯水是化学纯度极高的水,是将水中的导电介质几乎全部去除,又将水中不离解的胶体物质、气体和有机物均去除至很低浓度的水。其中杂质的含量小于 0.1 mg/L,25 ℃时电阻率大于 10 MΩ·cm(电导率小于 0.1 μS/cm),pH 值为 6.8～7.0。高纯水相当于《分析实验室用水规格和试验方法》(GB/T 6682—2008)中的一级水。超纯水的要求更高,25 ℃时电阻率大于或接近 18.3 MΩ·cm 的极限值(电导率小于 0.055 μS/cm)。

高纯水和超纯水一般采用预处理、反渗透技术、超纯化处理以及后级处理四大步骤,多级过滤、高性能离子交换单元、终端过滤器、紫外灯、TOC 脱除装置等多种处理方法。如图1.3.3 所示为超纯水制备流程图。

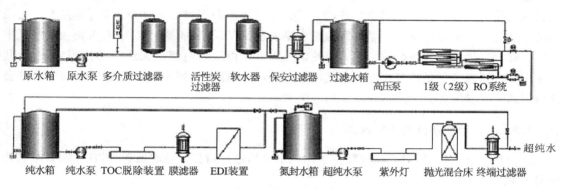

图 1.3.3　超纯水制备流程图

1.3.3　纯水质量的检测

纯水质量的检测方法较多,常用的有电测法和化学分析法两种,有时也用光谱法和极谱法。

1. 电测法

纯水质量的检测最常用的方法是利用电导仪或电导率仪测定水的电阻率或电导率,用于一、二级水测定的电导率仪配备电极常数为 0.01～0.1 cm^{-1} 的电导池,并具有温度自动补偿功能。用于三级水测定的电导率仪配备电极常数为 0.1～1 cm^{-1} 的电导池,具有温度自动补偿功能。在 25 ℃时,以电导率仪测得水的电阻率大于 0.5 MΩ·cm(或电导率不大于 2.0 μS/cm)则为去离子水。

2. 化学分析法

1) 阳离子定性检测

取纯水 10 mL 于试管中,加入 3～5 滴 pH 值为 10 的氨-氯化铵缓冲溶液,加入少许铬黑 T 粉状指示剂(铬黑 T 与氯化钠的比为 1∶100,研磨混匀),搅拌溶解后,若溶液呈天蓝色表示无阳离子存在,若溶液呈紫红色表示有阳离子存在。

2) 氯离子的定性检测

取纯水 10 mL 于试管中,加入 2～3 滴硝酸溶液(1∶1),2～3 滴 0.1 mol/L 的硝酸银溶液,混匀,无白色浑浊出现即表示无氯离子存在。

3) 可溶性硅的定性检测

取纯水 10 mL 于试管中,加入 15 滴 1% 钼酸铵溶液,加入 8 滴草酸-硫酸混合酸[4%草酸和 4 mol/L 的硫酸(1/2 H_2SO_4),按 1∶3 的比例混合],摇匀。放置 10 min,加 5 滴 10% 新配制的硫酸亚铁铵溶液,摇匀,若溶液呈蓝色,则表示有可溶性硅,否则,可认为无可溶性硅。

4)还原性物质的检测

取纯水 100 mL,加稀硫酸(1∶5)10 mL,煮沸后,加高锰酸钾滴定液[$c(1/5\ KMnO_4) = 0.02\ mol/L$] 0.10 mL,再煮沸 10 min,粉红色消失则表示有还原性物质存在。

1.3.4　纯水的储存

各级纯水均可使用密闭的专用聚乙烯容器储存。三级水也可使用密闭的专用玻璃容器储存。各级纯水储存期间,其污染的主要来源是容器材料可溶成分的溶解和空气中的二氧化碳和其他杂质。一般一级水使用前制备,不宜储存;二级水和三级水可适量制备,储存于预先经同级水清洗过的相应容器中。制备好的纯水要妥善保存,不要暴露于空气中,否则会被空气中二氧化碳、氨、尘埃及其他杂质所污染而使水质下降。由于非电解质无适当的检测方法,因此可用水中金属离子含量的变化来观察其污染情况,纯水储存在硬质或涂石蜡的玻璃瓶中都会使金属离子含量增加。

1.3.5　实验室特殊用水的制备

在分析某些指标时,对分析过程中所用纯水中的这些指标含量越低越好,这就需要某些特殊要求的蒸馏水。

1. 无氯水

加入亚硫酸钠等还原剂将自来水中的余氯还原为氯离子,以 DPD(N,N'-二乙基对苯二胺)检测不显色,再用附有缓冲球的全玻璃蒸馏器(以下各项中的蒸馏均同此)进行蒸馏制取。

2. 无氨水

向水中加入硫酸使其 pH 值小于 2,并使水中各种形态的氨或胺最终都变成不挥发的铵盐,再蒸馏,收集馏出液即为无氨水,无氨水的制备应在无氨气的实验室进行。

3. 无亚硝酸盐水

1)在 1 L 蒸馏水中加 1 mL 浓硫酸,0.2 mL 硫酸锰溶液(36.4 g $MnSO_4 \cdot H_2O$ 溶于 100 mL 水中),滴加 0.04% 高锰酸钾溶液至溶液呈红色(1~3 mL),使用硬质玻璃蒸馏器进行再次蒸馏,弃去最初 50 mL 馏出液,收集约 700 mL 的不含锰盐的馏出液,即得无亚硝酸盐水。

2)在 1 L 蒸馏水中加少许高锰酸钾溶液,使其呈红色,加氢氧化钡(或氢氧化钙)至溶液呈碱性,使用硬质玻璃蒸馏器进行再次蒸馏,弃去最初 50 mL 馏出液,收集约 700 mL 的不含锰盐的馏出液,即得无亚硝酸盐水。

4. 无二氧化碳水

将蒸馏水或去离子水煮沸至少 10 min,或者使水量蒸发 10% 以上,加盖放冷即为无二氧化碳水。或者将惰性气体(如纯氮气等)通入蒸馏水或去离子水至饱和也可得无二氧化碳水。无二氧化碳水应储存于一个附有碱石灰管的用橡皮塞盖严的瓶中。

5. 无砷水

一般蒸馏水或去离子水都能达到基本无砷的要求。应注意避免使用软质玻璃(钠钙玻璃)制成的蒸馏器、树脂管和储水瓶。在进行痕量砷的分析时,必须使用石英蒸馏器或聚乙烯的树脂管和储水桶。

6. 无铅（无重金属）水

用氢型强酸性阳离子交换树脂处理原水即得。注意储水器应预先做无铅处理，用 6 mol/L的硝酸溶液浸泡过夜后，用无铅水洗净。

7. 无酚水

1）加碱蒸馏法

向水中加入氢氧化钠使 pH 值为 11，使水中酚生成不挥发的酚钠，然后进行蒸馏制得（或同时加入少量高锰酸钾溶液使水呈紫红色，再进行蒸馏）。

2）活性炭吸附法

将粒状活性炭加热至 150～170 ℃烘烤 2 h 以上进行活化，放入干燥器内冷却至室温后，装入预先盛有少量水（避免炭粒间存留气泡）的层析柱中，使蒸馏水或去离子水缓慢通过柱床，按柱容量大小调节其流速，一般以每分钟不超过 100 mL 为宜。开始流出的水（略多于装柱时预先加入的水量）必须再次返回柱中，然后正式收集。此柱所能净化的水量，一般约为所用炭粒表观容积的 1000 倍。

8. 不含有机物的蒸馏水

加入少量高锰酸钾的碱性溶液于水中使其呈紫红色，再进行蒸馏即得（在整个蒸馏过程中水应始终保持紫红色，否则应随时补加高锰酸钾的碱性溶液）。

1.4　环境监测实验室试剂配制与保存

1.4.1　化学试剂等级

在环境监测的实践过程中，化学试剂如何选择是非常关键的。如果选择试剂纯度达不到要求，会直接影响环境监测分析结果的准确性；如果选择不必要的高纯度试剂，会大大增加环境监测的成本。因此，从事环境监测的工作人员应对试剂的性质、用途、配制方法等进行充分的了解，以免因试剂选择不当而影响分析监测的结果。

1. 化学试剂的一般分类

实验室的化学试剂一般分为优级纯试剂、分析纯试剂和化学纯试剂。

1）优级纯试剂（guaranteed reagent，GR）

优级纯试剂（也称保证试剂）主要用于精密分析试验，可用于配制标准溶液，可作为基准物质。

2）分析纯试剂（analytical reagent，AR）

分析纯试剂主要用于一般分析试验（配制定量分析中的普通溶液），在通常情况下，未注明规格的试剂，均指分析纯试剂。

3）化学纯试剂（chemically pure，CP）

化学纯试剂是指一般化学试验用的，只能用于配制半定量或定性分析中的普通溶液和清洁液等。

表 1.4.1 所列为我国化学试剂等级与某些国家化学试剂等级的对照。

表 1.4.1　我国化学试剂等级与某些国家化学试剂等级的对照

	级别	一级品	二级品	三级品	四级品	一
我国化学试剂的等级标志	中文标志	保证试剂	分析试剂	化学试剂	实验制剂	生物试剂
		优级纯	分析纯	化学纯		
	符号	GR	AR	CP	LR	BR 或 CR
	标签颜色	绿色	红色	蓝色	棕色等	黄色等
英、美、德等国通用标志和等级		guaranteed reagent(GR)	analytical reagent(AR)	chemically pure(CP)		
纯度(≥)		99.9%	99.5%	99%		

2. 化学试剂的其他分类

世界各国对化学试剂的分类和分级的标准不尽一致。此外还有一些其他纯度的概念,例如,光谱纯试剂(spectro scopic pure)、色谱纯试剂、高纯试剂、超高纯试剂(UP-S 级)、等离子体-质谱纯级试剂(ICP-mass pure grade)等离子体发射光谱纯级试剂、原子吸收光谱纯级试剂等。

1）光谱纯试剂

光谱纯试剂通常是指经发射光谱法分析过的纯度较高的试剂,光谱纯试剂是以光谱分析时出现的干扰谱线的数目及强度来衡量的,即其杂质含量用光谱分析法已测不出或杂质含量低于某一限度标准。

2）色谱纯试剂

色谱纯试剂指进行色谱分析时使用的标准试剂,在色谱条件下只出现指定化合物的峰,不出现杂质峰。

3）高纯试剂

高纯试剂和光谱纯试剂、色谱纯试剂是不同的概念。高纯试剂是指纯度很高,如试剂纯度达 99.99%。而光谱纯试剂、化合物或金属,通常以简单的光谱分析方法鉴定,仅要求在光谱中不出现或很少出现杂质元素的谱线。不同的光谱纯试剂、化合物或金属所含杂质多少也不相同。

4）超高纯试剂

超高纯试剂是指金属-氧化物-半导体(metal-oxide-semiconductor)电子工业专用高纯化学品,即 MOS 级试剂,金属杂质含量小于 $1~\mu g/L$,适合 $0.35\sim0.8~\mu m$ 集成电路加工工艺。

5）等离子体-质谱纯级试剂

等离子体-质谱纯级试剂绝大多数杂质元素含量低于 $0.1~\mu g/L$,适合等离子体质谱仪(ICP mass)的日常分析工作。

6）等离子体发射光谱纯级试剂(ICP pure grade)

等离子体发射光谱纯级试剂绝大多数杂质元素含量低于 $1~\mu g/L$,适合等离子体发射光谱仪(ICP)的日常分析工作。

7）原子吸收光谱纯级试剂(AA pure grade)

原子吸收光谱纯级试剂绝大多数杂质元素含量低于 $10~\mu g/L$,适合原子吸收光谱仪(AA)的日常分析工作。

1.4.2　试剂的提纯与精制

在实际工作中,如果一时找不到合适的分析试剂,可将化学纯或实验试剂进行提纯和精制,以降低杂质的含量和提高试剂本身的含量。提纯和精制的方法有如下几种。

1. 蒸馏法

蒸馏法适用于提纯挥发性液体试剂,如盐酸、氢氟酸、氢溴酸、高氯酸等无机酸和氯仿、四氯化碳、石油醚等多种有机溶剂。

2. 等温扩散法

等温扩散法适用于在常温下溶质强烈挥发的水溶液试剂,如盐酸、硝酸、氢氟酸、氨水等。此法设备简单,容易操作,所制得的产品纯度和浓度较高。缺点是产量小,耗时、耗试剂较多。此法常在玻璃干燥器中进行,将分别盛有试剂和吸收液(常为高纯水)的容器分放在隔板上下或同放在隔板上,密闭放置。试剂和吸收液的比例按精制品所需浓度而定,试剂越多,吸收液越少,则精制品浓度越高。例如,当浓盐酸与高纯水的比例为 3:1 时,则吸收液含氯化氢的最终浓度可高达 10 mol/L,扩散时间依气温高低而定,一般为 1~2 周。

3. 重结晶法

重结晶法是纯化固体物质的重要方法之一。利用被提纯化合物与杂质在不同溶剂中或在不同温度时溶解度的不同分离出杂质,从而达到提纯的目的。

4. 萃取法

萃取法适用于某些能在不同条件下,分别溶于互不相溶的两种溶剂中试剂的精制。对有些试剂,可先配成溶液,再用萃取法分离出其中的杂质以达到提纯的目的。

1)萃取精制

用改变溶液酸碱性等条件,使溶质在两种溶剂间反复溶解、结晶而达到精制的目的。

2)萃取提纯

某些试剂,如酒石酸钠、盐酸羟胺等,可在配成溶液后,用双硫腙的氯仿溶液直接萃取,以除去某些金属杂质(注意:冷原子吸收法测定汞时,所用盐酸羟胺试剂不能用此法提纯,以免因试剂中的残留氯仿吸收紫外线而导致分析误差)。

3)蒸发干燥

如将萃取液中的溶剂蒸发赶除,所得试剂可干燥后保存。对热不稳定的试剂,应低温或真空低温干燥。例如,双硫腙可放于真空干燥箱中,抽气减压并置于 50 ℃ 干燥环境中。

5. 醇析法

醇析法适用于在其水溶液中加入乙醇时即析出结晶的试剂,如 EDTA、邻苯二甲酸氢钾、草酸等。加醇沉淀是将试剂溶解于水中,使之成为近饱和溶液,慢慢加入乙醇至沉淀开始明显析出。过滤,弃去最初析出的少量沉淀,再向滤液中加入一定量的乙醇进行沉淀,直至不再有沉淀析出。过滤,以少量乙醇分次洗涤沉淀,于适当温度下干燥。对某些在乙醇中易溶的试剂(如联邻甲苯胺等),则可向其乙醇溶液中加水,使沉淀析出,以进行提纯。

6. 其他方法

有些试剂可在配成溶液后,分别采用电解法、层析法、离子交换法、活性炭吸附法等进行提纯。提纯后的试剂可直接使用或将溶剂分离后保存备用。

1.4.3　标准溶液的配制与保存

1. 由基准试剂直接配制

基准试剂是可直接配制标准溶液的化学物质,也可用于标定其他非基准物质的标准溶液,实验室暂无基准试剂储备时,一般可由优级纯试剂代替。基准物质应该符合以下要求。

（1）物理、化学性质很稳定,组成与化学式严格相符,可以长期保存。

（2）纯度足够高,级别一般在优级纯以上。

（3）参加反应时,按反应式定量地进行,不发生副反应。

（4）有较大的相对分子质量,在配制标准溶液时可以减少称量误差。

一般常用的基准试剂有三氧化二砷、金属铜、氨基磺酸、重铬酸钾、邻苯二甲酸氢钾、碘酸钾、氯化钠、碳酸钠、草酸钠、氟化钠、金属锌、草酸、硝酸银等。

用基准试剂配制标准溶液时,一般要将试剂于 110～120 ℃的烘箱中干燥 2～3 h,于干燥器中冷却至室温后,用分析天平（感量 0.1 mg）准确称取所需质量,于烧杯中用所需纯度的纯水溶解、转移至容量瓶中并稀释至刻度,摇匀并粘贴标签。重铬酸钾、邻苯二甲酸氢钾、氯化钠、碳酸钠、草酸钠、氟化钠、草酸、硝酸银等标准溶液可用上述方法配制。

2. 重金属标准溶液的配制

重金属标准溶液可用基准试剂（优级纯以上）或高纯度金属来配制,表 1.4.2 列出了几种常见重金属标准溶液的配制方法。

3. 标准物质

在环境监测实际工作,监测实验室可以购置各种有证标准物质（包括标准溶液）。标准物质（reference material,RM）是一种已经确定了具有一个或多个足够均匀的特性值的物质或材料,作为分析测量行业中的"量具",在校准测量仪器和装置、评价分析测量方法、测量物质或材料特性值和考核分析人员的操作技术水平,以及在生产过程中产品的质量控制等领域起着不可替代的作用。标准物质可以是纯气体或混合气体、液体或固体。

表 1.4.2　几种常见重金属标准溶液的配制方法

标准溶液名称	配 制 方 法
砷（As） 1 mg/mL	称取 1.3203 g 烘干优级纯 As_2O_3,在烧杯中用 50 mL HCl 溶液溶解,再用 5% HCl 溶液移入 1000 mL 容量瓶中,定容,摇匀。转移至聚乙烯瓶中保存
铬（Cr） 1 mg/mL	称取 3.7349 g 于 105 ℃干燥至恒重的优级纯铬酸钾（K_2CrO_4）于烧杯中,先用水溶解,再用 5% HNO_3 溶液移入 1000 mL 容量瓶中,定容,摇匀。转移至聚乙烯瓶中保存
汞（Hg） 1 mg/mL	（1）称取 1.0798 g 优级纯氧化汞（HgO）于烧杯中,滴加 HCl 溶液（1∶1）至溶解完全。用 5% HCl 溶液移入 1000 mL 容量瓶中,定容,摇匀。转移至聚乙烯瓶中保存。 （2）称取 1.3540 g 优级纯氯化汞（$HgCl_2$）于烧杯中,加水溶解,用 5% HCl 溶液移入 1000 mL 容量瓶中,定容,摇匀。转移至聚乙烯瓶中保存
铅（Pb） 1 mg/mL	（1）称取 1.5985 g 优级纯 $Pb(NO_3)_2$ 于烧杯中,用 5% HNO_3 溶液溶解,用 5% HNO_3 溶液移入 1000 mL 容量瓶中,定容,摇匀。转移至聚乙烯瓶中保存。 （2）称取 1.0000 g 高纯金属铅于烧杯中,加少量 7 mol/L HNO_3 溶液溶解,用 5% HNO_3 溶液移入 1000 mL 容量瓶中,定容,摇匀。转移至聚乙烯瓶中保存
镉（Cd） 1 mg/mL	称取 1.1423 g 优级纯 CdO 于烧杯中,加 20 mL 的 7 mol/L HNO_3 溶液溶解,用 5% HNO_3 溶液移入 1000 mL 容量瓶中,并稀释至刻度,摇匀。转移至聚乙烯瓶中保存

续表

标准溶液名称	配 制 方 法
锌(Zn) 1 mg/mL	(1)称取 1.2447 g 在 1000 ℃灼烧至恒重的高纯氧化锌(ZnO)于烧杯中,加 100 mL水及 20 mL HCl 溶液溶解,用 5% HCl 溶液移入 1000 mL 容量瓶中,并稀释至刻度,摇匀。转移至聚乙烯瓶中保存。 (2)称取 1.0000 g 高纯金属锌在烧杯中,用 HCl 溶液(1∶1)溶解,然后用 5% HCl溶液移入 1000 mL 容量瓶中,并稀释至刻度,摇匀。转移至聚乙烯瓶中保存
铜(Cu) 1 mg/mL	称取 1.0000 g 高纯铜于烧杯中,溶解于 10 mL HNO₃ 溶液(1∶1)中,然后用 5%HNO₃ 溶液移入 1000 mL 容量瓶中,并稀释至刻度,摇匀。转移至聚乙烯瓶中保存
镍(Ni) 1 mg/mL	称取 1.0000 g 高纯金属镍于烧杯中,加 HNO₃ 溶液(1∶1)溶解。然后用 5%HNO₃ 溶液移入 1000 mL 容量瓶中,并稀释至刻度,摇匀。转移至聚乙烯瓶中保存

4. 标准溶液的保存

避免损失是标准溶液和试样制备过程中的重要问题。浓度很低($1\ \mu g/mL$ 以下)的溶液,使用时间最好不要超过 2 天。损失的程度和速度与标准溶液的浓度、储存溶液的酸度以及容器的材料有关。作为储备液,应该配制浓度较大的溶液($1\ mg/mL$ 以上)。无机储备液或试样溶液储存于聚乙烯容器里,维持必要的酸度,保存在清洁、低温、阴暗的地方。重金属标准溶液或样品用硝酸酸化到 pH 值为 2,保存在聚乙烯容器中。有机溶液在储存过程中,除应保存于清洁、低温、阴暗的地方外,还应该避免它与塑料、胶木瓶盖等直接接触。

1.5　监测实验室常用仪器的性能和选用

1.5.1　玻璃仪器的材料特性

1. 普通玻璃

普通玻璃的主要成分是二氧化硅(SiO_2)、氧化钙(CaO)、氧化钾(K_2O)、三氧化二铝(Al_2O_3)、三氧化二硼(B_2O_3)、氧化钠(Na_2O)等。普通玻璃有一定的化学稳定性、热稳定性和机械强度,透明性较好,易于灯焰加工焊接。但热膨胀系数大,易炸裂、破碎。因此,多制成不需要加热的仪器,如试剂瓶、漏斗、量筒、移液管、玻璃管等。

2. 硬质玻璃

硬质玻璃也称为硼硅玻璃,其主要成分有二氧化硅(SiO_2)、碳酸钾(K_2CO_3)、碳酸钠(Na_2CO_3)、碳酸镁($MgCO_3$)、硼砂($Na_2B_4O_7 \cdot 10H_2O$)、氧化锌(ZnO)、三氧化二铝(Al_2O_3)等,硬质玻璃的耐高温、耐腐蚀及抗击性能好,热膨胀系数小,可耐较大的温差(一般在 300 ℃左右),可制成加热的玻璃仪器,如各种烧瓶、烧杯、试管、蒸馏器等。但不能用于 B、Zn 元素的测定。

此外,根据某些分析工作的要求,还有石英玻璃、无硼玻璃、高硅玻璃等。

容量仪器的容积并非都十分准确地和它标示的大小相符,如量筒、烧杯等,但定量仪器如滴定管、吸量管或移液管等,它们的刻度是否精确,常常需要校准。实验室常用玻璃仪器用途及注意事项见表 1.5.1,常用定量玻璃仪器的允许误差见表 1.5.2。

表 1.5.1　实验室常用玻璃仪器用途及注意事项

仪 器 名 称	用途及注意事项
烧杯、锥形瓶	加热时应置于石棉网上,使其受热均匀,所盛反应液体一般不要超过容器容积的 2/3
量筒	不能量取热的液体,不能加热,不可用作反应容器
移液管、吸量管	管口上无"吹"字者,使用时末端的溶液不允许吹出。不能加热
酸式、碱式滴定管	量取溶液时应先排除滴定管尖端部分的气泡,不能加热以及量取热的液体。酸式、碱式滴定管不能互换使用
漏斗	不能加热
抽滤瓶	不能用火加热。过滤用瓶与磨口瓶塞配套使用,不能互换
蒸发皿	能耐高温,但不能骤冷。蒸发溶液的时候一般放在石棉网上,也可直接用火加热
坩埚	依试样性质选用不同材料的坩埚(瓷坩埚、镍坩埚、铂金坩埚),瓷坩埚加热后不能骤冷
干燥器	不得放入过热物体。温度较高的物体放入后,在短时间内应把干燥器开一两次,以免干燥器内产生负压,一般情况下不要放入挥发性物质
称量瓶	精确称量试样和基准物。质量小,可以直接在天平上称量。称量瓶盖要密合
研钵	视固体性质选用不同材质的研钵(玻璃研钵、瓷研钵、玛瑙研钵)。不能用火加热,不能研磨易爆物质
分液漏斗	不能加热,玻璃活塞不能互换,用于分离和滴加液体
冷凝管	用于冷凝和回流。140 ℃以上时用空气冷凝器,回流冷凝要直立使用
碘量瓶	用于碘量法分析,塞子及瓶口边缘磨口勿擦伤,以免产生漏隙。滴定时打开塞子,用蒸馏水将瓶口及塞子上的碘液洗入瓶内

表 1.5.2　常用定量玻璃仪器的允许误差

容积/mL	误差限度/mL			
	滴定管	吸量管	移液管	容量瓶
2	—	0.01	0.006	
5	0.01	0.02	0.010	—
10	0.02	0.03	0.020	0.02
25	0.03		0.030	0.03
50	0.05		0.050	0.05
100	0.10		0.080	0.08
200	—		—	0.10
250	—		—	0.11
500	—		—	0.15
1000	—		—	0.30

1.5.2　主要玻璃仪器的使用方法

环境监测实验中,最常用的玻璃仪器有滴定管、容量瓶、干燥器、移液管、碘量瓶等。

1. 滴定管

滴定管是用来准确测定流出溶液体积的量器,也可用于定量滴加液体。滴定管有常量滴定管、半微量和微量滴定管之分。常量滴定管的容积有 25 mL 和 50 mL 两种,其最小刻度为 0.1 mL。半微量和微量滴定管容积有 10 mL、5 mL、2 mL 和 1 mL,对应的最小刻度为 0.05 mL 和 0.02 mL。

从形式上分,滴定管一般分为酸式滴定管和碱式滴定管两种,碱式滴定管用于滴加碱性溶液,其他溶液用酸式滴定管。从颜色上分,滴定管又分为无色滴定管和棕色滴定管。其中,棕色滴定管主要用于装入见光分解的溶液,如硝酸银、硫代硫酸钠、高锰酸钾等溶液。

酸式滴定管使用前,应检查旋塞与旋塞套是否配合紧密,如不密合,将会出现漏液现象。为了使旋塞转动灵活并克服漏液现象,需用凡士林涂抹旋塞。涂抹量应薄而均匀,旋转旋塞柄后,旋塞和旋塞套上的油脂层全部透明,注意不要堵塞旋塞孔。然后套上小橡皮圈,以防旋塞从旋塞套中脱落(图 1.5.1)。酸式滴定管中气泡的排除方法为右手拿住滴定管上部无刻度处,并使滴定管稍微倾斜约 30°,左手迅速打开旋塞使溶液冲出;若气泡仍未能排出,可用手握住滴定管,用力上下抖动;如仍不能使溶液充满出口管,可能是出口管未洗净,必须重洗。

碱式滴定管使用前应检查乳胶管和玻璃球是否完好,若乳胶管已老化,玻璃球过大或过小,应予以更换。碱式滴定管中气泡的排除方法为装满溶液后,左手拇指和食指拿住玻璃球所在部位并使乳胶管向上弯曲,出口管斜向上,然后在玻璃球部位往一旁轻轻捏乳胶管,使溶液从管口喷出,再一边捏乳胶管一边把乳胶管放直,注意应在乳胶管放直后,再松开拇指和食指,否则出口管仍会有气泡(图 1.5.2)。

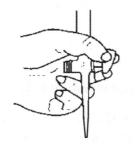

图 1.5.1　酸式滴定管的操作

图 1.5.2　碱式滴定管排气泡的方法

滴定管装入溶液时,应将试剂瓶中的溶液摇匀,并将被滴定的溶液直接倒入滴定管中,不得借助其他容器转移。溶液装入后,应按上述方法检查排除气泡并将滴定管的外壁擦干。滴定时,应将滴定管垂直地夹在滴定管架上。无论使用哪种滴定管,都不要用右手操作,右手是用来摇动锥形瓶的。使用酸式滴定管时,左手无名指和小指向手心弯曲,轻轻地贴着出口管,用其余三指控制旋塞的转动,但应注意不要向外拉旋塞,同时手心离旋塞末端应有一定距离,以免使旋塞移位而造成漏液。一旦发生这种情况,应重新涂抹凡士林。

使用碱式滴定管时,左手无名指及小指夹住出口管,拇指与食指在玻璃球所在部位往一旁(左右均可)捏乳胶管,使溶液从玻璃球旁空隙处流出(图 1.5.3)(注意:不要用力捏玻璃球,也不能使玻璃球上下移动;不要捏到玻璃球下部的乳胶管,以免在管口处带入空气),用锥形瓶或烧杯承接滴定溶液。在锥形瓶中进行滴定时,用右手前三指拿住瓶颈,使瓶底离台面 2～3 cm,同时调节滴定管的高度,使滴定管的下端伸入瓶口约 1 cm。左手按前述方法滴加溶液,右手运用腕力摇动锥形瓶,边滴边摇,两手操作姿势如图 1.5.4 所示。在烧杯中进行滴定时不能摇动烧杯,应将烧杯放在白瓷板上,调节滴定管的高度,使滴定管下端伸入烧杯中心的左后方处,但不要靠壁过近,右手持玻璃棒在右前方搅拌溶液(图 1.5.5)。在左手滴加溶液的同时,搅拌棒应做圆周搅动,但不得接触烧杯壁和底部。当加半滴溶液时,用搅拌棒下端承接悬挂的半滴溶液,放入溶液中搅拌。滴定过程中,玻璃棒上沾有溶液,不能随便拿出。

每次滴定最好都从"0"刻度处开始,这样可以消除滴定管刻度不准确而引起的系统误差。滴定结束后,滴定管内剩余的溶液应弃去,不得将其倒回原试剂瓶中,以免污染整瓶溶液。随即洗净滴定管,倒挂在滴定管架上备用。

图 1.5.3 碱式滴定管的操作

图 1.5.4 两手操作姿势

图 1.5.5 在烧杯中的滴定操作

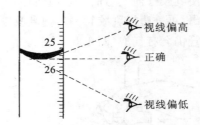

图 1.5.6 滴定管的正确读数方法

装入或放出溶液后,必须等 30 s 左右,使附着在内壁上的溶液流下来,再进行读数。每次读数前要检查一下管壁是否挂有水珠,管尖是否有气泡。读数时用手拿滴定管上部无刻度处,使滴定管保持自然下垂。对于无色或浅色溶液,应读取弯月面下缘最低点。读数时,视线在弯月面下缘最低点处,且与液面呈水平(图 1.5.6);溶液颜色太深时,可读取液面两侧的最高点;若用乳白板蓝线衬背滴定管,应当取蓝线上下两尖端相对点的位置读数。无论哪种读数方法,都应注意初读数与终读数采用同一读数视线的位置标准。读取滴定前刻度数时,应将滴定管尖悬挂着的溶液除去。滴定至终点时应立即关闭旋塞,不要使滴定管中的溶液有稍微流出,否则会带来较大误差。

2. 容量瓶

容量瓶是一种细颈梨形的平底瓶,具磨口玻璃塞或塑料塞,瓶颈上刻有标线,瓶上标有它的容积和标定时的温度。当液体充满至标线时,瓶内所装液体的体积和瓶上标示的容积相同(量入式仪器)。容量瓶有 10 mL、25 mL、50 mL、100 mL、250 mL、500 mL 和 1000 mL 等多种规格,每种规格又有无色和棕色两种。

　　容量瓶主要是用来把精密称量的物质准确地配成一定容积的溶液,或将准确容积的浓溶液稀释成准确容积的稀溶液,这种过程通常称为定容。它常与吸量管配合使用,可将某种物质溶液分成若干等份,用于平行测定。

　　向容量瓶中转移溶液和在容量瓶中检查漏水和混匀溶液的操作见图 1.5.7 和图 1.5.8。

图 1.5.7　转移溶液的操作　　　　　　图 1.5.8　检查漏水和混匀溶液的操作

　　使用容量瓶时应注意以下问题:

　　(1) 不宜在容量瓶内长期存放溶液(尤其是碱性溶液),如溶液需较长时间存放,应将其转移入试剂瓶中,该试剂瓶应预先经过干燥或用少量该溶液淌洗 2~3 次。

　　(2) 温度对容量瓶的容积有影响,使用时要注意溶液的温度、室温以及容量瓶本身的温度。

　　(3) 不要长时间用手攥住瓶肚,以免由于温度的改变而影响容积。

　　3. 干燥器

　　有些易吸水潮解的固体或灼烧后的坩埚等应放在干燥器内,以防吸收空气中的水分。干燥器是一种有磨口盖的厚质玻璃仪器,磨口上涂有一层薄薄的凡士林,以防水汽进入,并能很好地密合。干燥器的底部装有干燥剂(如变色硅胶、无水氯化钙等),中间放置一块干净的带孔瓷板,用来放置装有被干燥物品的容器。打开干燥器时,应左手按住干燥器,右手按住盖的圆顶,向左(或向右)前方推开盖子,如图 1.5.9(a)所示。温度很高的物体(如灼烧过恒重的坩埚等)放入干燥器时,不能将盖子完全盖严,应该留一条很小的缝隙,待冷却后再盖严,否则易被内部热空气冲出打碎盖子,或者由于冷却后的负压使盖子难以打开。搬动干燥器时,应用两手的拇指同时按住盖子,以防盖子因滑落而打碎,如图 1.5.9(b)所示。

　　干燥器中常用的干燥剂有无水氯化钙、变色硅胶、P_2O_5、MgO、Al_2O_3(无水)和浓 H_2SO_4 等。干燥剂的性能以能除去产品水分的效率来衡量,表 1.5.3 是一些常用无机干燥剂的种类及其相对效率。

(a)　　　　　　　　　　(b)

图 1.5.9　干燥器的使用

表 1.5.3　一些常用无机干燥剂的种类及其相对效率

干燥剂种类	残余水/(μg/L)	干燥剂种类	残余水/(μg/L)
$Mg(ClO_4)_2$	～1.0	变色硅胶	70.0
BaO(96.2%)	2.8	NaOH(91%)(碱石棉剂)	93.0
Al_2O_3（无水）	2.9	无水氯化钙	13.7
P_2O_5	3.5	NaOH	～500.0
分隔筛 SA(Linde)	3.2	CaO	656.0
$LiClO_4$（无水）	13.0		

注：残余水是将湿的含 N_2 气体，通到干燥剂上吸附，以一定方法称量得到的结果；变色硅胶是含 $CoCl_2$ 盐的二氧化硅凝胶，无水变色硅胶为蓝色，吸水后变成粉红色。硅胶变为粉红色时烘干后可再用。

4. 移液管

移液管也是量出式仪器，分为无分度移液管和有分度移液管。无分度移液管的中腰膨大，上、下两端细长，上端刻有环形标线，膨大部分标有它的容积和标定时的温度。无分度移液管一般用于准确量取一定体积的液体，无分度移液管的容积有 1 mL、2 mL、5 mL、10 mL、25 mL、50 mL、100 mL 等多种，由于读数部分管径小，其准确性较高。有分度移液管（又称为吸量管），用于准确量取所需要的刻度范围内某一体积的溶液，有分度移液管的容积有 1 mL、2 mL、5 mL、10 mL、20 mL 等。

移液管在使用前应严格洗到内壁不挂水珠。移取溶液前，先用少量该溶液将移液管内壁洗 2～3 次，以保证转移的溶液浓度不变，然后把管尖插入溶液中（在移液过程中，注意保持管尖在液面之下，以防吸入空气），用洗耳球把溶液吸至稍高于刻度处，迅速用食指按住管口（图1.5.10）。取出移液管，使管尖靠着储瓶口，用拇指和中指轻轻转动移液管，并减轻食指的压力，让溶液慢慢流出，同时平视刻度，到溶液弯月面下缘与刻度相切时，立即按紧食指。使准备接受溶液的容器倾斜成 45°角，将移液管移入容器中，使移液管垂直，管尖靠着容器内壁，放开食指，让溶液自由流出（图 1.5.11）。待溶液全部流出后，按规定再等 15 s，取出移液管。

在使用非吹出式的移液管或无分度移液管时，切勿把残留在管尖的溶液吹出。移液管用毕应洗净，放在移液管架上。

1.5.3　玻璃仪器的洗涤

玻璃仪器的清洁与否直接影响实验结果的准确性与精密度，因此必须十分重视玻璃仪器的清洗工作。实验室中所用的玻璃仪器必须是洁净的，洁净的玻璃仪器在用水洗过后，内壁应留下一层均匀的水膜，不挂水珠。不同的玻璃仪器洗涤的方法不同，同时也要根据仪器被污染的情况选择适当的洁净剂。

1. 洁净剂及使用范围

最常用的洁净剂是肥皂液、洗衣粉、去污粉、洗涤剂、洗液、有机溶剂等。肥皂液、洗涤剂、洗衣粉、去污粉用于用刷子直接刷洗的仪器，如烧杯、锥形瓶、试剂瓶、试管等。

洗液多用于不便使用刷子刷洗的仪器，如滴定管、移液管、容量瓶、比色管、量筒等有刻度的或形状特殊的玻璃仪器等。有机溶剂是针对污物属于某一种类型的油腻性，而借助有机溶剂能溶解油脂的作用洗除之；或者借助某种有机溶剂能与水混合而又挥发快的特殊性，冲洗一下带水的仪器将水洗去后，有机溶剂快速挥发干燥。甲苯、二甲苯、汽油等可以洗油垢，乙醇、

图 1.5.10　用洗耳球吸取溶液

图 1.5.11　移液管的使用

乙醚、丙酮可以冲洗刚洗净而带水的仪器。

2. 洗液的制备及使用注意事项

1) 强酸性氧化性洗液

强酸性氧化性洗液用重铬酸钾($K_2Cr_2O_7$)和硫酸配制,浓度一般为 3‰～5‰。5‰的洗液的配制方法:称取 20 g 的重铬酸钾,溶于 40 mL 蒸馏水中,将 360 mL 浓硫酸徐徐加入重铬酸钾溶液中(千万不能将水或溶液加入浓硫酸中!),边倒边用玻璃棒搅拌,并注意不要溅出,混合均匀,冷却后,装入洗液瓶备用。新配制的洗液为红褐色,氧化能力很强,当洗液用久后变为黑绿色,即说明洗液无氧化洗涤力。

2) 碱性洗液

常用的碱性洗液有碳酸钠(Na_2CO_3,即纯碱)溶液、碳酸氢钠($NaHCO_3$,即小苏打)溶液、磷酸钠(Na_3PO_4)溶液、磷酸氢二钠(Na_2HPO_4)溶液,个别难洗的油污仪器也可用稀氢氧化钠溶液洗涤。稀碱性洗液的浓度一般在 5‰左右,碱性洗液用于洗涤有油污的仪器。

3) 有机溶剂

带有油脂性污物较多的仪器,如旋塞内孔、移液管尖头、滴定管尖头、滴管小瓶等可以用汽油、甲苯、二甲苯、丙酮、乙醇、三氯甲烷、乙醚等有机溶剂擦洗或浸泡。

3. 玻璃仪器的洗涤法

1) 常规洗涤法

对于一般的玻璃仪器,应先用自来水冲洗 1～2 遍除去灰尘。再用毛刷蘸取肥皂液(洗涤剂或去污粉等)仔细刷净内外表面,尤其应注意容器磨砂部分,然后用水冲洗,洗至看不出有肥皂液时,继续用自来水冲洗 3～5 次,再用蒸馏水或去离子水充分冲洗 3 次。洗净的清洁玻璃仪器壁上应能被水均匀润湿(不挂水珠)。玻璃仪器经蒸馏水冲洗干净后,残留的水分用 pH 试纸检查应为中性。

洗涤时应按少量多次的原则用水冲洗,每次充分振荡后倾倒干净。凡能使用刷子刷洗的玻璃仪器,都应尽量用刷子蘸取肥皂液进行刷洗,但不能用硬质刷子猛力擦洗容器内壁,因为这样易使容器内壁表面毛糙、易吸附离子或其他杂质,影响测定结果或造成污染而难以清洗。测定痕量金属元素后的玻璃仪器清洗后,应用硝酸溶液浸泡 24 h 左右,再用水洗干净。

2）不便刷洗的玻璃仪器的洗涤法

可根据污垢的性质选择不同的洁净剂进行浸泡或共煮,如用强酸性氧化性洗液洗涤时,应将水沥干,以免过多地耗费洗液的氧化能力。浸泡或共煮后再按常规洗涤法用水冲净。

3）水蒸气洗涤法

有的玻璃仪器,主要是成套的组合仪器,除按上述要求洗涤外,还要安装起来用水蒸气蒸馏法洗涤一定的时间。例如,凯氏微量定氮仪,每次使用前应将整个装置连同接受瓶用热蒸汽处理 5 min,以便除去装置中的空气和前次实验所遗留的氨污染物,从而减少实验误差。

4）特殊清洁要求的洗涤法

在某些实验中,对玻璃仪器有特殊的清洁要求,如分光光度计上的比色皿,测定有机物后,应用有机溶剂洗涤,必要时可用硝酸溶液浸洗,但要避免用重铬酸钾洗液洗涤,以免重铬酸钾附着在玻璃上。用酸浸后,先用水冲净,再用去离子水或蒸馏水洗净晾干,不宜在较高温度的烘箱中烘干。如应急使用而要除去比色皿内的水分时,可用滤纸吸干大部分水分后,再用无水乙醇或丙酮洗涤除尽残存水分,晾干即可使用。

1.5.4　玻璃仪器的干燥

每次实验都应使用干净的玻璃仪器,所以应养成实验结束后立即洗净玻璃仪器的良好习惯。对于有些无水条件下进行的实验,需要将玻璃仪器干燥后才能使用。常用的干燥方法如下。

1. 控干

将洗净的玻璃仪器倒置在滴水架上或专用柜内控水,让其在空气中自然干燥。倒置还有防尘作用。

2. 烘干

烘干是最常用的方法,其优点是快速、省时。将洗净的玻璃仪器置于 $110\sim120$ ℃的清洁烘箱内烘烤 1 h 左右,有的烘箱还可鼓风以驱除湿气。烘干后的玻璃仪器可以在空气中自然冷却,但称量瓶等用于精确称量的玻璃仪器,应在干燥器中冷却保存。任何量器均不得用烘干法干燥。

图 1.5.12　烤干的方法

3. 吹干

急需使用干燥的玻璃仪器而不便于烘干时,可用电吹风快速吹干,选择使用冷风或热风。各种比色管、离心管、试管、锥形瓶、烧杯等均可用此法迅速吹干。一些不宜高温烘烤的玻璃仪器如吸量管、比重瓶、滴定管等也可用电吹风加快干燥。如果玻璃仪器带水较多,先用丙酮、乙醇、乙醚等有机溶剂冲洗一下,吹干更快。

4. 烤干

烤干的方法见图 1.5.12。有时也可以用酒精灯或红外线灯加热烤干。从玻璃仪器底部烤起,逐渐将水赶到出口处挥发掉,注意防止瓶口的水滴回流至烤热的底部引起炸裂。反复上述动作 2~3 次即可烤干。烤干法只适用于硬质玻璃仪器,有些玻璃仪器如比色皿、比色管、称量瓶、试剂瓶等不宜用烤干的方法干燥。

1.5.5　玻璃仪器的保管

各种玻璃仪器还要根据其特点、用途、实验要求等按不同方法加以保管。

（1）移液管洗净后，用干净滤纸包住两端，置于有盖的搪瓷盘、盒中，垫清洁纱布。

（2）滴定管倒置于滴定架上，或盛满蒸馏水，上口加套指形管或小烧杯。使用中的滴定管（内装滴定液）在操作暂停时也应加套以防灰尘落入。

（3）清洁的比色皿、比色管、离心管要放在专用盒内，或倒置在专用架上。

（4）具有磨口塞的清洁玻璃仪器，如容量瓶、称量瓶、碘量瓶、试剂瓶等要衬纸加塞保存。

（5）凡有配套塞、盖的玻璃仪器，如比重瓶、称量瓶、分液漏斗、比色管、滴定管等都必须保持原装配套，不得拆散使用和存放。

（6）专用的组合式仪器、成套仪器，应洗净后再加罩防尘，或放在专门的包装盒内。

1.6　瓷、石英、玛瑙、铂、银、镍、铁、塑料和石墨等器皿

1.6.1　瓷器皿

实验室所用的瓷器皿实际上是上釉的陶器。因此，瓷器的许多性质主要由釉的性质决定。它的熔点较高，可高温灼烧，如瓷坩埚可以加热至 1200 ℃，灼烧后质量变化小，故常常用来灼烧沉淀和称重。它的热膨胀系数为 $(3\sim4)\times10^{-6}$，在蒸发和灼烧的过程中，应避免温度的骤然变化和加热不均匀现象，以防破裂。瓷器皿对酸碱等化学试剂的稳定性较玻璃器皿的稳定性好，然而同样不能和氢氟酸接触，过氧化钠及其他碱性溶液也不能在瓷器皿或瓷坩埚中熔化。

1.6.2　石英器皿

石英器皿的主要化学成分是二氧化硅，除氢氟酸外，不与其他的酸作用。高温时，能与磷酸形成磷酸硅，易与碱及碱金属的碳酸盐作用，尤其在高温下，侵蚀更快，但可以进行焦磷酸钾的熔化。石英器皿的热稳定性好，在 1700 ℃以下不变软、不挥发，但在 1100~1200 ℃时开始失去玻璃光泽。由于其热膨胀系数较小，只有玻璃的 1/15，故热冲击性好。石英器皿价格较贵，脆而易破裂，使用时须特别小心，其洗涤的方法大体与玻璃器皿相同。石英比色皿不吸收紫外光，紫外分光光度法分析的比色皿只能是石英比色皿。

1.6.3　玛瑙器皿

玛瑙器皿是二氧化硅胶溶体分期沿石空隙向内逐渐沉积成的同心层或平层块体，可制成研钵和研杵，用于土壤全量分析时研磨土样和某些固体试剂。

玛瑙质坚而脆，使用时可以研磨，但切莫用研杵撞击研钵，更要注意勿摔落地上。它的导热性能不良，加热时容易破裂。所以，无论在任何情况下都不得烘烤或加热。玛瑙是层状多孔体，液体能渗入层间内部，所以玛瑙研钵不能用水浸洗，只能用乙醇擦洗。

1.6.4　铂器皿

铂的熔点很高，导热性好，吸湿性小，质软，能很好地承受机械加工，常用铂与铱的合金（质较硬）制作坩埚和蒸发器皿等分析用器皿。铂的价格昂贵，故使用铂器皿时要特别注意其性能

和使用规则。

铂对化学试剂比较稳定,特别是对氧很稳定,也不溶于单独的 HCl、HNO₃、H₂SO₄、HF,但易溶于易放出游离 Cl₂的王水,生成褐红色稳定的配合物 H₂PtCl₆,其反应式为

$$3HCl+HNO_3 \longrightarrow NOCl+Cl_2+2H_2O \tag{1.6.1}$$

$$Pt+2Cl_2 \longrightarrow PtCl_4 \tag{1.6.2}$$

$$PtCl_4+2HCl \longrightarrow H_2PtCl_6 \tag{1.6.3}$$

铂在高温下对一系列的化学作用非常敏感。例如,高温时能与游离态卤素(Cl₂、Br₂、F₂)生成卤化物,与强碱 NaOH、KOH、LiOH、Ba(OH)₂等共熔也能变成可溶性化合物,但与 Na₂CO₃、K₂CO₃和助溶剂 K₂S₂O₇、KHSO₄、Na₂B₄O₇、CaCO₃等仅稍有侵蚀;灼热时会与金属 Ag、Zn、Hg、Sn、Pb、Sb、Bi、Fe 等生成比较易熔的合金,与 B、C、Si、P、As 等生成变脆的合金。

根据铂的这些性质,使用铂器皿时应注意下列几点。

(1)铂器皿易变形,勿用力捏或与坚硬物件碰撞,变形后可用木制模具整形。

(2)勿与王水接触,也不得使用 HCl 处理硝酸盐或者用 HNO₃ 处理氯化物,但可与单独的强酸共热。

(3)不得用铂器皿熔化金属和一切高温下能析出金属的物质,不得熔化金属的过氧化物、氰化物、硫化物、亚硫酸盐、硫代硫酸盐等。用铂器皿熔化磷酸盐、砷酸盐、锑酸盐时也只能在电炉(无碳等还原性物质)上熔化,赤热的铂器皿须用镶有铂头的坩埚钳夹取(不得用铁钳)并放在干净的泥三角架上,勿接触铁丝,石棉垫也须灼尽有机质后才能使用。

(4)铂器皿应在电炉上或喷灯上加热,不允许用还原焰,特别是有烟的火焰加热。灰化滤纸的有机样品时也须先在通风条件下低温灰化,然后移入高温电炉灼烧。

(5)铂器皿长久灼烧后有重结晶现象而失去光泽,容易裂损。可用滑石粉的水浆擦拭,恢复光泽后洗净备用。

(6)铂器皿洗涤时可用单独的 HCl 或 HNO₃,煮沸溶解一般难溶的碳酸盐和氧化物,而酸的氧化物可用 K₂S₂O₇ 或 KHSO₄ 熔化,硅酸盐可用碳酸钠、硼砂熔化,或用 HF 加热洗涤。熔化物须倒入干净的容器,切勿倒入水盆或湿缸,以防爆溅。

1.6.5　银、镍、铁器皿

铁、镍的熔点高,银的熔点较低,三种金属对强碱的抗蚀力均较强(Ag>Ni>Fe),且价格便宜。这三种金属器皿的表面却易氧化而改变质量,故不能用于沉淀物的灼烧和称重。它们最大的作用是可用于一些不能在瓷或铂坩埚中进行的样品熔化,例如,Na₂O₂ 和 NaOH 的熔化等,一般只需 700 ℃左右,仅需 10 min 即可完成。熔化时可用坩埚钳夹好坩埚和内熔物,在喷灯上或电炉内转动,勿使底部局部太热而致穿孔。铁坩埚一般可熔化 15 次以上,虽较易损坏,但价廉还是可取的。

1.6.6　塑料器皿

1. 普通塑料器皿

普通塑料器皿一般是用聚乙烯或聚丙烯等热塑而成的聚合物。低密度的聚乙烯塑料,熔点为 108 ℃,加热不能超过 70 ℃;高密度的聚乙烯塑料,熔点为 135 ℃,加热不能超过 100 ℃,它的硬度较大。它们的化学稳定性和机械性能好,可代替某些玻璃、金属器皿。在室温下,不受浓盐酸、氢氟酸、磷酸或强碱溶液的影响,但能被浓硫酸、浓硝酸、溴水或其他强氧化剂慢慢

侵蚀。有机溶剂会侵蚀塑料,故不能用普通塑料器皿储存。而储存水、标准溶液和某些试剂溶液时,普通塑料器皿比玻璃器皿优越,尤其适用于微量物质分析。

2. 聚四氟乙烯器皿

聚四氟乙烯的化学稳定性和热稳定性好,是耐热性能最好的有机材料,使用温度可达 250 ℃,当温度超过 415 ℃时,急剧分解。它的耐腐蚀性好,与浓酸(包括氢氟酸)、浓碱、强氧化剂皆不发生作用,可用于制造烧杯、蒸发皿、表面皿和坩埚等。聚四氟乙烯坩埚能耐热至 250 ℃(勿超过 300 ℃),可以代替铂坩埚进行氢氟酸处理,对于微量元素和钾、钠的分析工作尤为有利。实验室需用氢氟酸消解固体样品时必须用聚四氟乙烯坩埚。

1.6.7　石墨器皿

石墨是一种耐高温材料,温度在 2500 ℃左右时也不熔化,在 3700 ℃(常压)时升华为气体。石墨有很好的耐腐蚀性,无论有机或无机溶剂都不能溶解它。在常温下不与各种酸、碱发生化学反应,但在 500 ℃以上时与硝酸等强氧化剂反应。此外,石墨的热膨胀系数小,耐急冷急热性也好;缺点是耐氧化性能差,随温度的升高,氧化速度逐渐加剧。常用的石墨器皿有石墨坩埚和石墨电极。

1.7　滤纸的性能与选用

滤纸分为定性和定量两种。定性滤纸灰分较多,供一般的定性分析用,不能用于定量分析。定量滤纸经盐酸和氢氟酸处理,并经蒸馏水洗涤,灰分较小,适用于精密的定量分析。此外,还有用于色谱分析用的层析滤纸。

选择滤纸要根据分析工作对过滤沉淀的要求和沉淀性质及其量的多少来决定。国产定量滤纸的性能和适用范围见表 1.7.1,国产定量滤纸的规格见表 1.7.2。

定性滤纸的类型与定量滤纸相同,但无色带标志,灰分含量小于 2 g/kg,国外某些定量滤纸的类型有 Whatman 41 S. S589/1(黑带)粗孔、Whatman 40 S. S589/2(白带)中孔、Whatman 42 S. S589/3(蓝带)细孔。

表 1.7.1　国产定量滤纸的性能和适用范围

类型	色带标志	性能和适用范围
快速	白	纸张组织松软,过滤速度最快,适用于保留粗度沉淀物,如氢氧化铁等
中速	蓝	纸张组织较密,过滤速度适中,适用于保留中等细度沉淀物,如碳酸锌等
慢速	红	纸张组织最密,过滤速度最慢,适用于保留微细度沉淀物,如硫酸钡等

表 1.7.2　国产定量滤纸的规格

圆形直径/cm	7	9	11	12.5	15	18
每张灰分质量/g	3.5×10^{-5}	5.5×10^{-5}	8.5×10^{-5}	1.0×10^{-4}	1.5×10^{-4}	2.2×10^{-4}

1.8　称量仪器的使用

监测实验室的称量仪器主要是天平。天平的种类较多,有托盘天平、阻尼天平、电光天平、电子天平等。现代监测实验室中一般都使用电子天平,有时可能会用到托盘天平,在此主要介绍托盘天平和电子天平的使用。

1.8.1　托盘天平

托盘天平由底座、托盘、托盘架、指针、标尺、平衡螺母、游码、分度盘组成,如图 1.8.1 所示。称量范围:砝码 5～50 g,5 g 以下在游码标尺上读取,精确至 0.1 g,托盘天平只能用于粗略称量。

1. 称量操作

(1) 称量前应将托盘天平放置在水平的地方,把游码放在标尺的零刻度处,根据指针的摆动情况,检查天平是否平衡,通过平衡螺母调节平衡,使指针在中间刻度线两边的摆动幅度相等,停止摆动时,指针指向中间刻度。

(2) 称量时,左托盘放称量物,右托盘放砝码,添加砝码从估计称量物的最大值加起,逐步减小,加减砝码、移动标尺上的游码,直至指针摆动再次达到平衡。

(3) 物体的质量=砝码的总质量+游码在标尺上所对应的刻度值。

(4) 称量后复位,砝码放回砝码盒,游码移回零刻度处。

2. 注意事项

(1) 称干燥固体药品时,两盘各放一张等质量的纸,再称量。

(2) 称易潮解和有腐蚀性的药品或者液体物质时,放在小烧杯等玻璃器皿中称量,先称量空玻璃器皿的质量,再将药品放入玻璃器皿中称量。

(3) 取放砝码时不能用手拿,要用镊子夹取,千万不能把砝码弄湿、弄脏(这样会让砝码生锈,砝码质量变大,测量结果不准确),游码也要用镊子拨动。

(4) 过冷或过热的物体不可放在天平上称量,应先在干燥器内放置至室温后再称量。

1.8.2　电子天平

电子天平(图 1.8.2)是最新一代的天平,它是根据电磁力平衡原理,直接称量,全量程不需要砝码,放上被测物质后,在几秒钟内达到平衡,直接显示读数,具有称量速度快、精度高的特点。它的支撑点采取弹簧片代替机械天平的玛瑙刀口,用差动变压器取代升降枢装置,用数字显示代替指针刻度。因此具有体积小、使用寿命长、性能稳定、操作简便和灵敏度高的特点。此外,电子天平还具有自动校正、自动去皮、超载显示、故障报警等功能。电子天平具有质量电信号输出功能,可与打印机、计算机联用,进一步扩展其功能,如统计称量的最大值、最小值、平均值和标准偏差等。由于电子天平具有机械天平无法比拟的优点,尽管其价格偏高,但也越来越广泛地应用于各个领域,并逐步取代机械天平。

实验室电子天平根据称量要求不同,其精度有 0.1 g、0.01 g、0.001 g、0.0001 g 或更高。其中精度为 0.1 g 和 0.01 g 的电子天平其用途和托盘天平差不多,但比托盘天平更快捷方便。精度在 0.001 g 以上的电子天平,需在称量盘上加装防风罩。称量时,要根据不同的精度要求选用不同精度的电子天平来称量。

1. 称量操作

1) 称量前的检查

取下天平罩,叠好,放于天平后。检查天平盘内是否干净,必要的话用软质毛刷予以清扫。检查天平是否水平,若不水平,调节底座螺丝,使气泡位于水平仪中心。检查硅胶是否变色失

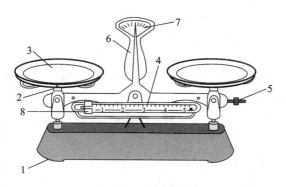

图 1.8.1　托盘天平

1—底座；2—托盘架；3—托盘；4—标尺；
5—平衡螺母；6—指针；7—分度盘；8—游码

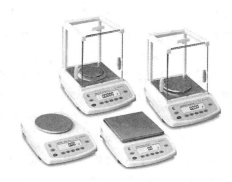

图 1.8.2　电子天平

效，若是，应及时更换。

2）开机

关好天平门，轻按"ON"键，LTD 指示灯全亮，天平先显示型号，稍后显示为"0.0000 g"，即可开始使用（注意，有的需预热一定时间）。

3）称量

（1）直接称量：在 LTD 指示灯显示为"0.0000 g"时，打开天平侧门，将被测物小心置于天平盘上，关闭天平门，待数字不再变动即为被测物的质量。打开天平门，取出被测物，关闭天平门。直接称量法用于称量一物体的质量（如烧杯、称量瓶、金银器等）。化学试剂不能直接置于天平盘上称量。

（2）去皮称量：将容器或称量纸置于天平盘上，关闭天平门，待天平稳定后按"TAR"键清零，LTD 指示灯显示重量为"0.0000 g"，打开天平门，在容器中或称量纸上添加称量物，不关闭天平门粗略读数，看质量变动是否达到要求，若在所需范围之内，则关闭天平门，待 LTD 显示的数字不再变动即为所添加物质的质量。洁净干燥的不易潮解或升华的固体试样，可用去皮法称量。

（3）固定质量称量法：又称增量法，用于称量某一固定质量的试剂或试样。称量时先用去皮称量法去皮，然后用药勺慢慢添加称量物。这种称量操作的速度很慢，适用于称量不易潮解，在空气中能稳定存在的粉末或小颗粒（最小颗粒应小于 0.1 mg）样品，以便精确调节其质量。本操作可以在天平中进行，用左手手指轻击右手腕部，将药勺中样品慢慢震落于容器内，当达到所需质量时停止加样，关上天平门，显示平衡后即可记录所称取试样的质量。记录后打开左门，取出容器，关好天平门。若加入量超出，则需重称试样，已用试样必须弃去，不能放回到试剂瓶中。操作中不能将试剂洒落到容器以外的地方，称好的试剂必须定量的转入接收器中，不能有遗漏。

（4）递减称量法：又称减量法，用于称量一定范围内的样品和试剂。主要针对易挥发、易吸水、易氧化和易与二氧化碳反应的物质。用滤纸条从干燥器中取出称量瓶，用纸片夹住瓶盖柄打开瓶盖，用药勺加入适量试样（多于所需总量，但不超过称量瓶容积的三分之二），盖上瓶盖，置入天平中，显示稳定后，按"TAR"键清零。用滤纸条取出称量瓶，在接收器的上方倾斜瓶身，用瓶盖轻击瓶口使试样缓缓落入接收器中。当估计试样接近所需量（0.3 g 或约三分之一）时，继续用瓶盖轻击瓶口，同时将瓶身缓缓竖直，用瓶盖敲击瓶口上部，使粘于瓶口的试样落入瓶中,盖好瓶盖。将称量瓶放入天平,显示的质量减少量即为试样质量。

若敲出质量多于所需质量,则需重称,已取出试样不能收回,须弃去。

4）称量结束后的工作

称量结束后,按"OFF"键关闭天平,将天平还原。在天平的使用记录本上记下称量操作的时间和天平状态,并签名。整理好台面之后方可离开。

精度为 0.1 g 和 0.01 g 的电子天平没有防风罩,操作过程与上面相同。

2. 使用天平的注意事项

（1）在开关门、放取称量物时,动作应轻缓,切不可用力过猛或过快,以免造成天平损坏。

（2）对于过热或过冷的称量物,应使其温度回到室温后方可称量。

（3）称量物的总质量不能超过天平的称量范围,在固定质量称量时要特别注意。

（4）称量所有化学试剂或分析样品时,均须置于一定的洁净干燥容器中（如烧杯、表面皿、称量瓶等）或称量纸上进行称量,以免沾染并腐蚀天平。

（5）电子天平应放在干燥、阴凉处,防止酸、碱和其他物品腐蚀。

1.9　环境监测实验基本要求

1.9.1　实验预习

1. 预习内容

为了顺利做好实验、避免事故的发生,在实验前必须对所要做的实验有尽可能全面和深入的了解和认识。这些认识包括实验的目的和要求,实验原理（化学反应原理和仪器设备原理）,实验所用试剂规格及其物理、化学性质,实验所用的仪器设备,实验的操作程序和操作要领,实验中可能出现的现象和可能发生的事故等。为此,需要认真阅读与实验有关的章节（包括理论知识、实验操作）,查阅相应的文献资料,撰写预习报告。

2. 预习报告

预习报告包括实验名称、实验目的、实验原理、主要试剂和产物的物理常数、试剂规格用量、装置示意图和实验步骤。在实验步骤的每一步后面都需留出适当的空白,以供实验时做记录用。参考格式如下:

（1）实验名称:实验×　××××　　　　　　　（预习报告）。

（2）实验所用方法的名称和原理。

（3）实验方法的特点（如实验方法的灵敏度、最低检出限、检测浓度范围等）。

（4）实验方法对样品采集、保存及预处理的要求。

（5）实验所用试剂规格要求（包括试剂纯度、浓度、用水要求等）,特殊试剂的配制（标准溶液的配制、稀释、标定试剂的保存等）。

（6）实验步骤（简明扼要,可用流程图表示）,弄清实验要注意的事项以及影响实验成功或准确度的关键因素或步骤有哪些。

（7）实验原始记录表。

（8）数据处理方式及要求。

（9）结果表示方式。

1.9.2　实验记录

在实验中,除有良好的实验技术和操作方法外,还必须完整、真实地做好实验记录。科学、客观、完整地收集和记录实验现象、数据,养成认真、严谨的科学工作作风。

实验记录必须有专用实验记录本,当开始做实验时,应该把记录本放在近旁,以便随时记录实验现象和实验数据。记录内容包括以下几个方面。

（1）实验名称、方法和实验日期。

（2）试剂配制的记录:包括计算过程、试剂的规格（观察试剂标签）、称取质量（液体量取体积）、配制多大体积、浓度多少;标准溶液（储备液）的配制（标定过程）、标准溶液使用液的配制等。

（3）样品及样品预处理的记录:样品名称、特性（表观特点）、采集时间、采集地点、预处理方法及过程。

（4）所用仪器设备型号、编号、规格、生产商的记录。

（5）实验过程记录:用略图表示反应装置或实验流程,把特别的操作技术或附加的装置也记入实验记录本中。详细记录实验过程,记下实验过程的操作和所观察到的现象,特别重要的是,要真实客观地记下对原有规程的改动和事先没有估计到的反常现象。

（6）实验数据记录:记录实验全过程中的所有数据,不能遗漏任何数据。

在实验中要做到操作认真、观察仔细、积极思考。应该强调的是,实验过程的记录要清楚。必须在实验进行的过程中记录,而不要根据记忆做记录。在实验操作完成之后,必须对实验进行总结,即讨论观察到的现象、分析出现的问题、整理归纳实验数据等。这是完成整个实验的一个重要组成部分,也是把各种实验现象提高到理性认识的必要步骤。

应该强调的是,实验数据的记录必须科学、客观,记录过程中写错的部分可以用笔划去,但不能用改正液涂抹或用橡皮擦拭去,更不能撕毁。

1.9.3　实验报告

实验报告是将实验操作、实验现象及所得的各种数据综合归纳、分析提高的过程,是把直接的感性认识提高到理性认识的必要步骤,也是向教师报告、与他人交流及储存备查的手段。实验报告是由实验记录整理而成的,不同类型的实验有不同的格式。环境监测实验报告的格式包括实验名称、实验目的、实验原理、实验仪器、实验试剂、实验装置图、实验步骤（记录实验过程及实验现象）、数据记录及处理、结果与讨论。

撰写实验报告应注意以下事项:

（1）条理清楚。

（2）详略得当,陈述清楚,简明扼要。

（3）语言准确,除讨论外尽可能不使用"如果""可能"等模棱两可的字词。

（4）数据完整,重要的实验步骤、现象和实验数据不能遗漏。

（5）讨论栏可写实验体会、成功经验、失败教训、改进的设想等。

（6）真实,无论装置图或操作是否正确,如果自己使用的或做的与书上不同,应按实际使用的装置绘制,按实际操作的程序记录,不要照搬书上的,更不可伪造实验现象和数据。

第 2 章　水质监测实验

实验 1　水中残渣的测定

一、实验目的

（1）了解水中残渣的含义与分类。

（2）掌握水中残渣测定的原理和基本操作。

二、方法原理

水中的残渣可分为总残渣、可滤性残渣（又称为溶解性固体）和不可滤性残渣（又称悬浮物suspend substance，常用 SS 表示）。将一定体积混合均匀的原水样，在烘干至恒重的蒸发皿中用蒸汽浴或水浴蒸干，放于 103～105 ℃的烘箱内烘至恒重，增加的重量即为总残渣含量；如果将原水样换成过滤后的水样，按上述方法操作，增加的重量即为溶解性固体含量；将一定体积的水样通过事先烘干至恒重的滤料，然后将滤料及残留固体物置于 103～105 ℃烘箱内烘干至恒重，滤料上增加的重量即为水样中悬浮物含量。三者均以 mg/L 表示。

三、实验仪器设备

（1）电子天平。

（2）烘箱。

（3）干燥器。

（4）孔径为 0.45 μm 的 CN-CA 滤膜或相应微孔的玻璃过滤器。

（5）内径为 30～50 mm 的称量瓶。

（6）吸滤瓶、真空泵。

（7）蒸发皿（ϕ90 mm）或 150 mL 的硬质烧杯。

（8）蒸汽浴或水浴锅。

（9）镊子。

（10）其他。

四、实验试剂与材料

蒸馏水或同等纯度的水、洗涤剂、自来水。

五、实验步骤

1. 水样的采集与保存

采样容器为聚乙烯塑料瓶或硬质玻璃瓶，依次用洗涤剂、自来水、蒸馏水洗净，采样前再用即将采集的水样润洗三次，然后采集足量具有代表性的水样，混匀分装于 500～1000 mL 的聚乙烯塑料瓶或硬质玻璃瓶中,盖严瓶塞。采集的水样应尽快分析测定,如需放置,应储存在约 4 ℃的冰箱中,储存时间最长不超过 7 天。

2. 悬浮物含量的测定

(1) 取滤膜放于干燥称量瓶中,放入烘箱,于 103～105 ℃温度下烘干 0.5 h 后,取出置于干燥器中冷却至室温,用电子天平称重。反复烘干、冷却、称重,直至前后两次称量的重量差不超过 0.2 mg,记录其重量 B(g)。

(2) 将上述滤膜正确放在过滤器中,以蒸馏水湿润滤膜,并不断吸滤,使滤膜紧贴过滤器底。

(3) 将采集的水样(体积为 V_1)充分摇匀,抽吸过滤,使水样全部通过滤膜。再以每次 10 mL 蒸馏水连续洗涤三次,将采样瓶壁上吸附的固体物质和底部的沉降物全部冲洗至滤膜上,继续抽吸过滤至无液体流下。取出载有悬浮物的滤膜放入原称量瓶中,放入烘箱,于 103～105 ℃温度下烘干 1 h 后,取出置于干燥器中冷却至室温,用同一台电子天平称重。反复烘干、冷却、称重,直至前后两次称量的重量差不超过 0.4 mg,记录其重量 A(g)。

3. 总残渣含量和溶解性固体含量的测定

(1) 取若干洗净的蒸发皿,放入烘箱中,于 103～105 ℃的烘箱中烘干 0.5 h 后,取出置于干燥器中冷却至室温,用电子天平称重。反复烘干、冷却、称重,直至前后两次称量的重量差不超过 0.5 mg,记录其重量 m_1(g)。

(2) 分别取适量体积(V_2)(使残渣含量大于 25 mg)振荡均匀的原水样和前面过滤后的水样置于不同的恒重后的蒸发皿中,用蒸汽浴或水浴蒸干,放于 103～105 ℃烘箱中烘干 1 h 后,取出置于干燥器中冷却至室温,用电子天平称重。反复烘干、冷却、称重,直至前后两次称量的重量差不超过 0.5 mg,记录其重量 m_2(g)。

六、数据记录与处理

1. 悬浮物

水样体积 V_1(mL)=_____;悬浮物＋滤膜＋称量瓶重量 A(g)=_____;滤膜＋称量瓶重量 B(g)=_____。

将实验数据代入式(2.1.1),计算水样中的悬浮物(SS)含量(mg/L):

$$SS=(A-B)\times10^6/V_1 \tag{2.1.1}$$

2. 总残渣和溶解性固体

水样体积 V_2(mL)=_____;蒸发皿原重量 m_1(g)=_____;蒸发皿＋残渣重量 m_2(g)=_____。代入式(2.1.2)中计算残渣含量(mg/L):

$$c=(m_2-m_1)\times10^6/V_2 \tag{2.1.2}$$

若水样为未过滤的原水样,则 c 为水样的总残渣含量;若水样为过滤后的滤液,则 c 为水样的溶解性固体含量。

七、注意事项

(1) 水样中的漂浮物,如树枝、树叶、木棒、水草、塑料、昆虫等应事先除去。

(2) 如果没有所需滤膜和相应的过滤器,可用中速定量滤纸和布氏漏斗代替。

(3) 水样体积的大小可根据残渣含量的多少适当增减,一般应使滤膜上的悬浮物重量在

5～100 mg 之间,残渣重量在 25～200 mg 之间为宜。

(4) 水样保存时,不能加入任何保护剂,以防破坏固液两相平衡。

实验 2　水的矿化度的测定

水的矿化度是指水中溶解的无机矿物成分的总量(与盐分含量相似),是饮用水和灌溉水的主要指标之一。矿化度的测定方法主要有重量法、电导法、阴阳离子加和法、离子交换法、比重计法等,本实验采用重量法。

一、实验目的

(1) 了解矿化度的概念及意义。

(2) 了解矿化度的测定方法有哪些。

(3) 掌握重量法测定矿化度的基本过程和操作。

二、方法原理(重量法)

取一定体积经过滤去除悬浮物及沉降性固体后的水样,置于恒重的蒸发皿内蒸干,并用过氧化氢去除有机物,然后将蒸发皿置于 105～110 ℃的烘箱内烘至恒重,蒸发皿内增加的重量即为水的矿化度,以 mg/L 表示。

三、实验仪器设备

(1) 电子天平。

(2) 烘箱。

(3) 干燥器。

(4) 砂芯玻璃坩埚(G3 号)或中速定量滤纸。

(5) 内径为 30～50 mm 的称量瓶。

(6) 抽滤瓶、真空泵。

(7) 玻璃蒸发皿或瓷蒸发皿(φ90 mm)。

(8) 蒸汽浴或水浴锅。

(9) 抽气瓶(500 mL 或 1000 mL)。

四、实验试剂与材料

过氧化氢溶液(1∶1):取 1 体积 30% 的分析纯过氧化氢(H_2O_2)加 1 体积蒸馏水配制。

五、实验步骤

(1) 取若干洗净的蒸发皿,放入烘箱中,于 105～110 ℃的烘箱中烘干 2 h 后,取出置于干燥器中冷却至室温,用电子天平称重。反复烘干、冷却、称重,直至前后两次称量的重量差不超过 0.5 mg,记录其重量 m_0(g)。

(2) 取适量水样用砂芯玻璃坩埚抽滤。

(3) 取适量体积(V)过滤后的水样(使残渣含量有 25～200 mg)置于恒重后的蒸发皿中,用水浴蒸干。

（4）若蒸干后的残渣有颜色，稍冷后，滴加过氧化氢溶液（1∶1）数滴，慢慢旋转蒸发皿至气泡消失，再蒸干，反复处理数次，直至残渣颜色变白或颜色稳定不变为止。

（5）将蒸发皿放于 105～110 ℃烘箱中烘干 2 h 后，取出置于干燥器中冷却至室温，用电子天平称重。反复烘干、冷却、称重，直至前后两次称量的重量差不超过 0.5 mg，记录其重量 m_1（g）。

六、数据记录与处理

水样体积 V（mL）＝_____；蒸发皿原重量 m_0（g）＝_____；蒸发皿＋残渣重量 m_1（g）＝_____。代入式(2.2.1)计算矿化度（mg/L）：

$$矿化度＝(m_1-m_0)\times 10^6/V \qquad (2.2.1)$$

七、注意事项

（1）重量法适用于地表水、地下水、自来水、矿泉水等水样矿化度的分析。

（2）对于含有大量钙、镁的氯化物或硫酸盐的高矿化度水样，因氯化物易吸水，硫酸盐易形成结晶水不易去除，可加入 10 mL 2％～4％的碳酸钠溶液使钙、镁的氯化物及硫酸盐变成碳酸盐，用水浴蒸干后，在 150～180 ℃烘箱中烘干 2～3 h 后冷却，称重。加入的碳酸盐量应从盐分总量中扣除。

（3）加过氧化氢溶液时应少量多次，每次使残渣湿润即可，以防止有机物与过氧化氢反应时产生大量气泡，发生盐分飞溅。当水样含铁较高时，残渣呈现黄色，多次处理仍然无法变白时，可停止处理。

（4）澄清透明的水样不必过滤。浑浊水样，有悬浮物、漂浮物的水样必须过滤。若水样中有腐蚀性物质存在时，必须用砂芯玻璃坩埚过滤。

实验 3　水的电导率的测定

电导率是表示溶液导电能力大小的指标，纯水的电导率很低，当水中无机酸、碱或盐含量增加时，其电导率增加。电导率常用于间接推测水中离子成分的总量。水溶液的电导率主要取决于水中离子的性质、浓度，温度和黏度对电导率也有影响。

电导率的国际标准单位为 S/m（西门子/米），常用单位为 μS/cm。

1 S/m＝1000 mS/m＝10 mS/cm；1 mS/cm＝1000 μS/cm。

表 2.3.1 为各种水的电导率范围。

表 2.3.1　各种水的电导率范围

水 样 类 型	电导率范围/(μS/cm)	水 样 类 型	电导率范围/(μS/cm)
超纯水	≤0.1	饮用水	50～1500
新蒸馏水	0.2～2.0	矿泉水	500～1000
存放一定时间的蒸馏水	2～4	海水	30000
天然地表水	50～500	工业废水（含酸碱盐）	≥10000

一、实验目的

（1）了解电导率的概念及其影响因素。

（2）了解常见水样的电导率范围。

（3）掌握电导率仪的原理及操作过程。

二、方法原理

电导（S）是电阻（R）的倒数，当两个电极插入溶液中，可以测定两电极间的电阻 R，根据欧姆定律，温度一定时，溶液的电阻与两电极间的距离 L 成正比，与电极的截面积 A 成反比，即

$$R = \rho L / A \tag{2.3.1}$$

测电导率的电极（也称电导池）在制作时，两电极之间的距离 L 和电极的面积 A 是固定的，因此 L/A 是常数，称为电极（电导池）常数，以 J 表示：

$$J = L / A \tag{2.3.2}$$

ρ 是电阻率，其倒数 $1/\rho$ 就是电导率，以 K 表示：

$$S = 1/R = (1/\rho)(1/J) = K/J \tag{2.3.3}$$

$$K = SJ = J/R \tag{2.3.4}$$

当电极常数已知，测出电极之间溶液的电阻，即可求出溶液的电导率。

三、实验仪器设备

（1）电导率仪，误差≤1%。

（2）温度计，精确至 0.1 ℃。

（3）恒温水浴锅，误差±0.2 ℃。

（4）电子天平。

（5）100 mL 或 250 mL 烧杯。

（6）其他。

四、实验试剂与材料

（1）纯水，电导率≤1 $\mu S/cm$。

（2）氯化钾标准溶液（$c = 0.0100$ mol/L）：将优级纯氯化钾（KCl）置于 105 ℃烘箱中烘干 2 h 以上，放入干燥器中冷却后用电子天平称取 0.7456 g，用纯水溶解并准确定容至 1000 mL。此溶液 25 ℃时的电导率为 1413 $\mu S/cm$。

必要时，将上述标准溶液用纯水稀释至不同浓度。25 ℃时，0.0050 mol/L、0.0010 mol/L、0.0005 mol/L、0.0001 mol/L 氯化钾标准溶液所对应的电导率分别为 717.80 $\mu S/cm$、147.00 $\mu S/cm$、73.90 $\mu S/cm$、14.94 $\mu S/cm$。

（3）自来水和学校附近地表水等。

五、实验步骤

1. 认真阅读所用电导率仪的使用说明书

这里以 DDS-ⅡA 型数字电导率仪为例。

2. 电极（电导池）的选择

常用电极常数（J_0）有四种规格：0.01、0.1、1 和 10。其实际电极常数（$J_{实}$）允许误差范围在 20%以内。即同一规格常数的电导电极，其实际电极常数的存在范围为 $J_{实} = (0.8 \sim 1.2) J_0$。

按被测介质电导率的高低，选用不同电极常数规格的电极，一般当介质电导率为 0～3

$\mu S/cm$ 时,可选用电极常数为 $0.01\ cm^{-1}$ 的电极;当电导率在 $0.1\sim30\ \mu S/cm$ 之间时,可选用电极常数为 $0.1\ cm^{-1}$ 的电极;当电导率在 $1\sim100\ \mu S/cm$ 之间时,选用电极常数为 $1\ cm^{-1}$ 的 DJS-1 型光亮电极;当电导率在 $100\sim3000\ \mu S/cm$ 之间时,可选用电极常数为 $1\ cm^{-1}$ 的 DJS-1 型铂黑电极;当电导率大于 $1000\ \mu S/cm$ 时,也可选用电极常数为 $10\ cm^{-1}$ 的 DJS-10 型铂黑电极。

3. 仪器量程选择

DDS-ⅡA 型数字电导率仪设有四挡量程。当选用电极常数 $J_0=1$ 电极测量时,其量程显示范围如表 2.3.2 所示。

表 2.3.2　DDS-ⅡA 型数字电导率仪量程显示范围

序号	量程开关位置	仪器显示范围	对应量程显示范围/($\mu S/cm$)
1	20 μS	$0\sim19.99$	$0\sim19.99$
2	200 μS	$0\sim199.9$	$0\sim199.9$
3	2 mS	$0\sim1.999$	$0\sim1999$
4	20 mS	$0\sim19.99$	$0\sim19990$

注:量程 1、2 挡,单位为 μS;量程 3、4 挡,单位为 mS。

选用其他规格的电极常数时,其量程显示范围如表 2.3.3 所示。

表 2.3.3　电极常数与对应量程显示范围

序号	量程开关位置	仪器显示范围	对应量程显示范围/($\mu S/cm$)		
			$J_0=0.01$	$J_0=0.1$	$J_0=10$
1	20 μS	$0\sim19.99$	$(0\sim19.99)\times0.01$	$(0\sim19.99)\times0.1$	$(0\sim19.99)\times10$
2	200 μS	$0\sim199.9$	$(0\sim199.9)\times0.01$	$(0\sim199.9)\times0.1$	$(0\sim199.9)\times10$
3	2 mS	$0\sim1.999$	$(0\sim1999)\times0.01$	$(0\sim1999)\times0.1$	$(0\sim1999)\times10$
4	20 mS	$0\sim19.99$	$(0\sim19990)\times0.01$	$(0\sim19990)\times0.1$	$(0\sim19990)\times10$

选一电导电极常数规格进行测定,读出仪器显示值,将数据代入式(2.3.5)计算出被测液体的实际电导率。

$$K_{实}=K_{表}\times J_0 \tag{2.3.5}$$

式中:$K_{实}$——被测液体的实际电导率;

　　$K_{表}$——仪器显示值;

　　J_0——电导电极常数规格。

4. 无温度补偿测定实际温度下的电导率

1) 电极常数校正

同一电极常数的电极,其实际电极常数的存在范围 $J_{实}=(0.8\sim1.2)J_0$。为消除实际存在的偏差,仪器设有常数校正功能。打开电源开关,预热 15 min 以上,将温度补偿钮置于 25 ℃刻度值。将仪器测量开关置于"校正"挡,调节常数校正钮,使仪器显示电极常数实际系数值,即当 $J_{实}=J_0$ 时,仪器显示"1.000";当 $J_{实}=0.95J_0$ 时,仪器显示"0.950";当 $J_{实}=1.05J_0$ 时,仪器显示"1.050"。电极是否接上,仪器量程开关在何位置,均不影响进行电极常数校正。

注意:新电极出厂时实际电极常数 $J_{实}$ 一般标注在相应位置上,仪器校正显示值即电极常数系数乘以电极常数规格等于实际电极常数。

2）溶液电导率的测量

选择合适电极常数的电极，根据电极实际电极常数，仪器进行常数校正。经校正后，仪器可直接测量液体电导率。将测量开关置于"测量"挡，选用适当的量程挡，将清洁电极插入待测溶液中，仪器显示该被测溶液在实际温度下的电导率。

5．采用温度补偿测定溶液温度为 25 ℃时的电导率

1）电极常数校正

用温度计测定待测溶液的温度，调节温度补偿旋钮，使其指示的温度值与被测溶液温度相同，将仪器测量开关置于"校正"挡，调节电极常数校正钮，使仪器显示实际电极常数值，其要求和方法与上面相同。

2）测量

操作方法同前面一样，这时仪器显示被测溶液 25 ℃时的电导率。

六、数据记录与处理

测定实验室纯水、自来水和学校附近地表水（河流、湖泊、海水）的电导率。

（1）仪器型号：_____；生产厂家：_____。

（2）数据记录：将实验所得数据如实记入实验数据记录表，见表 2.3.4。

表 2.3.4　实验数据记录表

编　号	水样类型	电极类型	电极常数	电导率/(μS/cm)	
				测定温度下电导率	25 ℃时电导率
1	实验室纯水				
2	自来水				
3	××河水				
4	……				
⋮					

七、注意事项

（1）电极应置于清洁干燥的环境中保存。

（2）测量时，为保证待测液体不被污染，电极应用去离子水（或二次蒸馏水）冲洗干净，并用待测溶液适量冲洗。

（3）当液体介质电导率小于 1 μS/cm 时，应加测量槽做流动测量。

（4）选用仪器量程挡时，能在低一挡量程内测量的，不放在高一挡量程内测量。在低挡量程内，若已超量程，仪器显示屏只在左侧第一位显示"1"（溢出显示），此时，请选高一挡量程测量。

（5）一般情况下，所指液体电导率是指该液体介质标准温度（25 ℃）时的电导率。当介质温度不在 25 ℃时，其电导率会有一个变量。为等效消除这个变量，该仪器设置了温度补偿功能。仪器不采用温度补偿时，测得液体电导率为该液体在其测量时实际温度下的电导率；仪器采用温度补偿时，测得液体电导率已换算为该液体在 25 ℃时的电导率。

本仪器温度补偿系数为每度（℃）2％，所以在做高精密测量时，请尽量不采用温度补偿，而采用测量后查表计算或将被测液体在 25 ℃恒温水浴中等温后测量，来求得液体介质 25 ℃时

的电导率。

（6）电极在使用和保存过程中，因受介质、空气侵蚀等因素的影响，其电极常数会有所变化。电极常数发生变化后，需重新进行电极常数测定，测定方法如下：

①配制氯化钾标准溶液，25 ℃时氯化钾标准溶液的浓度与电导率之间的关系可查阅相关数据手册。

②清洗、清洁待测电极。并接入仪器，插入溶液。

③将仪器温度补偿钮置于 25 ℃刻度值，测量开关置于"校正"挡，调节电极常数校正钮，使仪器显示"1.00"。测量开关置于"电导"挡，读出仪器读数 K_c，查表得出标准溶液的标准电导率 K_b，代入式（2.3.6）计算电极常数 $J（cm^{-1}）$：

$$J=K_b/K_c \tag{2.3.6}$$

（7）使用电导仪也可以测定电导率，电导 S 乘以电极常数即为电导率，测定前仔细阅读电导仪使用说明。

实验 4　水样的浊度与色度的测定

一、水样浊度的测定

浊度是表现水中悬浮物对光线透过时所产生的阻碍程度的物理量。水中含有的由泥土、粉砂、微细有机物、无机物、浮游生物和其他微生物等形成的悬浮物或胶粒都可使水体产生浊度。浊度的大小不仅与水中存在的悬浮颗粒的含量有关，而且与颗粒的粒径、形状、颗粒表面对光的散射特性等密切相关。水样应收集到具塞玻璃瓶中，取样后尽快测定，如需保存，可保存在冷暗处不超过 24 h。测定前需剧烈摇动并恢复到室温。

（一）分光光度法

1. 实验目的

（1）了解浊度的含义。

（2）掌握分光光度法测定浊度的原理和基本操作。

2. 方法原理

在适当的温度下，硫酸肼与六次甲基四胺发生聚合反应，生成白色高分子聚合物，以此作为浊度标准溶液，在 680 nm 波长处用 3 cm 比色皿测定吸光度，吸光度与水样浊度成正比。先测定系列标准溶液的吸光度，绘制吸光度与浊度的关系曲线（标准曲线），在相同条件下测得水样的吸光度，在标准曲线上查得相应的浊度值。或以浊度值为 y，吸光度值为 x，用最小二乘法计算回归方程（$y=ax+b$），将水样的吸光度代入回归方程计算水样的浊度。

3. 实验仪器设备

（1）电子天平。

（2）分光光度计。

（3）50 mL 或 25 mL 具塞比色管。

（4）其他。

4. 实验试剂与材料

本实验所用试剂均为分析纯试剂，水均为无浊度水。

（1）无浊度水：将蒸馏水通过 0.2 μm 滤膜过滤，收集于用滤过水洗净的玻璃瓶中。

（2）浊度标准储备液：称取 1.000 g 硫酸肼[$(N_2H_4)H_2SO_4$]（硫酸肼有毒、致癌）溶于无浊度水，定容至 100 mL，此溶液为 A。称取 10.00 g 六次甲基四胺[$(CH_2)_6N_4$]溶于无浊度水，定容至 100 mL，此溶液为 B。A、B 两溶液各取 5.00 mL 于 100 mL 容量瓶中，混合均匀，于 (25±3) ℃下静置反应 24 h。冷却后用无浊度水定容至 100 mL，混匀。此溶液为 400 度的浊度标准储备液，可保存 1 个月。

5. 实验步骤

1）标准曲线的绘制

分别吸取 400 度浊度标准储备液 0.00 mL、0.50 mL、1.25 mL、2.50 mL、5.00 mL、10.00 mL、12.50 mL 置于 7 支 50 mL 比色管中（若用 25 mL 比色管，标准储备液体积减半），加无浊度水到标线。摇匀，得到浊度为 0 度、4 度、10 度、20 度、40 度、80 度、100 度的系列浊度标准溶液。于 680 nm 波长处，以无浊度水为参比，用 3 cm 比色皿测定吸光度。

2）水样的测定

准确量取一定体积摇匀后的水样于 50 mL 比色管中，加无浊度水至刻度（如原水样浊度不超过 100 度可直接取原水样 50.0 mL），摇匀，于 680 nm 波长处，以无浊度水为参比，用 3 cm 比色皿测定吸光度。

6. 数据记录与处理

（1）分光光度计型号：_____；生产厂家：_____。

取原水样体积 V_1(mL)＝_____；加无浊度水体积 V_2(mL)＝_____。

（2）浊度标准溶液系列：将实验所得数据记入表 2.4.1。

表 2.4.1　浊度标准溶液系列

	浊度标准溶液系列							水样	
400 度浊度标准储备液/mL	0.00	0.50	1.25	2.50	5.00	10.00	12.50	/	/
稀释至 50 mL 后浊度/度	0	4	10	20	40	80	100		
吸光度	0								

以浊度值为 y，吸光度值为 x，用最小二乘法或 Microsoft Excel 计算回归方程 $y=ax+b$（其中斜率 a 用 Slope 函数计算，截距 b 用 Intercept 计算），并计算 y 与 x 的相关系数 R（用 Correl 函数计算），R 的值反映了标准曲线的质量，较好的标准曲线其相关系数 $|R|$ 应在 0.999 以上。以水样吸光度值代入回归方程计算相应的浊度值 A，原水样浊度（度）按式(2.4.1)计算：

$$原水样浊度=\frac{A(V_1+V_2)}{V_1} \tag{2.4.1}$$

7. 注意事项

（1）所有与水样接触的玻璃器皿必须清洁，可用盐酸或表面活性洗涤剂洗涤。

（2）不同浊度范围测定结果的精度要求如表 2.4.2 所示。

表 2.4.2　不同浊度范围测定结果的精度要求

浊度范围/度	1～10	10～100	100～400	400～1000	＞1000
精度要求/度	1	5	10	50	100

（二）目视比浊法

1. 实验目的

掌握目视比浊法测定浊度的原理和基本操作。

2. 方法原理

将水样与用硅藻土配制的浊度标准溶液进行目视比较，确定其浊度。规定 1 mg 一定粒度的硅藻土在 1000 mL 无浊度水中所产生的浊度为 1 度。

3. 实验仪器设备

（1）100 mL（或 50 mL）具塞比色管。

（2）250 mL 无色具塞玻璃瓶。

（3）其他。

具塞比色管、具塞玻璃瓶的质量、厚度、直径均需一致，最好选用同一批生产的产品。

4. 实验试剂与材料

（1）无浊度水：同分光光度法。

（2）250 度浊度标准溶液：称取 10.0 g 通过 0.1 mm 筛孔（150 目）的硅藻土于研钵中，加入少许无浊度水调成糊状并研细，全部转移至 1000 mL 量筒中，加无浊度水至标线。充分搅匀后，放置 24 h 自然沉降，用虹吸法仔细将上层 800 mL 悬浮液移至另一个 1000 mL 的量筒中，加无浊度水至标线，充分搅匀，再静置 24 h，用虹吸法吸出上层 800 mL 悬浮液弃去，剩下的溶液加无浊度水至 1000 mL。充分搅匀后，储存于具塞玻璃瓶中。此溶液中硅藻土的粒径约为 400 μm。

将上述悬浊液充分摇匀后取 50.0 mL 置于一恒重的蒸发皿中，用水浴蒸至近干，然后置于 105 ℃的烘箱中烘 2 h 后，置于干燥器中冷却至室温，用电子天平称重。反复烘干、冷却、称重，直至恒重。求出 1 mL 悬浊液中含硅藻土的质量（mg）。吸取含有 250 mg 硅藻土的上述均匀悬浊液，定容至 1000 mL，摇匀，此溶液的浊度为 250 度。

（3）100 度浊度的标准溶液：吸取 250 度的浊度标准溶液 100.0 mL，定容至 250 mL，摇匀，此溶液为 100 度的浊度标准溶液。

上述标准溶液保存时，加入 1 g 氯化汞（氯化汞剧毒），以防菌类生长。

5. 实验步骤

1）浊度低于 10 度的水样

（1）分别吸取 100 度浊度的标准溶液 0.00 mL、1.00 mL、2.00 mL、3.00 mL、4.00 mL、5.00 mL、6.00 mL、7.00 mL、8.00 mL、9.00 mL、10.00 mL 于 11 支 100 mL 的比色管中（用 50 mL 比色管则减半），加无浊度水稀释至标线，摇匀，配制成浊度为 0 度、1 度、2 度、3 度、4 度、5 度、6 度、7 度、8 度、9 度、10 度系列浊度标准溶液。

（2）取 100 mL 水样于 100 mL 比色管中（用 50 mL 比色管则减半），与上述系列浊度标准溶液进行比较。可在黑色底板上由上而下垂直观察，选出与水样相近视觉效果的标准溶液，记下其浊度值。

2）浊度高于 10 度的水样

（1）分别吸取 250 度浊度的标准溶液 0.0 mL、10.0 mL、20.0 mL、30.0 mL、40.0 mL、50.0 mL、60.0 mL、70.0 mL、80.0 mL、90.0 mL、100.0 mL 于 11 支 250 mL 的容量瓶中，加无浊度水稀释至标线，摇匀，配制成浊度为 0 度、10 度、20 度、30 度、40 度、50 度、60 度、70 度、

80 度、90 度、100 度系列浊度标准溶液。将其转移至成套的 250 mL 具塞玻璃瓶中,每瓶加入 1 g 氯化汞,防止菌类生长。

(2)取 250 mL 水样于 250 mL 与上面同样的具塞玻璃瓶中,瓶后放一有黑线的白纸板作为判别标志。从瓶前向后观察,根据目标的清晰程度,选出与水样产生相近视觉效果的标准溶液,记下其浊度。

水样浊度超过 100 度时,用无浊度水稀释后再测定。

6. 数据记录与处理

水样的浊度可直接读数。如果水样经过稀释后再测定,读数应再乘以稀释倍数,即得原水样的浊度。

二、水样色度的测定

纯水是无色透明的,天然水中溶解某些物质或存在悬浮物、胶体时会呈现一定颜色,某些行业废水或受到污染的地表水都有一定的颜色。水的颜色分为表观颜色和真实颜色,简称"表色"和"真色"。由溶解性物质和不溶性悬浮物产生的颜色为"表色",用未经处理的原始样品进行测定;仅由溶解性物质产生的颜色称为"真色",用经 0.45 μm 滤膜过滤器过滤或离心分离后的样品进行测定。色度的测定方法主要有铂钴比色法和稀释倍数法。

(一)铂钴比色法

1. 实验目的

(1)了解真色、表色、色度的含义。

(2)掌握铂钴比色法测定水样色度的原理和操作方法。

2. 方法原理

用氯铂酸钾和氯化钴配制成色度标准溶液,与水样进行目视比较,以测定水样的颜色强度,即色度。每 1000 mL 水中含有 1 mg 铂和 0.5 mg 钴时所具有的颜色,称为 1 度,作为标准色度的单位。水样的色度以与之相当的色度标准溶液的色度值表示。

3. 实验仪器设备

50 mL 具塞比色管(规格、标线高度一致,玻璃材质一致,光学透明玻璃底部无阴影)及其他。

4. 实验试剂与材料

本实验所用试剂为分析纯试剂,水为光学纯水。

(1)光学纯水:将 0.20 μm 滤膜于 100 mL 蒸馏水或去离子水中浸泡 1 h,用它过滤蒸馏水或去离子水,弃去最初的 250 mL。本实验用这种过滤后的水配制色度标准溶液并作为稀释水。

(2)浓盐酸,$\rho=1.18$ g/mL。

(3)色度标准储备液:准确称取 1.245 g 六氯铂(Ⅳ)酸钾(K_2PtCl_6)和 1.000 g 六水氯化钴(Ⅱ)($CoCl_2 \cdot 6H_2O$)溶于 500 mL 水中,加入 100 mL 浓盐酸,定容至 1000 mL。此标准储备液的色度为 500 度。(可在密封的玻璃瓶中,保存于暗处,温度不超过 30 ℃,至少可稳定 1 个月。)

5. 实验步骤

(1)系列色度标准溶液的配制:取 13 支 50 mL 比色管,分别加入 500 度的色度标准溶液 0.00 mL、0.50 mL、1.00 mL、1.50 mL、2.00 mL、2.50 mL、3.00 mL、3.50 mL、4.00 mL、4.50

mL、5.00 mL、6.00 mL、7.00 mL，用水稀释至标线，混匀。得到色度分别为 0 度、5 度、10 度、15 度、20 度、25 度、30 度、35 度、40 度、45 度、50 度、60 度、70 度的系列色度标准溶液，密闭保存。

（2）另取一支 50 mL 比色管，加待测水样至标线。

（3）将装有系列色度标准溶液和水样的比色管放在白色表面（如白瓷板）上，比色管与该表面应呈合适角度，使光线被反射自比色管底部向上透过液柱。打开塞，垂直观察液柱，找出与水样色度相近的色度标准溶液。如果色度≥70 度，应加光学纯水适当稀释，使色度落入标准系列之内，再测定。

6. 数据记录与处理

以与水样最接近的色度标准溶液的色度读取试样的色度值。0～40 度（不含 40 度）范围内准确到 5 度，40～70 度范围内准确到 10 度。同时报告水样的 pH 值，用文字描述水样表观颜色特征。

水样稀释前的体积 $V_0=$ _____ mL；稀释后的总体积 $V_1=$ _____ mL；稀释后水样的色度观察值 $A_1=$ _____ 度；稀释倍数 $N=V_1/V_0=$ _____。

原水样的色度 A_0（度）用式（2.4.2）计算：

$$A_0=\frac{V_1}{V_0}\times A_1=N\times A_1 \tag{2.4.2}$$

（二）稀释倍数法

1. 实验目的

掌握稀释倍数法测定水的色度的原理和基本操作。

2. 方法原理

将水样用光学纯水稀释，用目视法与光学纯水相比，刚好看不出颜色（即与光学纯水看不出区别）时的稀释倍数为该水样的颜色强度，单位为倍。并用文字描述水样颜色的性质：颜色的深浅（如无色、浅色或深色等），色调（如红、橙、黄、绿、蓝、紫等），水样的透明状况（如透明、浑浊、不透明等）。

3. 实验仪器设备

50 mL 具塞比色管（规格、标线高度一致，玻璃材质一致，光学透明玻璃底部无阴影）及其他。

4. 实验试剂与材料

光学纯水：同铂钴比色法。

5. 实验步骤

取一支 50 mL 比色管，加光学纯水至标线，另取若干支 50 mL 比色管，将水样逐级稀释成不同稀释倍数，分别加入到不同比色管至标线。将装有纯水和样品的比色管放在白色表面（如白瓷板）上，比色管与该表面应呈合适角度，使光线被反射自比色管底部向上透过液柱。打开塞，垂直观察液柱，找出刚好与纯水无法区别的稀释倍数，记下此稀释倍数。

原水样的色度在 50 倍以上时，用移液管准确吸取一定体积的水样于容量瓶中，用光学纯水一次性稀释，稀释后的色度在 50 倍之内。色度在 50 倍以内时，逐级稀释，每次稀释 2 倍。

当水样或稀释后水样色度很低时，应从比色管中倒出部分溶液于量筒中，并计量，然后用光学纯水将比色管中试样再稀释至标线，每次稀释倍数小于 2。记下各次稀释倍数。

6. 数据记录与处理

水样 pH 值＝_____；水样第一次稀释倍数 $L=$ _____；逐级稀释（2 倍稀释）次数 M

＝_____,稀释倍数小于 2 的各次稀释倍数的积 $N=$_____。

由式(2.4.3)计算原水样的色度(稀释倍数)(取整数):

$$水样色度＝L×2^M×N$$ (2.4.3)

用文字描述水样颜色的深浅、色调、透明度等,同时报告水样的 pH 值。

7. 注意事项

(1) 取样时,应去除水样中漂浮的杂物(如树枝、树叶、水草等),采样后尽快测定。如需放置,则于无色、清洁、密封玻璃瓶中,4 ℃以下,最多保存 48 h。

(2) 水样不能用滤纸过滤,因滤纸对有色物质有吸附作用。

(3) 如果水样中有悬浮物,经过滤或离心处理后仍得不到透明水样时,只测表色。

(4) 为避免主观因素干扰,最好一人配制水样,另一人观测。

实验5　水的 pH 值测定(玻璃电极法)

一、实验目的

(1) 通过实验加深理解 pH 计测定溶液 pH 值的原理。

(2) 掌握 pH 计测定溶液 pH 值的方法。

二、方法原理

以玻璃电极为指示电极,饱和甘汞电极为参比电极组成电池。在 25 ℃理想条件下,溶液氢离子活度变化 10 倍(pH 值变化 1 个单位)时,使电动势偏移 59.16 mV。许多 pH 计上有温度补偿装置,以便校正温度差异,用于常规水样监测可准确和再现至 0.1 pH 单位。较精密的仪器可准确到 0.01 pH 单位。为了提高测定的准确度,校准仪器时选用的标准缓冲溶液的 pH 值与水样的 pH 值接近。校正后的 pH 计,可以直接测定水样或溶液的 pH 值。

三、实验仪器设备

(1) 各种型号的 pH 计或离子活度计。

(2) 玻璃电极、饱和甘汞电极或银-氯化银电极。

(3) 磁力搅拌器。

(4) 50 mL 聚乙烯塑料杯或聚四氟乙烯塑料杯。

(5) 其他。

四、实验试剂与材料

(1) 邻苯二甲酸氢钾标准缓冲溶液(0.05 mol/L),25 ℃时 pH 值为 4.008。

(2) 混合磷酸盐缓冲溶液(0.025 mol/L),25 ℃时 pH 值为 6.868。

(3) 其他。

注:pH 标准缓冲溶液的配制详见本实验注意事项中表 2.5.2。

五、实验步骤

(1) 按照仪器说明书的操作方法进行操作。

（2）将电极与塑料杯用蒸馏水冲洗干净后，用标准缓冲溶液淋洗 1～2 次，用滤纸吸干。

（3）用标准缓冲溶液校正仪器，然后测定标准缓冲溶液的 pH 值，并记录相应的电池电动势。处理所得数据，判断该 pH 复合玻璃电极是否符合 Nernst 响应。

（4）水样 pH 值的测定如下：

①用蒸馏水冲洗电极 3～5 次，再用待测水样或溶液冲洗 3～5 次，然后将电极放入水样或溶液中。

②测定待测溶液的 pH 值，测定 3 次。

③测定完毕，清洗干净电极和塑料杯。

六、数据记录与处理

将实验所得数据如实记入表 2.5.1。

表 2.5.1　实验数据记录

平行测定次数	水样 1	水样 2	水样 3
1			
2			
3			
pH 值平均值			

七、注意事项

1. 玻璃电极使用

（1）使用前，将玻璃电极的球泡部位（或复合电极）浸在蒸馏水中 24 h 以上；如果在 50 ℃蒸馏水中浸泡 2 h，冷却至室温后可当天使用；实验过程中不用时也须浸在蒸馏水中。

（2）安装：要用手指夹住电极导线插头安装，切勿使球泡与硬物接触。玻璃电极下端要比饱和甘汞电极高 2～3 mm，防止玻璃电极触及杯底而损坏。

（3）玻璃电极测定碱性水样或溶液时，应尽快测定。测量胶体溶液、蛋白质和染料溶液时，用后必须用棉花或软纸蘸乙醚小心地擦拭，再用乙醇清洗，最后用蒸馏水洗净。

2. 饱和甘汞电极使用

（1）使用饱和甘汞电极前，应先将电极管侧面小橡皮塞及弯管下端的橡皮套轻轻取下，不用时再装上。

（2）饱和甘汞电极应经常补充管内的饱和氯化钾溶液，溶液中应有少许 KCl 晶体，不得有气泡，补充后应等几小时再用。

（3）饱和甘汞电极不能长时间浸泡在被测水样中，不能在 60 ℃ 以上的环境中使用。

3. 仪器校正

（1）应选择与水样 pH 值接近的标准缓冲溶液校正仪器。

（2）常用 pH 标准缓冲溶液的配制见表 2.5.2。

表 2.5.2　pH 标准缓冲溶液的配制

标准缓冲溶液浓度	pH$_s$(25 ℃)	1000 mL 蒸馏水中基准物质的质量/g
0.05 mol/L 二草酸三氢钾($C_4H_3O_8K \cdot 2H_2O$)	1.679	12.71
饱和酒石酸氢钾($C_4H_4KO_6$)	3.559	6.4[①]
0.05 mol/L 柠檬酸二氢钾($C_6H_5KO_7$)	3.776	11.41
0.05 mol/L 邻苯二甲酸氢钾($C_8H_5KO_4$)	4.008	10.21
0.025 mol/L 磷酸二氢钾(KH_2PO_4)＋0.025 mol/L 磷酸氢二钠(Na_2HPO_4)	6.865	3.388[②]＋3.533[②③]
0.008695 mol/L 磷酸二氢钾(KH_2PO_4)＋0.03043 mol/L 磷酸氢二钠(Na_2HPO_4)	7.413	1.179[②]＋4.302[②③]
0.01 mol/L 四硼酸钠($Na_2B_4O_7 \cdot 10H_2O$)	9.180	3.81[③]
0.025 mol/L 碳酸氢钠($NaHCO_3$)＋0.025 mol/L 碳酸钠(Na_2CO_3)	10.012	2.029＋2.640
饱和氢氧化钙[$Ca(OH)_2$](25 ℃)	12.454	1.5[①]

注：①近似溶解度。②110～130 ℃烘干 2 h。③用新煮沸并冷却的无二氧化碳蒸馏水。

试剂为商店购买的 pH 基准试剂，按说明书配制。

（3）定位。

①将水样与标准溶液调到同一温度，记录测定温度，把仪器温度补偿旋钮调至该温度处。选用与水样 pH 值相差不超过 2 个 pH 单位的标准缓冲溶液，将电极浸入该标准缓冲溶液中，然后调"定位"钮，使 pH 读数与已知的标准溶液 pH 值一致。注意，校正后，切勿再动"定位"钮。

②从第一个标准缓冲溶液中取出电极，彻底冲洗，并用滤纸吸干。再浸入第二个标准缓冲溶液中，其 pH 值约与前一个标准缓冲溶液相差 3 个 pH 单位。如测定值与第二个标准缓冲溶液的 pH 值之差大于 0.1 pH 值时，就要检查仪器、电极或标准缓冲溶液是否有问题，当三者均无异常情况时方可测定水样。

4. 水样测定

先用蒸馏水仔细冲洗两个电极，再用待测水样冲洗，然后将电极浸入水样中，小心搅拌或摇动使其均匀，待读数稳定后记录 pH 值。

5. 不同 pH 计（或离子活度计）的操作方法会有所不同，使用前要认真阅读使用说明，按其使用说明操作。

6. 有些仪器使用的是复合电极，请参照复合电极使用说明操作。

实验 6　水中氟化物的测定（离子选择电极法）

一、实验目的

（1）掌握用离子活度计或精密 pH 计及氟离子选择电极测定氟化物的原理。

（2）掌握标准曲线法和标准加入法的操作及计算。

（3）了解测定中的干扰因素及其消除方法。

二、方法原理

氟离子选择电极与饱和甘汞电极（或银-氯化银电极）插入含氟离子的溶液中,组成原电池,电池的电动势（E）随溶液中氟离子活度（a_{F^-}）（浓度低时可用浓度 c_{F^-} 代替）的变化而变化。当溶液的总离子强度不变时,服从下述关系:

$$E = E_0 - (2.303RT/F)\log c_{F^-} \qquad (2.6.1)$$

式中:E——电池的电动势,V;

F——法拉第常数;

R——气体常数;

T——测定温度,K;

c_{F^-}——待测溶液氟离子浓度,mol/L。

E 与 $\log c_{F^-}$ 成直线关系（计算时,E 的单位用 mV,浓度单位用 mg/L,不影响计算结果）。工作电池可表示如下:

$$Ag \mid AgCl, Cl^- (0.33 \ mol/L), F^- (0.001 \ mol/L) \mid LaF_3 \parallel 试液 \parallel 外参比电极$$

三、实验仪器设备

（1）氟离子选择电极（使用前在去离子水中充分浸泡）。

（2）饱和甘汞电极或银-氯化银电极。

（3）精密 pH 计或离子活度计,精确到 0.1 mV。

（4）磁力搅拌器和塑料包裹的搅拌子。

（5）容量瓶:100 mL、50 mL。

（6）移液管或吸液管:10.00 mL、5.00 mL。

（7）聚乙烯塑料杯:50 mL、100 mL。

（8）氟化物蒸馏装置（图 2.6.1）。

（9）实验室其他常用仪器设备。

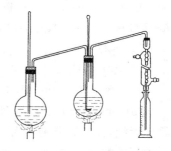

图 2.6.1 氟化物蒸馏装置

四、实验试剂与材料

本实验所用试剂未加说明时均为分析纯试剂,所用水为去离子水或无氟蒸馏水。

（1）浓盐酸,$\rho = 1.18 \ g/mL$。

（2）2 mol/L 盐酸:取 50 mL 浓盐酸加入到 250 mL 纯水中。

（3）浓硫酸,$\rho = 1.84 \ g/mL$。

（4）氟化物标准储备液（$\rho_{F^-} = 100 \ \mu g/mL$）:称取 0.2210 g 基准氟化钠（NaF）（预先于 105~110 ℃烘干 2 h,并于干燥器中冷却至室温）,用水溶解后转入 1000 mL 容量瓶中,稀释至标线,摇匀,储存在聚乙烯瓶中。

（5）氟化物标准使用液（$\rho_{F^-} = 10 \ \mu g/mL$）:吸取氟化物标准储备液 25.00 mL 于 250 mL 容量瓶中,加水稀释至标线,摇匀,储存在聚乙烯瓶中。

（6）乙酸钠溶液（150 g/L）:称取 15 g 乙酸钠（CH_3COONa）溶于水,并稀释至 100 mL,储存在聚乙烯瓶中。

（7）总离子强度调节缓冲溶液（TISAB）:称取 58.8 g 二水合柠檬酸钠（$C_6H_5O_7Na_3 \cdot 2H_2O$）

和 85 g 硝酸钠($NaNO_3$)，加水溶解，用 2 mol/L 盐酸(HCl)调节 pH 值至 5～6，转入 1000 mL 容量瓶中，稀释至标线，摇匀。

(8) 高氯酸，$\rho = 1.68$ g/mL。

五、实验步骤

1. 水样的采集与预处理

(1) 采样：水样应该用聚乙烯瓶采集和储存。如果水样中氟化物含量不高，pH 值在 7 以上，也可以用硬质玻璃瓶存放。采样时应先用水样冲洗取样瓶 3～4 次。

(2) 水样预处理：如果水样成分不太复杂，可直接取水样进行测定。如果水样含有氟硼酸盐或者污染严重，则应先进行蒸馏。在沸点较高的酸溶液中，氟化物可形成易挥发的氢氟酸和氟硅酸与干扰组分分离，蒸馏步骤如下：准确取水样 50.0 mL(F 含量高于 2.5 mg/L 时，分取适量水样用水稀释至 50 mL)于蒸馏瓶中，并在不断摇动下缓慢加入 15 mL 高氯酸(水样中有机物含量高时改用浓硫酸)，按图 2.6.1 连接好装置，加热，待蒸馏瓶内溶液温度约 130 ℃时，开始通入水蒸气，并维持温度在(140±5) ℃，控制蒸馏速度为 5～6 mL/min，待接收瓶馏出液体积约 150 mL 时，停止蒸馏，并用水稀释至 200 mL，作为供测试样。

2. 仪器准备和操作

按照所用测量仪器和电极使用说明，先接好线路，将各开关置于"关"的位置，开启电源开关，预热 15 min，以后操作按说明书要求进行。在测定前应使试样达到室温，并使试样和标准溶液的温度相同(温差不得超过 1 ℃)。

3. 水样测定

1) 标准曲线法

用吸液管取 1.00 mL、3.00 mL、5.00 mL、10.00 mL、20.00 mL 氟化物标准使用液(ρ_{F^-} = 10 μg/mL)，分别置于 5 只 50 mL 容量瓶中，加入 10 mL 总离子强度调节缓冲溶液，用水稀释至标线，摇匀。分别移入 100 mL 聚乙烯塑料杯中，放入一只塑料包裹的搅拌子，按浓度由低到高的顺序，依次插入电极，连续搅拌溶液，读取搅拌状态下的稳态电位值(E)。在每次测量之前，都要用水将电极冲洗干净，并用滤纸吸去水分。

用无分度吸液管吸取适量水样或水样蒸馏液，置于 50 mL 容量瓶中，用乙酸钠溶液或盐酸调节 pH 值至接近中性，加入 10 mL 总离子强度调节缓冲溶液，用水稀释至标线，摇匀。将其移入 100 mL 聚乙烯塑料杯中，放入一只塑料包裹的搅拌子，插入电极，连续搅拌溶液，待电位稳定后，在继续搅拌下读取电位值(E_x)。

空白试验：用水代替水样，与水样进行相同的处理(包括预处理过程)和测定。

2) 标准加入法

当水样组成复杂或成分不明时，宜采用标准加入法，以便减小基体的影响。

先测定出水样的电位值 E_1，然后向其中加入一定量(与水样中氟含量相近)的氟化物标准使用液，在不断搅拌下读取稳定电位值 E_2。E_2 与 E_1 的毫伏值以相差 30～40 mV 为宜。

六、数据记录与处理

1. 标准曲线法

(1) 水样经蒸馏预处理，取原水样体积 $V_0 =$ _____ mL，馏出液定容体积 $V_1 =$ _____

mL；测定电位时取试样体积 $V_2 =$ _____ mL，电位 $E_x =$ _____ mV；空白处理与水样完全相同，其电位 $E_b =$ _____ mV。

（2）标准曲线数据：将实验数据如实记入表 2.6.1。

表 2.6.1　实验数据记录

编　　　号	1	2	3	4	5
标准使用液（含 F^- 10.0 $\mu g/mL$）体积/mL	1.00	3.00	5.00	10.00	20.00
$c_{F^-}/(mg/L)$	0.20	0.60	1.00	2.00	4.00
$\log c_{F^-}$	−0.6990	−0.2218	0.0000	0.3010	0.6021
E/mV					

以 E 为 y，$\log c_{F^-}$ 为 x，用最小二乘法或 Microsoft Excel 计算回归方程 $y = ax + b$，并计算 y 与 x 的相关系数 R。

回归方程 $y = ax + b$ 中，斜率 $a =$ _____，截距 $b =$ _____，相关系数 $R =$ _____。

（3）计算水样中氟化物的含量。

以试样测定值 E_x 和空白测定值 E_b 代入回归方程分别计算 $\log c_x$ 和 $\log c_b$，然后取反对数计算 c_x 和 c_b。

原水样含氟量 $c(mg/L)$ 的计算。

水样经蒸馏预处理：

$$c = \frac{(c_x - c_b) \times 50}{V_2} \times \frac{V_1}{V_0} \qquad (2.6.2)$$

水样未经蒸馏预处理：

$$c = \frac{(c_x - c_b) \times 50}{V_2} \qquad (2.6.3)$$

2. 标准加入法（水样未经蒸馏预处理）

测定电位时取试样体积 $V_x =$ _____ mL，电位 $E_1 =$ _____ mV；加入标准溶液体积 $V_S =$ _____ mL，标准溶液浓度 $c_S =$ _____ mg/L；加入标准溶液后电位 $E_2 =$ _____ mV。

按式（2.6.4）计算原水样的含氟量 $c(mg/L)$：

$$c = \frac{c_S \left(\dfrac{V_S}{V_x + V_S} \right)}{10^{(E_1 - E_2)/S} - \left(\dfrac{V_x}{V_x + V_S} \right)} \qquad (2.6.4)$$

式中：S——电极实测斜率，由标准曲线得出。

七、注意事项

（1）在每次测量之前，都要用水充分洗涤电极，并用滤纸吸去水分。

（2）本方法适用于测定地面水、地下水和工业废水中的氟化物。水样有颜色、浑浊不影响测定。温度影响电极的电位和水样的离解，须使试样与标准溶液的温度相同，并注意调节仪器的温度补偿装置使之与溶液的温度一致。

（3）应用标准加入法测定时，每日要测定电极的实际斜率。

（4）本方法测定的是游离的氟离子浓度，某些高价阳离子（如三价铁、铝和四价硅等）及氢离子能与氟离子配合而有干扰,所产生的干扰的程度取决于配合离子的种类和浓度、氟化物的浓度及溶液的 pH 值等。在碱性溶液中氢氧根离子的浓度大于氟离子浓度的 1/10 时会影响测定,其他一般常见的阴、阳离子均不干扰测定,测定溶液的 pH 值为 5～8。

（5）氟电极对氟硼酸盐离子（BF_4^-）不响应,如果水样含有氟硼酸盐或者污染严重,则应先进行蒸馏。

（6）通常,加大总离子强度调节缓冲溶液以保持溶液中总离子强度,并配合干扰离子,保持溶液适当的 pH 值,就可以直接进行测定。

实验 7　水样化学需氧量的测定

一、实验目的

（1）掌握化学需氧量的含义。
（2）掌握化学需氧量测定的方法原理、操作方法及结果计算。

二、方法原理

在一定条件下,水中还原性物质经重铬酸钾氧化处理时,根据水样中能够被重铬酸钾氧化的物质所消耗的重铬酸钾的量,计算相当于所需氧的量,称为化学需氧量,用 COD 表示（或用 COD_{Cr} 表示）,单位是 O_2,mg/L。

在水样中加入已知并且过量的重铬酸钾溶液,在强酸性介质中以硫酸银为催化剂,经沸腾回流,冷却后,以试亚铁灵为指示剂,用硫酸亚铁铵标准溶液滴定过量的未被还原的重铬酸钾,由消耗的硫酸亚铁铵标准溶液的量换算成所需氧的量。

在酸性条件下,芳烃、吡啶等仍难被氧化,其氧化效率低。在硫酸银作催化剂时,直链脂肪烃类物质可以有效地被氧化。

如果水样中存在氯离子,在酸性条件下,氯离子可被重铬酸钾氧化为氯气,使测定结果偏高。在测定过程中,加入 $HgSO_4$,Hg^{2+} 与 Cl^- 反应生成 $[HgCl_4]^{2-}$,$[HgCl_4]^{2-}$ 不被重铬酸钾氧化,从而消除氯离子干扰。

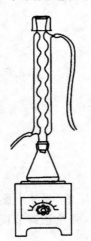

图 2.7.1　COD 测定回流装置

三、实验仪器设备

（1）回流装置:带有 24 号标准磨口的 250 mL 锥形瓶及配套的 300～500 mm 长的回流冷凝管。若取样量在 30 mL 以上时,可用 500 mL 磨口锥形瓶。COD 测定回流装置见图 2.7.1。
（2）电炉。
（3）酸式滴定管。
（4）100 mL 量筒。
（5）实验室其他常用仪器设备。

四、实验试剂与材料

本实验所用试剂未加说明时均为分析纯试剂,试验用水均为蒸馏水。
（1）硫酸银（Ag_2SO_4）,化学纯。

（2）浓硫酸，$\rho=1.84$ g/mL，化学纯。

（3）硫酸银-硫酸溶液：每升浓硫酸加入 10 g 硫酸银（Ag_2SO_4），混匀，放置 1～2 天使之溶解，使用前再小心摇动。

（4）重铬酸钾标准溶液[$c(1/6K_2Cr_2O_7)=0.2500$ mol/L]：称取 12.258 g 在 105 ℃干燥 2 h 后的优级纯重铬酸钾（$K_2Cr_2O_7$）（干燥前用研钵磨成粉状）溶于水并定容至 1000 mL。

（5）硫酸亚铁铵标准溶液（$c[(NH_4)_2Fe(SO_4)_2]\approx0.10$ mol/L）：称取 39 g 六水硫酸亚铁铵[$(NH_4)_2Fe(SO_4)_2\cdot6H_2O$]溶于水中，加 20 mL 浓硫酸，待其溶解后，稀释至 1000 mL，此溶液每天使用前用 $c(1/6K_2Cr_2O_7)=0.2500$ mol/L 的重铬酸钾标准溶液标定出准确浓度，标定过程如下。

取 10.00 mL $c(1/6K_2Cr_2O_7)=0.2500$ mol/L 的重铬酸钾标准溶液于 250 mL 锥形瓶中，加水稀释至 100 mL，小心加入 30 mL 浓硫酸，混匀，冷却后加入 3 滴试亚铁灵指示剂，用待标定的硫酸亚铁铵标准溶液滴定，溶液颜色由黄色经蓝绿到绿色，直至最后变成红褐色即为终点。记录硫酸亚铁铵标准溶液的消耗量 V(mL)。由式(2.7.1)计算硫酸亚铁铵标准溶液的准确浓度：

$$c[(NH_4)_2Fe(SO_4)_2]=(10.00\times0.2500)/V=2.50/V \qquad (2.7.1)$$

（6）试亚铁灵指示剂：称取 0.7 g 七水合硫酸亚铁（$FeSO_4\cdot7H_2O$）溶于 50 mL 水，加入 1.5 g 邻菲啰啉（$C_{12}H_8N_2\cdot H_2O$），溶解后，加水至 100 mL。

（7）硫酸汞（$HgSO_4$），化学纯。

五、实验步骤

1. 水样采集与保存

采集水样体积不得少于 100 mL，水样采集于玻璃瓶中，应尽快测定，如不能立即测定时，应加入硫酸使 pH 值小于 2，置于 4 ℃下保存，保存时间不得超过 5 天。

2. 测定

（1）取 20.00 mL 混合均匀的水样（或适当稀释后的水样），置于 250 mL 磨口锥形瓶中，准确加入 10.00 mL $c(1/6K_2Cr_2O_7)=0.2500$ mol/L 的重铬酸钾标准溶液及 5～6 粒玻璃珠，如果水样中氯离子浓度超过 30 mg/L 时，加入 0.4 g 硫酸汞。装上回流冷凝管，接通冷凝水。从冷凝管上端慢慢加入 30 mL 硫酸银-硫酸溶液，轻轻摇动锥形瓶使之混合均匀。接通电源加热，自溶液沸腾起计时，加热回流 2 h。

注：如果将硫酸银-硫酸溶液增加至 40 mL，可将回流时间减少至 10 min。

（2）稍冷却后，自冷凝管上端加入 90 mL 水，取下锥形瓶，溶液总体积不小于 140 mL。冷却至室温（可水浴冷却）。

（3）加入 3 滴试亚铁灵指示剂，用硫酸亚铁铵标准溶液滴定，溶液颜色由黄色经蓝绿到绿色，最后变成红褐色为终点，记录消耗的硫酸亚铁铵标准溶液体积 V_1(mL)。

（4）测定水样的同时，以 20.00 mL 蒸馏水代替水样，按步骤（1）～（3）操作，做空白试验。记录消耗的硫酸亚铁铵标准溶液体积 V_0(mL)。

六、数据记录与处理

原水样稀释倍数 M＝_____；硫酸亚铁铵标准溶液的准确浓度 $c[(NH_4)_2Fe(SO_4)_2]$ (mol/L)＝_____；实验取水样或稀释后水样体积 V(mL)＝_____；水样消耗的硫酸亚

铁铵标准溶液体积 V_1(mL)＝_____;空白试验消耗的硫酸亚铁铵标准溶液体积 V_0(mL)＝
_____。

以式(2.7.2)计算水样的化学需氧量 COD(O_2,mg/L):

$$COD = \frac{c(V_0 - V_1) \times 8 \times 1000}{V} \times M \qquad (2.7.2)$$

式中:c——硫酸亚铁铵标准溶液的准确浓度;

　8——1/4 O_2 的摩尔质量,单位为 g/mol,转化为 mg/mol 时乘以 1000。

测定结果一般保留 3 位有效数字,当计算出 COD 值小于 10 mg/L 时,应表示为"COD<
10 mg/L"。

七、注意事项

(1) 对于 COD 小于 50 mg/L 的水样,测定时应采用浓度 $c(1/6K_2Cr_2O_7)=0.0250$ mol/L
的重铬酸钾溶液和浓度 $c[(NH_4)_2Fe(SO_4)_2] \approx 0.010$ mol/L 的硫酸亚铁铵标准溶液。

(2) 该方法测定上限为 700 mg/L,水样的 COD 超过 700 mg/L 时,应适当稀释后再测定。

(3) 对于污染严重,即 COD 很高的水样,应按实验所加试样和试剂的 1/10 于 15 mm×
150 mm 硬质玻璃试管(或 100 mL 锥形瓶)中,在酒精灯上加热(用 100 mL 锥形瓶时用电炉加
热)至沸腾数分钟,观察溶液是否变成蓝绿色。如果呈蓝绿色,应适当减少试样,重复以上试
验,直至溶液不变成蓝绿色为止。以此为依据确定水样的稀释倍数。

(4) 可用邻苯二甲酸氢钾标准溶液[$c(KC_6H_5O_4)=2.0824$ mol/L](105 ℃烘箱中干燥 2
h 后的邻苯二甲酸氢钾($KC_6H_5O_4$)0.4251 g 溶于水,定容至 1000 mL,其理论 COD 为 500
mg/L)对本方法进行校验,如果校验结果大于其理论 COD 的 96% 以上,可以认为实验正常。
否则寻找原因,重做实验,使之达到要求。

实验 8　水样高锰酸盐指数的测定

高锰酸盐指数是反映水体中有机及无机可氧化物质污染的指标。定义为在一定条件下,
用高锰酸钾氧化水样中的某些有机物及无机还原性物质,由消耗的高锰酸钾量计算相当于多
少氧量。高锰酸盐指数不能作为理论需氧量或总有机物含量的指标,因为在规定的条件下,许
多有机物只能部分地被氧化,易挥发的有机物也不包含在测定值之内。

一、实验目的

(1) 掌握高锰酸盐指数的含义及用途。

(2) 掌握高锰酸盐指数测定(酸性法)的原理,测定过程及计算。

二、方法原理

在酸性条件下样品中加入已知量的高锰酸钾溶液,在沸水浴中加热 30 min,高锰酸钾将
样品中的某些有机物和无机还原性物质氧化,反应后加入过量的草酸钠还原剩余的高锰酸钾,
再用高锰酸钾标准溶液回滴过量的草酸钠。通过计算得到样品中高锰酸盐指数。

三、实验仪器设备

(1) 水浴锅或相当的加热装置,有足够的容积和功率。

（2）酸式滴定管,25 mL。

（3）250 mL 锥形瓶。

（4）计时器或钟表。

（5）实验室其他常用仪器设备。

注:新的玻璃器皿必须用酸性高锰酸钾溶液清洗干净。

四、实验试剂与材料

本实验所用试剂除有特殊说明外,均为分析纯试剂。实验用水为不含还原性物质的蒸馏水。

（1）不含还原性物质的蒸馏水:将 1 L 蒸馏水置于全玻璃蒸馏器中,加入 10 mL 硫酸溶液（1:3）和少量 $c(1/5\ KMnO_4)$ 为 0.01 mol/L 的高锰酸钾溶液,蒸馏。弃去 100 mL 初馏液,余下馏出液储于具玻璃塞的细口瓶中。

（2）浓硫酸,$\rho = 1.84$ g/mL。

（3）硫酸溶液（1:3）:在不断搅拌下,将 100 mL 浓硫酸慢慢加入到 300 mL 水中。趁热滴加 $c(1/5\ KMnO_4)$ 约为 0.01 mol/L 的高锰酸钾溶液至溶液刚好呈现粉红色。

（4）氢氧化钠溶液（500 g/L）:称取 50 g 氢氧化钠（NaOH）溶于水并稀释至 100 mL。

（5）草酸钠标准储备液[$c(1/2\ Na_2C_2O_4) = 0.1000$ mol/L]:称取 0.6705 g 经 120 ℃烘干 2 h 并放冷的草酸钠（$Na_2C_2O_4$）溶解于水中,移入 100 mL 容量瓶中,用水稀释至标线,混匀,置 4 ℃保存。

（6）草酸钠标准使用液[$c(1/2\ Na_2C_2O_4) = 0.0100$ mol/L]:吸取 10.00 mL 草酸钠标准储备液于 100 mL 容量瓶中,用水稀释至标线,混匀。

（7）高锰酸钾储备液[$c(1/5\ KMnO_4) \approx 0.1$ mol/L]:称取 3.2 g 高锰酸钾（$KMnO_4$）溶解于水中并稀释至 1000 mL,于 90～95 ℃水浴加热 2 h,冷却存放两天后,倾出上清液,储于棕色瓶中。

（8）高锰酸钾使用液[$c(1/5\ KMnO_4) \approx 0.01$ mol/L]:吸取 100 mL 高锰酸钾储备液于 1000 mL 容量瓶中,用水稀释至标线,混匀。此溶液在暗处可保存几个月,使用当天标定其浓度。

五、实验步骤

（1）吸取 100.0 mL 经充分摇动、混合均匀的水样（或分取适量,用蒸馏水稀释至 100 mL）,置于 250 mL 锥形瓶中,加入（5±0.5）mL 硫酸溶液（1:3）,用滴定管加入 10.00 mL $c(1/5\ KMnO_4) \approx 0.01$ mol/L 的高锰酸钾使用液摇匀,将锥形瓶置于沸水浴内反应（30±2）min。

（2）取出后用滴定管加入 10.00 mL $c(1/2\ Na_2C_2O_4) = 0.0100$ mol/L 的草酸钠标准使用液至溶液变为无色。趁热用 $c(1/5\ KMnO_4) \approx 0.01$ mol/L 的高锰酸钾使用液滴定至刚出现粉红色,并保持 30 s 不退色,记录消耗高锰酸钾使用液体积（V_1）。

（3）空白试验:用 100 mL 蒸馏水代替水样,按步骤（1）、（2）测定,记录下回滴的高锰酸钾使用液体积（V_0）。

（4）向空白试验滴定后的溶液中加入 10.00 mL $c(1/2\ Na_2C_2O_4) = 0.0100$ mol/L 草酸钠标准使用液,将溶液加热至 80 ℃左右,用 $c(1/5\ KMnO_4) \approx 0.01$ mol/L 高锰酸钾使用液继续

滴定至刚出现粉红色,并保持 30 s 不退色。记录下消耗的高锰酸钾使用液的体积(V_2)。

六、数据记录与处理

1. 如果水样未经稀释

$V_{水样} = 100.0$ mL;$c(1/2\ Na_2C_2O_4) = $ _____ mol/L;$V_1 = $ _____ mL;$V_2 = $ _____ mL。代入式(2.8.1)计算高锰酸盐指数(O_2,mg/L):

$$I_{Mn} = \frac{\left[(10 + V_1)\dfrac{10}{V_2} - 10\right] \times c \times 8 \times 1000}{100} \tag{2.8.1}$$

式中:c——草酸钠标准使用液的浓度;

8——1/4 O_2 的摩尔质量,单位为 g/mol,转化为 mg/mol 时乘以 1000。

2. 水样经过稀释

$V_{水样} = $ _____ mL,稀释至 100.0 mL,其中蒸馏水所占比例 $f = (100.0 - V_{水样})/100.0$;$c(1/2\ Na_2C_2O_4) = $ _____ mol/L;$V_1 = $ _____ mL;$V_2 = $ _____ mL;$V_0 = $ _____ mL。代入式(2.8.2)计算高锰酸盐指数(O_2,mg/L):

$$I_{Mn} = \frac{\left\{\left[(10 + V_1)\dfrac{10}{V_2} - 10\right] - \left[(10 + V_0)\dfrac{10}{V_2} - 10\right] \times f\right\} \times c \times 8 \times 1000}{100} \tag{2.8.2}$$

式中:c——草酸钠标准使用液的浓度;

8——1/4 O_2 的摩尔质量,单位为 g/mol,转化为 mg/mol 时乘以 1000。

七、注意事项

(1) 本方法适用于饮用水、水源水和地表水的测定,测定范围为 0.5～4.5 mg/L。对污染较重的水,可少取水样,经适当稀释后测定。本方法不适用于测定工业废水中有机污染的负荷量,如需测定,可用重铬酸钾法测定化学需氧量。水样中无机还原性物质如 NO_2^-、S^{2-} 和 Fe^{2+} 等可被测定;氯离子浓度高于 300 mg/L,采用在碱性介质中氧化的测定方法。

(2) 采样后要加入硫酸溶液(1∶3),使水样 pH 值为 1～2 并尽快分析。如保存时间超过 6 h,则需置于暗处,0～5 ℃冷藏保存,不得超过 2 天。

(3) 测定时沸水浴的水面要高于锥形瓶内的液面,加热过程中不时摇动锥形瓶。

(4) 水样量以加热氧化后残留的高锰酸钾量为其加入量的 1/3～1/2 为宜,即如果高锰酸钾使用液的浓度与草酸钠标准使用液浓度相当时,实验步骤(2)中的 V_1 应在 5～7 mL 之间。加热过程中,必须始终保持溶液为红色,如溶液红色退去,说明高锰酸钾量不够,水样需稀释后重新测定。

(5) 滴定时温度如低于 60 ℃,反应速度缓慢,则应加热至 80 ℃左右。

(6) 当水样中氯离子浓度高于 300 mg/L 时,则采用在碱性介质中,用高锰酸钾氧化水样中的某些有机物及无机还原性物质。测定过程如下:

① 吸取 100.0 mL 水样(或适量,用水稀释至 100 mL),置于 250 mL 锥形瓶中,加入 0.5 mL 500 g/L 的氢氧化钠溶液,摇匀。用滴定管加入 10.00 mL 高锰酸钾使用液,将锥形瓶置于沸水浴中(30±2) min(水浴沸腾,开始计时)。

② 取出后,加入(10±0.5) mL 硫酸溶液(1∶3),摇匀。后面操作及计算与酸性法相同。

实验 9　碘量法测定水中的溶解氧

一、实验目的

（1）了解溶解氧的含义,溶解氧的测定方法有哪些。
（2）掌握碘量法测定溶解氧的原理、影响因素及其消除方法。
（3）掌握碘量法测定溶解氧的操作过程及结果计算。

二、方法原理

水样中加入硫酸锰和碱性碘化钾,水中溶解氧将低价锰氧化成四价锰,生成四价锰的氢氧化物棕色沉淀[$MnO(OH)_2$]。加酸后,氢氧化物沉淀溶解,并与碘离子反应而释放出游离碘。以淀粉为指示剂,用硫代硫酸钠标准溶液滴定释放出的碘,据滴定溶液消耗量计算溶解氧（DO）的含量。

三、实验仪器设备

（1）碘量瓶、溶解氧瓶。
（2）酸式滴定管。
（3）250 mL 锥形瓶。
（4）虹吸管。
（5）实验室其他常用仪器设备和玻璃器皿。

四、实验试剂与材料

本实验所用试剂除有特殊说明外,其他均为分析纯试剂,实验用水均为蒸馏水。
（1）浓硫酸,$\rho = 1.84$ g/mL。
（2）硫酸锰溶液:称取 480 g 硫酸锰（$MnSO_4 \cdot 4H_2O$）溶于水,用水稀释至 1000 mL。此溶液加入酸化过的碘化钾溶液中,遇淀粉不得产生蓝色。
（3）碱性碘化钾溶液:称取 500 g 氢氧化钠（NaOH）溶解于 300~400 mL 水中;另称取 150 g 碘化钾（KI）溶于 200 mL 水中,待氢氧化钠溶液冷却后,将两溶液合并,混匀,用水稀释至 1000 mL。如有沉淀,则放置过夜后,倾出上层清液,储于棕色瓶中,用橡皮塞塞紧,避光保存。此溶液酸化后,遇淀粉应不呈蓝色。
（4）硫酸溶液（1∶5）:1 体积浓硫酸缓慢加入 5 体积水中,边加边搅拌。
（5）淀粉指示剂:称取 1 g 可溶性淀粉,用少量水调成糊状,再用刚煮沸的水稀释至 100 mL。冷却后,加入 0.1 g 水杨酸（$C_7H_6O_3$）或 0.4 g 氯化锌（$ZnCl_2$）防腐。
（6）重铬酸钾标准溶液[$c(1/6\ K_2Cr_2O_7) = 0.0250$ mol/L]:称取经 105~110 ℃烘干 2 h,并于干燥器中冷却后的重铬酸钾（$K_2Cr_2O_7$,优级纯）1.2258 g,溶于水,移入 1000 mL 容量瓶中,用水稀释至标线,摇匀。
（7）硫代硫酸钠标准溶液:称取 6.2 g 硫代硫酸钠（$Na_2S_2O_3 \cdot 5H_2O$）溶于煮沸放冷的水中,加 0.2 g 碳酸钠（Na_2CO_3）,用水稀释至 1000 mL,储于棕色瓶中,使用前用 $c(1/6\ K_2Cr_2O_7)$

$=0.0250$ mol/L 的重铬酸钾标准溶液标定,标定方法如下。

于 250 mL 碘量瓶中加 100 mL 水和 1 g 碘化钾(KI),摇动使碘化钾溶解,加入 10.00 mL $c(1/6 \ K_2Cr_2O_7)=0.0250$ mol/L 的重铬酸钾标准溶液和 5 mL 硫酸溶液(1∶5),密塞,摇匀,于暗处静置 5 min,用待标定的硫代硫酸钠标准溶液滴定至溶液为淡黄色,加入 1 mL 淀粉指示剂,继续滴定至蓝色刚好退去为止,记录硫代硫酸钠标准溶液的用量 V_1(mL)。用式(2.9.1)计算硫代硫酸钠标准溶液的浓度(mol/L):

$$c(1/2 \ Na_2S_2O_3)=(10.00×0.0250)/V_1 \tag{2.9.1}$$

五、实验步骤

(1) 溶解氧的固定(在采样现场固定):用虹吸的方法将水样充满溶解氧瓶,立即加入 1 mL 硫酸锰溶液和 2 mL 碱性碘化钾溶液(用移液管插入溶解氧瓶的液面下 1 cm 左右加入),盖好瓶塞,颠倒混合数次,静置。

(2) 固定溶解氧的水样带回实验室,打开瓶塞,立即用移液管插入液面下加入 2.0 mL 的硫酸。盖好瓶塞,颠倒混合摇匀,至沉淀物全部溶解,放于暗处静置 5 min。

(3) 将溶液充分摇匀,吸取 100.0 mL 于 250 mL 锥形瓶中,用硫代硫酸钠标准溶液滴定至溶液呈淡黄色,加入 1 mL 淀粉溶液,溶液呈蓝色,继续滴定至蓝色刚好退去,记录硫代硫酸钠标准溶液用量。

六、数据记录与计算

1. 硫代硫酸钠标准溶液的标定

重铬酸钾标准溶液浓度 $c(1/6 \ K_2Cr_2O_7)=$ _____ mol/L;10.00 mL 上述重铬酸钾标准溶液消耗硫代硫酸钠的体积 $V_1=$ _____ mL;硫代硫酸钠标准溶液浓度 $c(1/2 \ Na_2S_2O_3)=$ _____ mol/L。

2. 溶解氧测定

100 mL 水样溶液消耗硫代硫酸钠标准溶液的体积 $V=$ _____ mL。

用式(2.9.2)计算水样中的 DO 的含量(O_2,mg/L):

$$DO=\frac{c×V×8×1000}{100} \tag{2.9.2}$$

式中:c——1/2 硫代硫酸钠标准溶液的浓度(mol/L);

　　V——滴定消耗的硫代硫酸钠标准体积,mL;

　　8——1/4 O_2 的摩尔质量,单位为 g/mol,转化为 mg/mol 时乘以 1000。

七、注意事项

(1) 当水样中含有亚硝酸盐时会干扰测定,可加入叠氮化钠使水中的亚硝酸盐分解而消除干扰,其加入方法是预先将叠氮化钠加入碱性碘化钾溶液中。

(2) 如水样中含 Fe^{3+} 达 100~200 mg/L 时,可加入 1 mL 40%氟化钾溶液消除干扰。

(3) 如水样中含氧化性物质(如游离氯等),应预先加入相当量的硫代硫酸钠去除。

实验 10　水样五日生化需氧量(BOD₅)的测定

一、实验目的

(1) 了解 BOD₅ 的含义。

(2) 掌握 BOD₅ 的方法原理、实验步骤和计算方法。

(3) 进一步熟悉溶解氧的测定。

(4) 学习恒温培养箱的使用。

二、方法原理

生化需氧量(BOD)是指水中有机物和部分无机物经生物化学氧化所消耗的溶解氧的量,以 O_2 的 mg/L 表示。五日生化需氧量(BOD₅)是指水样在(20 ± 1) ℃的恒温培养箱中培养 5 天,微生物氧化水样中有机物和部分无机物时所消耗的溶解氧的量。

将均匀水样注满两培养瓶,塞好后应不透气,其中一瓶立即测定溶解氧含量,另一瓶放在(20 ± 1) ℃的恒温培养箱中培养 5 天后,测定剩余溶解氧含量,由两者的差值可计算出每升水样消耗掉氧的量,即 BOD₅ 值。

由于许多水样中含有的需氧物质较多,培养过程中水样中的溶解氧不够消耗,因此测量前,应用溶解氧接近饱和的稀释水将水样进行适当稀释。稀释后应保证在培养过程中消耗的溶解氧大于 2 mg/L,剩余的溶解氧大于 1 mg/L。有些废水经过高温处理,其中微生物含量很少,在测定 BOD₅ 时要进行接种,引入能分解废水中有机物的微生物。有些废水有含有难被一般生活污水中的微生物降解的有机物或含有毒物质时,应对微生物进行驯化后再进行接种。

三、实验仪器设备

(1) 恒温培养箱。

(2) 1000 mL 量筒。

(3) 长玻璃棒:比 1000 mL 量筒高出 5~10 cm,在棒的底端固定一个直径比所用量筒内径稍小,并开有若干小孔的硬橡胶板。

(4) 溶解氧瓶:250~300 mL,带有磨口塞并具有供水封用的钟形口。

(5) 虹吸管。

(6) 20 L 细口玻璃瓶。

(7) 薄膜曝气泵(或无油空气压缩泵)。

(8) 实验室其他常用仪器设备和玻璃器皿。

四、实验试剂与材料

本实验所用试剂除有特殊说明外,其余均为分析纯试剂,实验用水均为蒸馏水。

(1) 磷酸盐缓冲溶液:称取 8.5 g 磷酸二氢钾(KH_2PO_4)、21.75 g 磷酸氢二钾(K_2HPO_4)、33.4 g 七水磷酸氢二钠($Na_2HPO_4 \cdot 7H_2O$)和 1.7 g 氯化铵(NH_4Cl)溶于蒸馏水,配制成 1000 mL 溶液,此缓冲溶液的 pH 值为 7.2。

(2) 硫酸镁溶液:称取 22.5 g 七水硫酸镁($MgSO_4 \cdot 7H_2O$)溶于蒸馏水并稀释至 1000

mL。

（3）三氯化铁溶液：称取 0.25 g 六水三氯化铁（$FeCl_3 \cdot 6H_2O$）溶于蒸馏水并稀释至 1000 mL。

（4）氯化钙溶液：称取无水氯化钙（$CaCl_2$）27.5 g 溶于蒸馏水并稀释至 1000 mL。

（5）稀释水：在 20 L 的细口玻璃瓶中装入一定量的蒸馏水，每升蒸馏水加入磷酸盐缓冲溶液、硫酸镁溶液、三氯化铁溶液、氯化钙溶液各 1 mL，混合均匀，在约 20 ℃下用无油空气压缩泵或薄膜曝气泵曝气 2～8 h，使其溶解氧接近饱和（8 mg/L 左右）。稀释水的 pH 值应为 7.2，BOD_5 应小于 0.2 mg/L。

（6）接种稀释水：以下列几种液体中的任意一种作为接种液，按一定比例加入按（5）配制的稀释水中，混合均匀形成接种稀释水。

①城市污水：一般生活污水在室温下放置一昼夜，取其上清液，每升稀释水加入 1～10 mL。

②表层土壤浸提液：100 g 植物生长的表层土壤，加入 1 L 水中，搅拌数分钟，静置 10 min，取上清液，每升稀释水中加入 20～30 mL。

③含城市污水的河水或湖水，每升稀释水中加入 10～100 mL；接种稀释水的 pH 值应为 7.2，BOD_5 应在 0.3～1.0 mg/L 之间。

④当分析含有难以降解物质的废水时，在排污口下游 3～8 km 处取水样作为废水的驯化接种液。如无此水源，可取经中和或适当稀释后的水样进行连续曝气，每天加入少量该种废水，同时加入适量表层土壤浸提液或生活污水，使能适应这种废水的微生物大量的繁殖。当水中出现大量絮状物，或其 COD 的降低值出现突变时，表示适用的微生物已进行繁殖，可作接种液。一般驯化接种过程需要 3～8 天。

（7）亚硫酸钠标准溶液：称取 1.575 g 亚硫酸钠（Na_2SO_3）溶于蒸馏水，稀释至 1000 mL，此溶液不稳定，需当天配制。

（8）浓盐酸，$\rho = 1.18$ g/mL。

（9）盐酸[$c(HCl) = 0.5$ mol/L]：取浓盐酸 9 mL 加入到 200 mL 蒸馏水中，混匀。

（10）氢氧化钠溶液（20 g/L）：称取 2.0 g 氢氧化钠（NaOH）溶于 100 mL 蒸馏水中。

（11）冰乙酸，$\rho = 1.05$ g/mL。

（12）乙酸（1∶1）（CH_3COOH）：1 体积冰乙酸加入 1 体积蒸馏水中。

（13）碘化钾溶液[$10\%(m/V)$]：称取 10 g 碘化钾（KI）溶于 100 mL 蒸馏水中。

（14）葡萄糖-谷氨酸标准溶液：分别称取 150 mg 在 130 ℃干燥 1 h 的葡萄糖（$C_6H_{12}O_6$，优级纯）和谷氨酸（$C_5H_9O_4N$，优级纯）并一起溶于蒸馏水中，转移至 1000 mL 容量瓶中并稀释至标线。此溶液的 BOD_5 为（210±20）mg/L，现用现配。该溶液也可少量冷冻保存，融化后立刻使用。

（15）其他测溶解氧所需试剂（见本章实验 9）。

五、实验步骤

1. 样品的预处理

水样采集后应充满并密封于瓶中，置于 2～5 ℃下保存到进行分析时。一般在采样后 6 h 之内测定。若需远距离运送，保存时间也不得超过 24 h。如果水样的 pH 值不在 6～8 之间，可用盐酸或氢氧化钠溶液中和至接近中性。中和用的酸碱溶液体积不得超过水样体积的

0.5%。

水样中含有铜、铅、锌、镉、铬、砷、氰等有毒物质时，可使用经驯化过的接种稀释水稀释，或增大稀释倍数，以减小毒物的浓度。

含有少量游离氯的水样，一般放置 1～2 h 游离氯即可消失。对于游离氯在短时间不能消散的水样，可加入亚硫酸钠溶液除氯。加入量的计算方法是取中和好的水样 100 mL，加入乙酸(1∶1)10 mL，10%碘化钾溶液 1 mL，混匀。以淀粉溶液为指示剂，用亚硫酸钠标准溶液滴定游离碘。根据亚硫酸钠标准溶液消耗的体积及其浓度，计算水样中所需加亚硫酸钠标准溶液的量。

从水温较低的水域中采集的水样，可能含有过饱和溶解氧，此时应将水样迅速升温至 20 ℃左右，充分振摇，以赶出过饱和的溶解氧。从水温较高的水域或废水排放口取得的水样，则应迅速使其冷却至 20 ℃左右，并充分振摇，使与空气中氧分压接近平衡。

2. 不经稀释水样的测定

溶解氧含量较高、有机物含量较少的地面水，可不稀释，直接以虹吸法将约 20 ℃的混匀水样转移至两个溶解氧瓶内，转移过程中应注意不使其产生气泡，加塞，水封。其中一瓶立即测定溶解氧，将另一瓶放入(20±1) ℃的培养箱中培养 5 天后测其溶解氧(溶解氧的测定参见本章实验 9)。

3. 需经稀释水样的测定

(1) 稀释倍数的确定：地表水可由测得的高锰酸盐指数乘以适当的系数求出稀释倍数(表 2.10.1)。

表 2.10.1　地表水五日生化需氧量稀释系数

高锰酸盐指数/(O₂,mg/L)	<5	5～10	10～20	>20
系数	—	0.2、0.3	0.4、0.6	0.5、0.7、1.0

工业废水可由 COD(重铬酸钾氧化法)值确定。通常需做三个稀释比。使用未接种的稀释水稀释时，由 COD 值分别乘以系数 0.075、0.15、0.225，即获得三个稀释倍数；使用接种稀释水稀释时，则分别乘以 0.075、0.15 和 0.25，获得三个稀释倍数。

(2) 水样的稀释：按照确定的稀释倍数，用虹吸法沿量筒壁先引入部分稀释水或接种稀释水于 1000 mL 量筒中，加入需要量的均匀水样，再引入稀释水(或接种稀释水)至 1000 mL，用带胶板的玻璃棒小心上下搅匀。搅拌时勿使玻璃棒的胶板露出水面，防止产生气泡。

(3) 测定：以虹吸法将稀释后的水样转移至两个溶解氧瓶内，同不经稀释的水样一样，分别测定当天溶解氧含量和培养 5 天后的溶解氧含量。

4. 稀释水(或接种稀释水)的测定

另取两个溶解氧瓶，用虹吸法装满稀释水 (或接种稀释水)作为空白，分别测定当天的溶解氧含量和培养 5 天后的溶解氧含量。

六、数据记录与处理

1. 测定数据记录

数据记录表如表 2.10.2 所示。

表 2.10.2　数据记录表

水氧编号	稀释倍数	测 DO 滴定时所取水样溶液体积/mL	$c(1/2\ Na_2S_2O_3)$ /(mol/L)	硫代硫酸钠溶液消耗量 V/mL		DO /(O_2,mg/L)	
				当天	5 天后	当天	5 天后
1							
2							
3							
稀释水(空白)							

2. 测定结果计算

(1) 不经稀释直接培养的水样的 BOD_5(O_2,mg/L)：

$$BOD_5 = D_1 - D_2 \tag{2.10.1}$$

式中：D_1——水样在培养前的溶解氧浓度,(O_2,mg/L)；

D_2——水样培养 5 天后剩余溶解氧浓度,(O_2,mg/L)。

(2) 经稀释后培养的水样的 BOD_5(O_2,mg/L)：

$$BOD_5 = \frac{(D_1 - D_2) - (B_1 - B_2)f_1}{f_2} \tag{2.10.2}$$

式中：D_1——水样在培养前的溶解氧浓度,(O_2,mg/L)；

D_2——水样培养 5 天后剩余溶解氧浓度,(O_2,mg/L)；

B_1——稀释水(或接种稀释水)在培养前的溶解氧浓度,(O_2,mg/L)；

B_2——稀释水(或接种稀释水)水样培养 5 天后剩余溶解氧浓度,(O_2,mg/L)；

f_1——稀释水(或接种稀释水)在培养液中所占比例；

f_2——水样在培养液中所占比例。

七、注意事项

(1) 测定一般水样的 BOD 时,硝化作用很不明显或根本不发生。但对于生物处理池出水,则含有大量硝化细菌。因此,在测定 BOD 时也包括了部分含氮化合物的需氧量。对于这种水样,如只需测定有机物的需氧量时,应加入硝化抑制剂(如在每升稀释水样中加入 1 mL 浓度为 500 mg/L 的丙烯基硫脲(ATU,$C_4H_8N_2S$)等)。

(2) 在两个或三个稀释倍数的样品中,凡消耗溶解氧($D_1 - D_2$)大于 2 mg/L 和剩余溶解氧(D_2)大于 1 mg/L 时,计算结果有效,最后结果应取平均值。不能满足上述要求的数据一般应舍弃。

(3) 为检查稀释水和接种液的质量以及化验人员的操作技术,可取 20 mL 葡萄糖-谷氨酸标准溶液用接种稀释水稀释至 1000 mL,测其 BOD_5,其结果应在 180~230 mg/L 之间。否则应检查接种液、稀释水或操作技术是否存在问题。

(4) 水样稀释倍数超过 100 倍时,应预先在容量瓶中用蒸馏水初步稀释后,再取适量进行最后稀释培养。

(5) 本实验其他事项可参考环境标准 HJ 505—2009。

实验 11　水中氨氮的测定（纳氏试剂比色法）

一、实验目的

（1）了解氨氮的含义。

（2）掌握纳氏试剂比色法测定氨氮的方法原理、操作方法及计算。

二、方法原理

氨氮是指以游离的氨（NH_3）和铵离子（NH_4^+）存在的氮，游离态的氨和铵离子与纳氏试剂（碘化汞钾）反应生成黄棕色配合物，其色度与氨氮的含量成正比，可用目视比色法或分光光度法测定。

三、实验仪器设备

（1）分光光度计。

（2）带氮球的定氮蒸馏装置：500 mL 凯氏烧瓶、氮球、直形冷凝管，如图 2.11.1 所示。

（3）50 mL 或 25 mL 具塞比色管。

（4）实验室其他常用仪器设备和玻璃器皿。

四、实验试剂与材料

本实验所用试剂除有特殊说明外，其他均为分析纯试剂，实验用水均为无氨水。

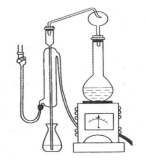

图 2.11.1　带氮球的定氮
蒸馏装置

（1）无氨水，按下述方法之一制备。

①离子交换法：将蒸馏水通过一个强酸性阳离子交换树脂（氢型）柱，流出液收集在带有磨口玻璃塞的玻璃瓶中。每升流出液中加入 10 g 同类树脂，以利保存。

②蒸馏法：在 1000 mL 蒸馏水中，加入 0.1 mL 硫酸（$\rho = 1.84$ g/mL），并在全玻璃蒸馏器中重蒸馏。弃去前 50 mL 馏出液，然后将约 800 mL 馏出液收集在带有磨口玻璃塞的玻璃瓶中。每升馏出液中加入 10 g 强酸性阳离子交换树脂（氢型），以利保存。

（2）纳氏试剂，纳氏试剂按下述方法①或方法②配制。

①称取 15 g 氢氧化钾（KOH），溶于 50 mL 水中，冷至室温。称取 5 g 碘化钾（KI），溶于 10 mL 水中，在搅拌下，慢慢加入氯化汞（$HgCl_2$）粉末（约 2.5 g），直到溶液呈深黄色或微有红色沉淀出现为止，充分搅拌混合，并改为滴加氯化汞饱和溶液，当出现少量朱红色沉淀不再溶解时，停止滴加。在搅拌下，将冷的氢氧化钾溶液缓慢地加入到上述氯化汞和碘化钾的混合液中，并稀释至 100 mL，于暗处静置 24 h，倾出上清液，储于棕色瓶内，用橡皮塞塞紧，存放在暗处，此试剂至少可稳定一个月。

②称取 16 g 氢氧化钠（NaOH），溶于 50 mL 水中，冷却至室温。称取 7 g 碘化钾（KI）和 10 g 碘化汞（HgI_2），溶于水中，然后将此溶液在搅拌下，缓慢地加入到氢氧化钠溶液中，并稀释至 100 mL。储于棕色瓶内，用橡皮塞塞紧，于暗处存放，有效期可达一年。

（3）酒石酸钾钠溶液：称取 50 g 酒石酸钾钠（$KNaC_4H_6O_6 \cdot 4H_2O$），溶于 100 mL 水中，加热煮沸，以驱除氨，充分冷却后稀释至 100 mL。

（4）氨氮标准储备液（$\rho_N = 1000$ $\mu g/mL$）：称取（3.819 ± 0.004）g 事先经 100～105 ℃干燥 2 h 的优级纯氯化铵（NH_4Cl）溶于水中，移入 1000 mL 容量瓶中，用水稀释至标线。

（5）氨氮标准使用液（$\rho_N = 10$ $\mu g/mL$）：临用前吸取 10.00 mL 氨氮标准储备液于 1000 mL 容量瓶中，用水稀释至刻度。

（6）盐酸[$c(HCl) = 1$ mol/L]：量取约 8.5 mL 浓盐酸（$\rho = 1.18$ g/mL）于 100 mL 水中。

（7）氢氧化钠溶液[$c(NaOH) = 1$ mol/L]：称取 4 g 氢氧化钠（$NaOH$）溶于 100 mL 水中。

（8）轻质氧化镁（MgO）：将氧化镁在 500 ℃下加热，去除碳酸盐。

（9）溴百里酚蓝指示剂：称取 0.05 g 溴百里酚蓝（$C_{27}H_{28}O_5Br_2S$）溶于 50 mL 水中，加入 10 mL 无水乙醇，用水稀释至 100 mL。

（10）防沫剂：如石蜡碎片、液体石蜡等。

（11）硼酸吸收液：称取 20 g 硼酸（H_3BO_3）溶于 1000 mL 水。

五、实验步骤

1. 水样预处理

取 250 mL 水样（如氨氮含量高，可取适量，加水至 250 mL，使氨氮不超过 2.5 mg）于凯氏烧瓶中，加入 3～4 滴溴百里酚蓝指示剂，如果水样呈黄色，则滴加 1 mol/L 的氢氧化钠溶液使水样刚好变成蓝色；如果加指示剂后水样呈蓝色，则滴加 1 mol/L 的盐酸使水样刚好变成黄色，再滴加 1 滴 1 mol/L 的氢氧化钠溶液使水样刚好变回蓝色。此时水样的 pH 值接近 7（溴百里酚蓝指示剂在 pH 值小于 6.0 时呈黄色，pH 值大于 7.4 时呈蓝色）。加入 0.25 g 轻质氧化镁和 5～6 粒玻璃珠，立即连接氮球、冷凝管。用 250～300 mL 的干净烧杯装 50 mL 吸收液以接收馏出液，冷凝管下端应插入吸收液液面以下。加热蒸馏，至吸收液总体积达到约 200 mL 时，停止蒸馏。将吸收液转入 250 mL 容量瓶中，用少量水洗涤烧杯 2～3 次，将洗涤液一并转入容量瓶中，最后定容至 250 mL。

注：采用酸滴定法或纳氏试剂比色法测定时用硼酸吸收液；用水杨酸-次氯酸盐比色法测定时用硫酸吸收液。

2. 蒸馏空白试验

用 250 mL 无氨水代替水样，重复上面的操作，做蒸馏空白。

3. 标准曲线的绘制

取氨氮标准使用液（$\rho_N = 10$ $\mu g/mL$）0.00 mL、0.50 mL、1.00 mL、3.00 mL、5.00 mL、7.00 mL、10.00 mL 于 7 支 50 mL 的比色管中，加水至标线，加 1.0 mL 酒石酸钾钠溶液，混匀后再加入 1.5 mL 纳氏试剂，塞上塞子，摇匀。放置 10 min 后，在 420 nm 波长处，用 20 mm 比色皿，以无氨水为参比，测定吸光度（若用 25 mL 比色管时，所加标准溶液、试剂均减半）。

4. 水样测定

分别取等体积的水样蒸馏液和空白蒸馏液于两支 50 mL 比色管中，加水至标线，加入 1 mL 酒石酸钾钠溶液，摇匀，再加入 1.5 mL 纳氏试剂，放置 10 min 后，在 420 nm 波长处用 20 mm 比色皿，以无氨水为参比，测定吸光度（若用 25 mL 比色管时，所用试剂均减半）。

六、数据记录与处理

1. 数据记录

蒸馏时取原水样体积 $V_1 =$ _____ mL；馏出液定容后的体积 $V_2 =$ _____ mL；水样馏出液显色时所取体积 $V =$ _____ mL，吸光度 $A_s =$ _____；空白蒸馏液显色时所取体积 $V_0 = V =$ _____ mL，吸光度 $A_b =$ _____。

将实验所得数据记入表 2.11.1。

表 2.11.1　标准系列数据

比色管编号	1	2	3	4	5	6	7
标准溶液体积/mL	0.00	0.50	1.00	3.00	5.00	7.00	10.00
含 N 量/μg	0.0	5.0	10.0	30.0	50.0	70.0	100.0
吸光度 $A_i (i=1\sim7)$							
$A_i - A_1$							

2. 数据处理与结果表示

以上表中含 N 量（μg）为 y，$A_i - A_1$ 为 x，计算直线回归方程：$y = ax + b$，其中，斜率 $a =$ _____；截距 $b =$ _____；相关系数 $R =$ _____。

以 $x = A_s - A_b$ 代入回归方程，计算对应的 $y(\mu g) =$ _____。

原水样中氨氮的含量（以 N 计，mg/L）$= (y/V) \times (V_2/V_1) =$ _____。

七、注意事项

（1）水样采集在聚乙烯瓶或玻璃瓶内，应尽快分析，不然要在 2~5 ℃下存放，用硫酸将水样酸化至 pH 值小于 2。但酸化水样会吸收空气中的氨而使水样被污染，应注意防止。

（2）在蒸馏过程中，要常检查装置是否严密，冷凝管下端应插入吸收液液面以下。

（3）蒸馏结束时，应先使冷凝管末端离开吸收液液面，然后切断电源，防止溶液倒吸。

实验 12　水中亚硝酸盐氮的测定

亚硝酸盐是氮循环的中间产物，在水中因受微生物作用很不稳定。在有氧环境条件下，亚硝酸盐可氧化成硝酸盐，在缺氧条件下也可被还原成氨。因此，水样采集后应立即分析或冷藏以抑制生物影响。

一、实验目的

（1）了解亚硝酸盐的环境效应。

（2）掌握 N-(1-萘基)-乙二胺分光光度法测定亚硝酸盐的原理、测定过程及计算。

（3）掌握测定过程中的干扰因素及消除方法。

二、方法原理

在磷酸介质中，pH 值为 1.8±0.3 时，亚硝酸盐与对氨基苯磺酰胺（简称磺胺）反应，生成重氮盐,再与 N-(1-萘基)-乙二胺偶联生成红色染料,在波长 540 nm 处有最大吸收。

此方法适用于饮用水、地表水、地下水、生活污水和工业废水中亚硝酸盐氮的测定,测定浓度范围为 0.003~0.200 mg/L 亚硝酸盐氮。

三、实验仪器设备

(1) 分光光度计。

(2) G-3 玻璃砂芯漏斗。

(3) 25 mL 或 50 mL 比色管。

(4) 300 mL 具塞锥形瓶。

(5) 水浴锅。

(6) 实验室其他常用仪器设备和玻璃器皿。

四、实验试剂与材料

本实验所用试剂除有特殊说明外,其他均为分析纯试剂,实验用水均为无亚硝酸盐水。

(1) 无亚硝酸盐水:在蒸馏水中加入少许固体高锰酸钾,再加氢氧化钙或氢氧化钡,使之呈碱性,重新蒸馏,弃去 50 mL 初馏液,收集中间 70% 的馏分为无亚硝酸盐水。

(2) 显色剂:于 500 mL 烧杯中加入 250 mL 水和 50 mL 磷酸(H_3PO_4),加入 20.0 g 对氨基苯磺酰胺;再将 1.00 g N-(1-萘基)-乙二胺二盐酸盐($C_{10}H_7NHC_2H_4NH_2 \cdot 2HCl$)溶于上述溶液中,转移至 500 mL 容量瓶中,用水稀释至标线,储存于棕色试剂瓶中,在 2~5 ℃下可保存一个月。

(3) 浓硫酸,$\rho = 1.84$ g/mL。

(4) 草酸钠标准溶液[$c(1/2\ Na_2C_2O_4) = 0.0500$ mol/L]:称取 3.3525 g 经 120 ℃烘干 2 h 的无水草酸钠,并将冷却的优级纯无水草酸钠($Na_2C_2O_4$)溶解于水中,移入 1000 mL 容量瓶中,用水稀释至标线,混匀,置 4 ℃保存。

(5) 高锰酸钾溶液[$c(1/5\ KMnO_4) \approx 0.05$ mol/L]:称取 1.6 g 高锰酸钾($KMnO_4$)溶于水并稀释至 1000 mL。于 90~95 ℃水浴中加热此溶液 2 h,冷却。存放两天后,倾出清液,储于棕色瓶中。

(6) 亚硝酸盐氮标准储备液($\rho_N \approx 0.25$ mg/mL):称取 1.232 g 亚硝酸钠($NaNO_2$)溶于 150 mL 水中,移至 1000 mL 容量瓶中,用水稀释到标线。此溶液加入 1 mL 三氯甲烷,在 2~5 ℃下可保存一个月。此标准储备液需要标定,标定方法如下。

于 300 mL 具塞锥形瓶中加入 50.00 mL $c(1/5\ KMnO_4) \approx 0.05$ mol/L 的高锰酸钾溶液和 5 mL 浓硫酸,用 50 mL 无分度吸量管加入 50.00 mL 亚硝酸盐氮标准储备液(在高锰酸钾溶液液面下加入),摇匀。置于水浴锅中加热至 70~80 ℃,按每次 10.00 mL 加入足够 $c(1/2\ Na_2C_2O_4) = 0.0500$ mol/L 的草酸钠标准溶液,使红色退去并过量,记录草酸钠标准溶液的用量 V_2,然后用 $c(1/5\ KMnO_4) \approx 0.05$ mol/L 高锰酸钾溶液滴定过量草酸钠至溶液呈微红色,记录高锰酸钾溶液的总用量 V_1。

用草酸钠标准溶液标定高锰酸钾溶液:用 50 mL 无亚硝酸盐水代替亚硝酸盐标准储备液,重复上面操作,消耗的草酸钠标准溶液量为 V_4 mL,高锰酸钾溶液总量为 V_3 mL。

高锰酸钾溶液准确浓度(mol/L):

$$c(1/5\ KMnO_4) = 0.0500 V_4/V_3 \qquad (2.12.1)$$

亚硝酸盐氮标准储备液的准确浓度（mg/L）：

$$\rho_N = [50.00 \times c(1/5\ \text{KMnO}_4) - 0.0500\ V_2] \times 7.00 \times 1000/50.00 \qquad (2.12.2)$$

（7）亚硝酸盐氮标准中间液（$\rho_N = 50.0\ \mu\text{g/mL}$）：分取适量亚硝酸盐氮标准储备液（使含 12.5 mg 亚硝酸盐氮），置于 250 mL 棕色容量瓶中，加水稀释至标线，可保存一周。

（8）亚硝酸盐氮标准使用液（$\rho_N = 1.00\ \mu\text{g/mL}$）：取 10.00 mL 亚硝酸盐氮标准中间液（$\rho_N = 50.0\ \mu\text{g/mL}$），置于 500 mL 容量瓶中，用水稀释至标线，此标准溶液应使用当天配制。

（9）浓磷酸，$\rho = 1.69\ \text{g/mL}$。

（10）磷酸溶液（1∶9）：1 体积浓磷酸慢慢加入 9 体积蒸馏水中，混匀。

（11）浓氨水，25%～28%。

（12）氢氧化铝悬浮液：称取 125 g 硫酸铝钾［$\text{KAl}(\text{SO}_4)_2 \cdot 12\text{H}_2\text{O}$］于 1000 mL 去离子水中，加热至 60 ℃，在不断搅拌下，徐徐加入 55 mL 浓氨水，放置约 1 h 后，移入 1000 mL 量筒中，静置，沉降，弃去上清液，沉淀反复用去离子水洗涤，直至上清液中不含氨氮、亚硝酸盐氮和硝酸盐氮为止，澄清后，把上清液全部倾出，留下悬浮物，最后加入 100 mL 水，使用前摇匀。

五、实验步骤

1. 标准曲线的绘制

在一组 6 支 50 mL 的比色管中，分别加入 0.00 mL、1.00 mL、3.00 mL、5.00 mL、7.00 mL 和 10.00 mL 亚硝酸盐氮标准使用液（$\rho_N = 1.00\ \mu\text{g/mL}$），用水稀释至标线，加入 1.0 mL 显色剂，密塞混匀。静置 20 min 后，在 2 h 内，于波长 540 nm 处，用光程长 10 mm 的比色皿，以水为参比，测量吸光度。以测定的吸光度，减去空白吸光度后，获得校正吸光度，计算回归方程（$y = ax + b$）。

注：若用 25 mL 比色管，则所有溶液减半。

2. 水样的测定

当水样 pH≥11 时，加入 1 滴酚酞指示剂，边搅拌边逐滴加入磷酸溶液（1∶9），至红色消失。水样如有颜色或悬浮物，可向每 100 mL 水中加入 2 mL 氢氧化铝悬浮液，搅拌，静置，过滤弃去 25 mL 初滤液。

准确取适量经预处理后的水样加入 50 mL 比色管中，用无亚硝酸盐水稀释至标线，加入 1.0 mL 显色剂，然后按标准曲线绘制的相同步骤操作，测量吸光度。经空白校正后，从标准曲线上查得亚硝酸盐氮量，计算水样中亚硝酸盐氮的含量。

3. 空白试验

用无亚硝酸盐水代替水样，按水样处理相同步骤进行测定。

4. 色度校正

如果水样预处理后仍然有颜色，取同样体积的水样，稀释至 50 mL，不加显色剂，改加 1.0 mL 磷酸溶液（1∶9），以同样方法测定吸光度。

六、数据记录与处理

1. 标准曲线

将实验所得数据记入表 2.12.1。

表 2.12.1　标准曲线数据

编 号 顺 序	0	1	2	3	4	5
标液体积/mL	0.00	1.00	3.00	5.00	7.00	10.00
含氮量/μg	0.00	1.00	3.00	5.00	7.00	10.00
吸光度						
校正吸光度	0					

以含氮量（μg）为 y,校正吸光度为 x,计算回归方程:$y=ax+b$,其中斜率 $a=$ _____,截距 $b=$ _____,相关系数 $R=$ _____。

2. 水样测定

显色时所取水样体积 $V_{水样}=$ _____ mL。

水样吸光度 $A_s=$ _____,空白吸光度 $A_b=$ _____,色度校正吸光度 $A_c=$ _____。

水样校正吸光度 $A_r=A_s-A_b-A_c=$ _____。

将以 A_r 作 x 代入回归方程,计算水样中的亚硝酸盐氮量 y,记为 $m(\mu g)$,水样中亚硝酸盐氮浓度 c（以 N 计,mg/L）$=m/V_{水样}=$ _____。

七、注意事项

（1）显色剂有毒,避免与皮肤接触或吸入体内。

（2）测得水样的吸光度,不得大于标准曲线的最大吸光度,否则水样要预先稀释后再测定。

（3）制备氢氧化铝悬浮液时也可用硫酸铝铵[$NH_4Al(SO_4)_2 \cdot 12H_2O$]代替硫酸铝钾。

实验 13　水中硝酸盐氮的测定

一、实验目的

（1）掌握紫外分光光度法测定硝酸盐氮的原理、操作过程及注意事项。

（2）掌握紫外-可见分光光度计的使用。

（3）掌握结果的计算。

二、方法原理

硝酸根离子在紫外光区有强烈吸收,利用硝酸根对 220 nm 波长紫外光的吸收可以定量测定硝酸盐氮。但水中溶解的有机物在 220 nm 和 275 nm 处也有吸收,且其在 220 nm 处的吸光度是其在 275 nm 处吸光度的 2 倍,而硝酸根离子在 275 nm 处没有吸收。因此,可以分别在 220 nm 和 275 nm 处测定吸光度,计算水中硝酸根离子在 220 nm 处的吸光度。

因为:
$$A_{220}=A_{220(硝酸根)}+A_{220(有机物)} \tag{2.13.1}$$
$$A_{275}=A_{275(有机物)} \tag{2.13.2}$$
$$A_{220(有机物)}=2A_{275(有机物)}=2A_{275} \tag{2.13.3}$$
所以:
$$A_{220(硝酸根)}=A_{220}-2A_{275} \tag{2.13.4}$$

由实验分别测定 A_{220} 和 A_{275},计算 $A_{220(硝酸根)}$,$A_{220(硝酸根)}$ 与水中硝酸根离子浓度成正比,由此,可以定量测定硝酸盐氮。

三、实验仪器设备

(1) 紫外-可见分光光度计。

(2) 离子交换柱。

(3) 25 mL 或 50 mL 比色管。

(4) 实验室其他常用仪器设备和玻璃器皿。

四、实验试剂与材料

本实验所用试剂除另有注明外,其余均为分析纯试剂;实验用水均为新制备的去离子水。

(1) 硫酸锌溶液(10%):称取 10 g 分析纯硫酸锌($ZnSO_4$)溶于 100 mL 新制备的去离子水中。

(2) 氢氧化铝悬浮液:见本章实验 12 试剂(12)。

(3) 大孔径中性吸附树脂(CAD-40 或 XAD-20 型):使用直径 1.4 cm 的离子交换柱,装入树脂高度为 5~8 cm,新的树脂用 200 mL 去离子水分两次洗涤,用甲醇浸泡过夜,弃去甲醇,再用 40 mL 甲醇分两次洗涤,然后用新鲜去离子水洗至柱中流出液滴落于烧杯中无乳白色为止。树脂填充时,树脂间不允许存在气泡。

(4) 硝酸盐氮标准储备液($\rho_N = 100~\mu g/mL$):称取 0.7218 g 经 105~110 ℃烘干 4 h 的优级纯硝酸钾(KNO_3)溶于去离子水并定容至 1000 mL。加 2 mL 三氯甲烷,2~5 ℃冷藏可保存半年。

(5) 硝酸盐氮标准使用液($\rho_N = 10.0~\mu g/mL$):将硝酸盐氮标准储备液($\rho_N = 100~\mu g/mL$)用新制备的去离子水准确稀释 10 倍,使用时配制。

(6) 浓盐酸,$\rho = 1.18$ g/mL。

(7) 盐酸(1:9):1 体积浓盐酸加入 9 体积水中。

(8) 氨基磺酸溶液:0.8 g 氨基磺酸(NH_2SO_3H)溶于 100 mL 新制备的去离子水中,避光保存于冰箱中。

(9) 氢氧化钠溶液[$c(NaOH) = 5$ mol/L]:称取 20 g 氢氧化钠(NaOH)溶于 100 mL 新制备的去离子水中。

(10) 甲醇。

五、实验步骤

1. 标准曲线的绘制

在一组 7 支 50 mL 的比色管中,分别加入 0.00 mL、1.00 mL、2.00 mL、4.00 mL、6.00 mL、8.00 mL 和 10.00 mL 含氮 10.0 μg/mL 的硝酸盐氮标准使用液,用新制备的去离子水稀释至标线,加入 1.0 mL 盐酸(1:9)和 0.1 mL 氨基磺酸溶液,密塞混匀。用光程长 10 mm 的石英比色皿,以新制备的去离子水为参比,在 220 nm 和 275 nm 波长处分别测定吸光度。

注:用 25 mL 比色管时所有试剂减半。

2. 水样预处理

(1) 先对水样进行紫外光谱吸收扫描或在 220~280 nm 范围内,每隔 2~5 nm 测量吸光度,绘制波长-吸光度曲线,水样与近似浓度的标准溶液吸收曲线应类似。且在 220 nm 和 275

nm 附近不应有肩状或折线出现,即在 220 nm 和 275 nm 有典型的吸收峰。A_{275}/A_{220} 应小于 0.2,且越小越好。符合上述要求的水样可以不经预处理,直接取适量水样于 50 mL 的比色管中,用新制备的去离子水稀释至标线,加入 1.0 mL 盐酸(1:9)和 0.1 mL 氨基磺酸溶液,密塞混匀。用光程长 10 mm 的石英比色皿,以新制备的去离子水为参比,在 220 nm 和 275 nm 波长处分别测定吸光度。

(2) 不符合上述要求的水样要进行预处理。

取 200 mL 水样于锥形瓶或烧杯中,加入 2 mL 10% 的硫酸锌溶液,在搅拌下滴加 5 mol/L 的氢氧化钠溶液,调节 pH=7(或将 200 mL 水样 pH 值调至 7,再加 4 mL 氢氧化铝悬浮液),形成絮凝胶团,待胶团沉淀后(或离心分离),取上清液 100 mL,分两次洗涤吸附树脂柱,以每秒 1~2 滴的流速流出,弃去洗涤用液体,另取上清液继续通过吸附树脂柱,收集过柱液体作为处理后的水样,待测。

取适量处理后的水样于 50 mL 的比色管中,用去离子水稀释至标线,加入 1.0 mL 盐酸(1:9)和 0.1 mL 氨基磺酸溶液,密塞混匀。用光程长 10 mm 的石英比色皿,以经过吸附树脂柱的去离子水 50 mL 加 1.0 mL 盐酸(1:9)为参比,在 220 nm 和 275 nm 波长处分别测定吸光度。

六、数据记录与处理

1. 标准曲线

本实验数据记录见表 2.13.1。

表 2.13.1 标准曲线数据

比色管编号	0	1	2	3	4	5	6
硝酸盐氮标液体积/mL	0.00	1.00	2.00	4.00	6.00	8.00	10.00
硝酸盐氮含量/μg	0.0	10.0	20.0	40.0	60.0	80.0	100.0
A_{220}							
A_{275}							
$A_{220(硝酸盐)}=A_{220}-2A_{275}$							
$A_{校正}=A_{220(硝酸盐,i)}-A_{220(硝酸盐,0)}$	0						

以硝酸盐氮含量(μg)为 y,校正吸光度为 x,计算回归方程:$y=ax+b$,其中斜率 $a=$ _____,截距 $b=$ _____,相关系数 $R=$ _____。

2. 水样结果计算

测定时所取水样体积 $V_{水样}=$ _____ mL。

水样 $A_{220(硝酸盐,水样)}=A_{220(水样)}-2A_{275(水样)}$ _____,以此为 x 代入回归方程,计算水样中的硝酸盐氮量 y,记为 $m(μg)$。

水样中硝酸盐氮浓度 c(以 N 计,mg/L)$=m/V_{水样}=$ _____。

七、注意事项

(1) 实验用水不能对 220 nm 和 275 nm 的紫外光有明显吸收,使用前要检验。

(2) 含有机物的水样,且硝酸盐含量较高时,必须先进行预处理后再稀释。

(3) 大孔径中性吸附树脂对环状、空间结构大的有机物吸附能力强,对低碳链、有较强极性和亲水性的有机物吸附能力差。

（4）吸附树脂处理一个水样后，用 150 mL 新制备的去离子水分三次洗涤，吸附树脂可以继续使用。吸附树脂容量较大，可处理 50～100 个地表水样。使用多次后，可用未接触过橡胶制品的新鲜去离子水做参比，在 220 nm 和 275 nm 处的吸光度应接近于零，否则需以甲醇再生。

（5）当水样中存在六价铬时，絮凝剂应采用氢氧化铝，并放置 0.5 h 以上再取上清液测定。

（6）因普通玻璃比色皿对紫外光有吸收，所以本实验一定要用石英比色皿比色，使用前要进行校正。

实验 14　水中总氮的测定

一、实验目的

（1）了解总氮的概念及总氮测定方法的类型。
（2）学习高压灭菌锅的使用。
（3）掌握过硫酸钾氧化-紫外分光光度法测定总氮的原理、操作方法及计算。

二、方法原理

在碱性介质条件下，使用过硫酸钾作氧化剂，在 120～124 ℃的温度下，过硫酸钾将水中的氨、亚硝酸盐和大部分的有机氮化合物氧化为硝酸盐，用紫外分光光度法测定硝酸盐氮含量，从而计算总氮含量。

三、实验仪器设备

（1）紫外-可见分光光度计。
（2）高压灭菌锅，压力 1.1～1.3 kg/cm²，相应温度 120～124 ℃。
（3）25 mL 具塞比色管。
（4）实验室其他常用仪器设备和玻璃器皿。

四、实验试剂与材料

本实验所用试剂除有特殊说明外，其余均为分析纯试剂，实验用水均为无氨水。
（1）无氨水：见本章实验 11 试剂（1）。
（2）氢氧化钠溶液（20%）：称取 20 g 氢氧化钠（NaOH）溶于 100 mL 无氨水中。
（3）碱性过硫酸钾溶液：称取 40 g 过硫酸钾（$K_2S_2O_8$），15 g 氢氧化钠（NaOH），溶于无氨水，并用无氨水稀释至 1000 mL。储存于聚乙烯瓶中，可保存一周。
（4）浓盐酸，$\rho=1.18$ g/mL。
（5）盐酸（1∶9）：1 体积浓盐酸加入 9 体积水中。
（6）硝酸盐氮标准储备液（$\rho_N=100$ μg/mL）：同本章实验 13 试剂（4）。
（7）硝酸盐氮标准使用液（$\rho_N=10.0$ μg/mL）：同本章实验 13 试剂（5）。

五、实验步骤

1. 标准曲线的绘制

(1) 分别准确吸取 0.00 mL、0.50 mL、1.00 mL、2.00 mL、3.00 mL、5.00 mL、7.00 mL、8.00 mL 含氮量为 10.0 μg/mL 的硝酸盐氮标准使用液于 25 mL 比色管中,用无氨水稀释至标线。

(2) 加入 5 mL 碱性过硫酸钾溶液,塞紧磨口塞,用纱布和棉线(绳)扎紧管塞,防止溶液溅出。

(3) 将比色管放入高压灭菌锅中,盖好外盖,加热使压力升至 1.1 kg/cm² 时开始计时,压力保持在 1.1~1.3 kg/cm² 之间,加热 30 min。

(4) 断电,自然冷却,开阀放气,打开外盖,取出比色管,冷却至室温。

(5) 打开比色管塞,加入 1 mL 盐酸(1:9),用无氨水稀释至标线,加塞摇匀。

(6) 在紫外-可见分光光度计上用 10 mm 石英比色皿,以无氨水为参比,在 220 nm 和 275 nm 波长处分别测定吸光度。

2. 水样的测定

准确吸取适量水样(含氮量为 20~80 μg),用无氨水稀释至标线,按标准曲线的绘制步骤 (2)~(6) 操作。

六、数据记录与处理

1. 标准曲线

本实验数据记录见表 2.14.1。

表 2.14.1　标准曲线数据

编　　号	0	1	2	3	4	5	6	7
硝酸盐氮标液体积/mL	0.00	0.50	1.00	2.00	3.00	5.00	7.00	8.00
硝酸盐氮含量/μg	0.0	5.0	10.0	20.0	30.0	50.0	70.0	80.0
A_{220}								
A_{275}								
$A_{220(硝酸盐)}=A_{220}-2A_{275}$								
$A_{校正}=A_{220(硝酸盐,i)}-A_{220(硝酸盐,0)}$	0							

以硝酸盐氮含量(μg)为 y,校正吸光度为 x,计算回归方程:$y=ax+b$,其中斜率 $a=$ _____,截距 $b=$ _____,相关系数 $R=$ _____。

2. 水样结果计算

测定时所取水样体积 $V_{水样}=$ _____ mL。

水样 $A_{220(硝酸盐,水样)}=A_{220(水样)}-2A_{275(水样)}$ _____,$A_{220(硝酸盐,水样)}$ 减去标准系列中 0 号管 $A_{220(硝酸盐)}$ 作为 x 代入回归方程,计算水样中的含氮量 y,记为 $m(\mu g)$。

水样中总氮浓度 c(以 N 计,mg/L)$=m/V=$ _____。

七、注意事项

(1) 比色管的磨口塞密合性较好,不漏气,加热前要捆扎好。使用高压灭菌锅时,冷却后放气要缓慢,以免比色管塞蹦出。

(2) 玻璃器皿要用 10% 的盐酸浸洗,再用蒸馏水、无氨水冲洗。

(3) 使用高压灭菌锅时,要检查密封性和排气阀,压力过高时要及时开阀放气。

(4) 若水样氧化后有沉淀,可吸取上清液测定。

实验 15　水中总磷的测定

一、实验目的

(1) 了解水样中总磷、溶解性正磷酸盐磷和溶解性总磷的测定方法。

(2) 熟悉水样预处理的方法。

(3) 熟悉钼锑抗分光光度法测定总磷的原理、操作过程及计算。

二、方法原理

在中性条件下用过硫酸钾(或硝酸-高氯酸)使水样消解,将所含磷化合物全部氧化为正磷酸盐。在酸性介质中,正磷酸盐与钼酸铵反应,在锑盐存在下生成磷钼杂多酸后,立即被抗坏血酸还原,生成蓝色的配合物。可在 700 nm 波长处比色测定。

三、实验仪器设备

(1) 医用手提式蒸汽消毒器或一般压力锅($1.1 \sim 1.4$ kg/cm^2)。

(2) 50 mL 具塞比色管。

(3) 分光光度计。

(4) 实验室其他常用仪器设备和玻璃器皿。

注:所有玻璃器皿均应用稀盐酸或稀硝酸浸泡。

四、实验试剂与材料

本实验所用试剂除另有说明外,其余均为分析纯试剂,实验用水均为蒸馏水或同等纯度的水。

(1) 浓硫酸,$\rho = 1.84$ g/mL。

(2) 浓硝酸,$\rho = 1.4$ g/mL。

(3) 高氯酸,$\rho = 1.68$ g/mL,优级纯。

(4) 硫酸溶液(1:1):1 体积浓硫酸缓慢加入 1 体积水中。

(5) 硫酸溶液[$c(1/2\ H_2SO_4) = 1$ mol/L]:将 27 mL 硫酸加入到 973 mL 水中。

(6) 氢氧化钠溶液[$c(NaOH) = 1$ mol/L]:将 40 g 氢氧化钠溶于水并稀释至 1000 mL。

(7) 氢氧化钠溶液[$c(NaOH) = 6$ mol/L]:将 240 g 氢氧化钠溶于水并稀释至 1000 mL。

(8) 过硫酸钾溶液(50 g/L):将 5 g 过硫酸钾($K_2S_2O_8$)溶解于水,并稀释至 100 mL。

(9) 抗坏血酸溶液(100 g/L):10 g 抗坏血酸($C_6H_8O_6$)溶解于 100 mL 水中。此溶液储于棕色的试剂瓶中,在冷处可稳定几周。若溶液呈黄色,应重新配制。

(10) 钼酸盐溶液:溶解 13 g 钼酸铵[$(NH_4)_6Mo_7O_{24} \cdot 4H_2O$]于 100 mL 水中;另溶解 0.35 g 酒石酸锑钾[$KSbC_4H_4O_7 \cdot H_2O$]于 100 mL 水中。在不断搅拌下把钼酸铵溶液徐徐加

到 300 mL 硫酸溶液(1∶1)中,再加入酒石酸锑钾溶液并且混合均匀。此溶液储存于棕色试剂瓶中,在冷处可保存两个月。

(11)浊度-色度补偿液:2 体积硫酸溶液(1∶1)和 1 体积抗坏血酸溶液混合,使用当天配制。

(12)磷标准储备液($\rho_P = 50.0\ \mu g/mL$):称取 0.2197 g 于 110 ℃干燥 2 h,在干燥器中放冷的优级纯磷酸二氢钾(KH_2PO_4),用水溶解后转移至 1000 mL 容量瓶中,加入大约 800 mL 水、5 mL 硫酸溶液(1∶1)用水稀释至标线并混匀,此溶液在玻璃瓶中可储存至少六个月。

(13)磷标准使用液($\rho_P = 2.0\ \mu g/mL$):取 10.00 mL 磷标准储备液于 250 mL 容量瓶,用水稀释至标线并混匀,此标准溶液使用当天配制。

(14)酚酞指示剂:0.5 g 酚酞溶于 50 mL 95%乙醇中。

五、实验步骤

1. 水样消解(实验时选择下列方法之一对水样进行消解)

(1)过硫酸钾消解:取 25.00 mL 混合均匀的水样于 50 mL 比色管中(含磷高时适量少取,加蒸馏水至 25 mL),加 4 mL 50 g/L 的过硫酸钾溶液,将比色管塞盖紧后,用纱布和棉线将玻璃塞扎紧,放在大烧杯中置于医用手提式蒸汽消毒器中加热,待压力达 1.1 kg/cm²(温度约为 120 ℃)时,保持 30 min 后停止加热。冷却后缓慢放气,待压力表读数降至零后,取出放冷,然后用水稀释至标线。

注:如用硫酸保存水样,当用过硫酸钾消解时,需先将水样调至中性。

(2)硝酸-高氯酸消解:取 25.00 mL 混合均匀的水样于 100 mL 锥形瓶中(含磷高时适量少取,加蒸馏水至 25 mL),加数粒玻璃珠,加 2 mL 浓硝酸在电热板上加热浓缩至 10 mL。稍冷后再加 5 mL 浓硝酸,再加热浓缩至 10 mL,冷却至室温。加 3 mL 高氯酸,加热至高氯酸冒白烟后,在锥形瓶上加小漏斗,调节电热板温度,使消解液在锥形瓶内壁保持回流状态,直至剩下 3~4 mL,冷却至室温。加水 10 mL,滴加 1 滴酚酞指示剂,滴加 6 mol/L 的氢氧化钠溶液至刚呈微红色,再滴加 1 mol/L 硫酸溶液使微红色刚好退去,充分混匀。移至 50 mL 比色管中,用水稀释至标线。

2. 空白试验

在水样消解的同时,取同样体积的蒸馏水代替水样,与水样同样操作,做空白消解试验。

3. 显色

分别向各份消解液(包括空白消解液)中加入 1 mL 抗坏血酸溶液混匀,30 s 后加 2 mL 钼酸盐溶液充分混匀。室温下放置 15 min 后测定吸光度。

注:如显色时室温低于 13 ℃,可在 20~30 ℃水浴锅中显色 15 min。

4. 吸光度的测定

使用光程为 30 mm 比色皿,在 700 nm 波长下,以水做参比,测定吸光度。扣除空白试验的吸光度后,从工作曲线上求得磷的含量。

5. 工作曲线的绘制

取 7 支 50 mL 比色管分别加入 0.00 mL、0.50 mL、1.00 mL、3.00 mL、5.00 mL、10.00 mL、15.00 mL 的磷标准使用液,加水至标线。然后按实验步骤 3、4 进行显色,测定吸光度。扣除零浓度管的吸光度后,与对应的磷的含量绘制工作曲线。

六、数据记录与处理

1. 工作曲线

本实验数据记录见表 2.15.1。

表 2.15.1　工作曲线数据

编　　号	0	1	2	3	4	5	6
磷标准使用液体积/mL	0.00	0.50	1.00	3.00	5.00	10.00	15.00
总磷含量/μg	0.0	1.0	2.0	6.0	10.0	20.0	30.0
吸光度 A							
$A_校 = A_i - A_0$(i 为 0~6)	0						

以总磷含量(μg)为 y，校正吸光度为 x，计算回归方程：$y = ax + b$，其中斜率 $a =$ _____，截距 $b =$ _____，相关系数 $R =$ _____。

2. 水样测定结果计算

消解时所取原水样体积 $V_{水样} =$ _____ mL。

水样吸光度 $A_s =$ _____，空白吸光度 $A_b =$ _____，水样校正吸光度 $A_r = A_s - A_b =$ _____。

将以 A_r 作 x 代入回归方程，计算水样中总磷含量 y，记为 m(μg)，水样总磷浓度 c_P(以 P 计，mg/L) $= m/V_{水样} =$ _____。

七、注意事项

(1) 用玻璃瓶采样，采样时，500 mL 水样加入 1 mL 浓硫酸调节水样的 pH≤1 或不加任何试剂冷藏保存。含磷量较少的水样，不要用塑料瓶采样，因塑料瓶壁易吸附磷酸盐。

(2) 硝酸-高氯酸消解水样时需要在通风橱中进行。高氯酸和有机物的混合物经加热易发生爆炸，有机物含量高时，需将试样先用硝酸消解，然后再加入硝酸-高氯酸进行消解。无水高氯酸加热液会爆炸，所以绝不可把消解液蒸干。

(3) 如消解后有残渣时，加适量水后，用滤纸过滤于比色管中，并用水充分清洗锥形瓶及残渣，一并过滤到比色管中。

(4) 如水样中含有浊度或色度时，需配制一个空白试样(消解后用水稀释至标线)，然后向试样中加入 3 mL 浊度-色度补偿液，但不加抗坏血酸溶液和钼酸盐溶液。然后从试样的吸光度中扣除该空白试样的吸光度，再计算。

(5) 水中砷大于 2 mg/L 时干扰测定，用硫代硫酸钠消除干扰。硫化物大于 2 mg/L 时干扰测定，可酸化通氮气去除。铬大于 50 mg/L 时干扰测定，用亚硫酸钠消除干扰。

(6) 水样未经过滤，取均匀水样消解测定，所得结果为总磷含量；水样经过滤，消解测定，所得结果为溶解性总磷含量；取过滤后水样，不消解，直接显色测定，所得结果为溶解性正磷酸盐磷含量。

实验 16　水中硫化物的测定(碘量法)

水中的硫化物包括溶解性的 H_2S、HS^-、S^{2-}，存在于悬浮物中的可溶性硫化物、酸可溶性金属硫化物以及未电离的有机、无机类硫化物。硫化氢易从水中逸散于空气中,产生臭味,且毒性很大,它可与人体内的细胞色素、氧化酶及该类物质中的二硫键(—S—S—)作用,影响细胞氧化过程,造成细胞组织缺氧,危及生命。因此,硫化物是水体污染的一项重要指标。在厌氧工艺中,一般采用碘量法测定硫化物,测定水中硫化物的方法还有对氨基二甲基苯胺分光光度法、电位滴定法、离子色谱法、极谱法、库仑滴定法、比浊法等,本实验采用碘量法。

一、实验目的

(1) 掌握用碘量法测定水中硫化物的原理、基本操作和计算。

(2) 分析影响实验结果准确度的因素。

(3) 了解硫化物测定的其他方法。

二、方法原理

硫化物在酸性条件下与过量的碘作用,再用硫代硫酸钠标准使用液滴定反应剩余的碘,以淀粉指示剂指示反应终点,然后根据硫代硫酸钠标准使用液的浓度和用量计算硫化物的含量。

$$S^{2-} + I_2 = S + 2I^- \tag{2.16.1}$$

$$I_2 + 2Na_2S_2O_3 = 2NaI + Na_2S_4O_6 \tag{2.16.2}$$

根据上述两个反应式,计算水样中硫化物浓度。

本方法适用于含硫化物不低于 1 mg/L 的水和污水的测定,当试样体积为 200 mL,用 0.0100 mol/L 硫代硫酸钠标准使用液滴定时,可用于含硫化物 0.40 mg/L 以上的水和污水的测定。

三、实验仪器设备

(1) 碘量法测定硫化物的酸化-吹气-吸收装置(图 2.16.1)。

(2) 恒温水浴锅。

(3) 碘量瓶。

(4) 酸式滴定管。

(5) 实验室其他常用仪器设备和玻璃器皿。

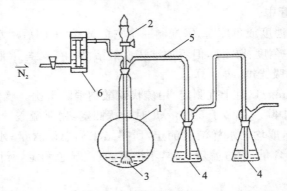

图 2.16.1　碘量法测定硫化物的酸化-吹气-吸收装置

1—500 mL 圆底反应烧瓶;2—加酸漏斗;3—多孔砂芯片;

4—吸收瓶;5—玻璃连接管(接口均为磨口);6—流量计

四、实验试剂与材料

本实验所用试剂除另有说明外,均使用分析纯试剂,水均为无氧纯水。

(1) 无氧纯水,去离子水中通入纯氮气至饱和,以除去水中氧气。

(2) 浓盐酸,$\rho=1.19$ g/mL。

(3) 浓磷酸,$\rho=1.69$ g/mL。

(4) 冰乙酸,$\rho=1.05$ g/mL。

(5) 盐酸(1∶1):1 体积浓盐酸加入 1 体积水中。

(6) 磷酸溶液(1∶1):1 体积浓磷酸加入 1 体积水中。

(7) 乙酸溶液(1∶1):1 体积冰乙酸加入 1 体积水中。

(8) 氢氧化钠溶液[$c(NaOH)=1$ mol/L]:40 g 氢氧化钠溶于 500 mL 水,稀释至 1000 mL。

(9) 乙酸锌溶液[$c(Zn(CH_3COO)_2)=1$ mol/L]:称取 220 g 乙酸锌 $Zn(CH_3COO)_2 \cdot 2H_2O$ 溶于水,并稀释至 1000 mL,若浑浊须过滤后使用。

(10) 重铬酸钾标准溶液[$c(1/6\ K_2Cr_2O_7)=0.1000$ mol/L]:称取 4.9030 g 在 105 ℃烘干 2 h 的优级纯重铬酸钾($K_2Cr_2O_7$)溶于水中,稀释至 1000 mL。

(11) 淀粉指示剂:称取 1 g 可溶性淀粉用少量水调成糊状,再用刚煮沸的水冲稀至 100 mL。

(12) 硫代硫酸钠标准储备液 [$c(Na_2S_2O_3)=0.1$ mol/L]。

① 配制:称取 20.45 g 五水硫代硫酸钠($Na_2S_2O_3 \cdot 5H_2O$)和 0.2 g 无水碳酸钠(Na_2CO_3)溶于水中,转移至 1000 mL 棕色容量瓶中,稀释至标线,摇匀。

② 标定:于 250 mL 碘量瓶内,加入 1 g 碘化钾(KI)及 50 mL 水,再加入重铬酸钾标准溶液 15.00 mL 和盐酸(1∶1)5 mL,密塞混匀。于暗处静置 5 min 后,用待标定的硫代硫酸钠标准储备液滴定至溶液呈淡黄色,加入 3 滴淀粉指示剂,继续滴定至蓝色刚好消失(30 s 内不再变蓝),记录硫代硫酸钠标准储备液用量,同时做空白滴定。

按式(2.16.3)计算硫代硫酸钠标准储备液的浓度(mol/L):

$$c(Na_2S_2O_3)=15.00\times0.1000/(V_1-V_2) \tag{2.16.3}$$

式中:V_1——滴定重铬酸钾标准溶液时消耗的硫代硫酸钠标准储备液的体积,mL;

V_2——滴定空白溶液时消耗的硫代硫酸钠标准储备液的体积,mL;

0.1000——重铬酸钾标准溶液的浓度,mol/L。

(13) 硫代硫酸钠标准使用液[$c(Na_2S_2O_3)=0.0100$ mol/L]:根据标定浓度,准确移取 10 mL 硫代硫酸钠标准储备液于 100 mL 棕色容量瓶中,用水稀释至标线,摇匀,使用时配制。

(14) 碘溶液[$c(1/2\ I_2)=0.10$ mol/L]:称取 12.70 g 碘(I_2)于 500 mL 烧杯中,加入 40 g 碘化钾(KI),加适量水溶解后,移至 1000 mL 棕色容量瓶中,稀释至标线,摇匀。

(15) 碘溶液[$c(1/2\ I_2)=0.01$ mol/L]:移取 10.00 mL $c(1/2\ I_2)=0.10$ mol/L 的碘溶液于 100 mL 棕色容量瓶中,用水稀释至标线,摇匀,使用前配制。

(16) 硫酸溶液(1∶5):1 体积浓硫酸加入 5 体积水中。

五、实验步骤

1. 水样的采集与保存

由于硫化物很容易氧化,硫化氢易从水样中逸出,因此在采集时应防止曝气,并加入一定量的乙酸锌溶液和氢氧化钠溶液,使水样呈碱性并生成硫化锌沉淀。通常 1 L 水样加入 1 mol/L 的乙酸锌[Zn(CH₃COO)₂]溶液 2 mL 和 1 mol/L 的氢氧化钠(NaOH)溶液 1 mL,水样完全充满采样瓶后立即加盖密闭(不能留有气泡),摇匀,应尽快测定,4 ℃下避光可保存一周。

注:硫化物含量高时,乙酸锌溶液可以适量增加,直到沉淀完全为止。

2. 测定

(1) 若水样中只含有少量硫代硫酸盐、亚硫酸盐等干扰物质时,将现场固定后的水样充分摇匀,取出 100 mL 用中速定量滤纸或玻璃纤维滤膜过滤,将硫化锌沉淀连同滤纸转入 250 mL 锥形瓶中,用玻璃棒搅碎,加 50 mL 水及 10.00 mL $c(1/2\ I_2)=0.01$ mol/L 的碘溶液,5 mL 硫酸溶液(1∶5),密塞摇匀暗处放置 5 min 后,用 $c(Na_2S_2O_3)=0.0100$ mol/L 的硫代硫酸钠标准使用液滴定至溶液呈淡黄色时,加入 1 mL 淀粉指示剂,继续滴定至蓝色刚好消失,记录用量,同时做空白试验。按式(2.16.4)计算硫化物含量(以 S 计,mg/L):

$$c=c(Na_2S_2O_3)\times(V_b-V_s)\times16.03\times1000/V \qquad (2.16.4)$$

式中:$c(Na_2S_2O_3)$——硫代硫酸钠标准使用液的浓度,mol/L;

V_b——空白试验硫代硫酸钠标准使用液的消耗量,mL;

V_s——样品滴定时硫代硫酸钠标准使用液的消耗量,mL;

16.03——(1/2 S²⁻)的摩尔质量,g/mol;

V——测定用水样体积。

(2) 若原水样中有悬浮物或浑浊度高、色度深时,在固定后的水样中加入一定量的磷酸溶液(1∶1),使水样中的硫化物转变为硫化氢气体,利用氮气将硫化氢吹出,用乙酸锌-乙酸钠溶液或 2% 的氢氧化钠溶液吸收,再测定。操作步骤如下:

①按图 2.16.1 连接好酸化-吹气-吸收装置,通氮气检查各部位气密性。

②分别取 2.5 mL 1 mol/L 乙酸锌溶液于两个吸收瓶中,用水稀释至 50 mL。

③将现场固定后的水样充分混匀,取出 200 mL 于反应瓶中,放入恒温水浴锅内(60～70 ℃),连接好导气管、加酸漏斗和吸收瓶,开启氮气源,以 400 mL/min 的流速连续吹氮气 5 min,驱除装置内的空气,关闭气源。

④向加酸漏斗中加入 20 mL 磷酸溶液(1∶1),打开加酸活塞,磷酸溶液全部流入反应瓶后,迅速关闭加酸活塞。

⑤开启氮气源,以 75～100 mL/min 的流速连续吹氮气 20 min,然后以 300 mL/min 的流速吹气 10 min,再以 400 mL/min 的流速吹气 5 min,将残留在装置中的硫化氢气体尽量吹出。

⑥于上述两个吸收瓶中,分别加入 10.00 mL $c(1/2\ I_2)=0.01$ mol/L 的碘溶液、5 mL 盐酸(1∶1),密塞,混匀,在暗处放置 10 min 后,用 $c(Na_2S_2O_3)=0.0100$ mol/L 的硫代硫酸钠标准使用液滴定至溶液呈淡黄色,加入 1 mL 淀粉指示剂,继续滴定至蓝色刚好消失为止。

⑦以蒸馏水代替吸收液,按步骤①～⑥操作,做空白试验。

⑧结果计算(以 S 计,mg/L):

$$c=c(Na_2S_2O_3)\times[2V_b-(V_{s_1}+V_{s_2})]\times16.03\times1000/V \qquad (2.16.5)$$

式中：Vs_1、Vs_2——1、2 级吸收液滴定时硫代硫酸钠标准使用液的消耗量，mL。

其他与式（2.16.4）中相同。

六、数据记录与处理

1. $c(Na_2S_2O_3)＝0.1\ mol/L$ 的硫代硫酸钠标准储备液的标定

重铬酸钾标准溶液：$c(1/6\ K_2Cr_2O_7)＝0.1000\ mol/L$，$V＝15.00\ mL$；滴定重铬酸钾标准溶液时硫代硫酸钠标准储备液用量 $V_1＝_____$ mL；滴定空白溶液时硫代硫酸钠标准储备液的用量 $V_2＝_____$ mL。按式（2.16.3）计算硫代硫酸钠标准储备液的准确浓度：$c(Na_2S_2O_3)＝_____$ mol/L。

10 倍稀释后硫代硫酸钠标准使用液的准确浓度：$c(Na_2S_2O_3)＝_____$ mol/L。

2. 实验步骤 2 中步骤（1）的测定结果计算

测定用水样体积 $V＝_____$ mL；空白试验硫代硫酸钠标准使用液的消耗量，$V_b＝_____$ mL；样品滴定时硫代硫酸钠标准使用液的消耗量 $V_s＝_____$ mL。

水样中硫化物含量（以 S 计，mg/L）按式（2.16.4）计算：$c＝_____$。

3. 实验步骤 2 中步骤（2）的测定结果计算

测定用水样体积 $V＝_____$ mL；空白试验硫代硫酸钠标准使用液的消耗量，$V_b＝_____$ mL；1 级吸收液滴定时硫代硫酸钠标准使用液的消耗量 $Vs_1＝_____$ mL；2 级吸收液滴定时硫代硫酸钠标准使用液的消耗量 $Vs_2＝_____$ mL。

水样中硫化物含量（以 S 计，mg/L）按式（2.16.5）计算：$c＝_____$。

七、注意事项

（1）当加入 10.00 mL 碘溶液后，溶液为无色，说明硫化物含量较高，应补加适量碘溶液，使溶液呈淡黄色为止，空白试验也应加入同样量的碘溶液。

（2）水样中含有硫代硫酸盐、亚硫酸盐等能与碘发生反应的还原性物质时，产生正干扰，用实验步骤 2 中步骤（1）的方法测定。悬浮物、浊度、色度及部分重金属离子也干扰测定，采用实验步骤 2 的步骤（2）测定，经酸化-吹气-吸收预处理可以消除悬浮物、浊度、色度的干扰。

（3）若水样污染严重，含有影响测定的不溶性物质和还原性物质，色度、浊度高，可将现场固定的样品用中速定量滤纸或玻璃纤维滤膜过滤，将沉淀连同滤纸转入酸化-吹气-吸收装置的反应瓶中，按酸化-吹气-吸收步骤预处理。

实验 17　水中氰化物的测定（异烟酸-吡唑啉酮分光光度法）

氰化物是指带有氰基（CN）的化合物。氰化物是剧毒物质，对水生生物和哺乳动物都具有非常强的毒性。环境中的氰化物主要来源于采矿、有色金属冶炼、有机合成、电镀、油漆、染料、橡胶等行业。

总氰化物是指在磷酸和乙二胺四乙酸（EDTA）的存在下，在 pH 值小于 2 的介质中，加热蒸馏，能形成氰化氢（HCN）的氰化物，包括全部简单氰化物（多为碱金属和碱土金属的氰化物、铵的氰化物）和绝大部分配合氰化物（锌氰配合物、铁氰配合物、镍氰配合物、铜氰配合物等），不包括钴氰配合物。

易释放氰化物是指在 pH＝4 的介质中，在硝酸锌存在下，加热蒸馏，能形成氰化氢

（HCN）的氰化物，包括全部简单氰化物（多为碱金属和碱土金属的氰化物，铵的氰化物）和锌氰配合物，不包括铁氰化物、亚铁氰化物、铜氰配合物、镍氰配合物、钴氰配合物。

一、实验目的

（1）了解水中氰化物的来源及危害。

（2）熟悉氰化物测定水样的采集与保存。

（3）熟悉氰化物测定水样的预处理方法。

（4）掌握异烟酸-吡唑啉酮分光光度法测定水中氰化物的原理、操作和计算。

二、方法原理

在中性条件下，样品中的氰化物与氯胺 T 反应生成氯化氰，再与异烟酸作用，经水解后生成戊烯二醛，最后与吡唑啉酮缩合生成蓝色染料，此蓝色染料对 638 nm 的光有吸收，且吸光度与氰化物的含量成正比，可进行定量测定。

该方法适用于自然水域、生活污水和工业废水中氰化物的测定，检出限为 0.004 mg/L，检测上限为 0.250 mg/L。

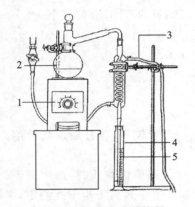

图 2.17.1　全玻璃蒸馏器

1—可调电炉；2—蒸馏瓶；3—冷凝水出水管；
4—馏出液接收瓶；5—馏出液导管

三、实验仪器设备

（1）可调电炉。

（2）全玻璃蒸馏器，如图 2.17.1 所示。

（3）分光光度计。

（4）25 mL 具塞比色管。

（5）25 mL 棕色滴定管。

（6）250 mL 锥形瓶。

（7）恒温水浴锅。

（8）实验室其他常用仪器设备和玻璃器皿。

四、实验试剂与材料

本实验所用试剂除了另有说明外，均使用分析纯试剂，实验用水为新制备的不含氰化物和活性氯的蒸馏水或去离子水。

（1）氢氧化钠溶液（2%）：称取 2 g 氢氧化钠（NaOH）溶于水，稀释至 100 mL。

（2）氢氧化钠溶液（1 g/L）：称取 1 g 氢氧化钠（NaOH）溶于水，稀释至 1000 mL。

（3）磷酸盐缓冲溶液（pH 值为 7）：称取 34.0 g 无水磷酸二氢钾（KH_2PO_4）和 35.5 g 无水磷酸氢二钠（Na_2HPO_4）于烧杯内，加水溶解后，稀释至 1000 mL，摇匀，置于冰箱中保存。

（4）氯胺 T 溶液（1%）：临用前，称取 0.5 g 氯胺 T（$C_7H_8ClNNaO_2S \cdot 3H_2O$）溶于水，并稀释至 50 mL，摇匀，储存于棕色瓶中。

注：氯胺 T 发生结块不易溶解，可致显色无法进行，必要时需用碘量法测定有效氯浓度。氯胺 T 固体试剂应注意保管条件以免迅速分解失效，勿受潮，最好冷藏。

（5）异烟酸-吡唑啉酮溶液：其配制过程如下。

①异烟酸溶液：称取 1.5 g 异烟酸（4-吡啶甲酸，$C_6H_5NO_2$）溶于 24 mL 2% 的氢氧化钠溶液中，加水稀释至 100 mL。

②吡唑啉酮溶液:称取 0.25 g 吡唑啉酮(1-苯基-3-甲基-5-吡唑啉酮,$C_{10}H_{10}N_2O$)溶于 20 mL N,N-二甲基甲酰胺[$HCON(CH_3)_2$]。

临用前,将吡唑啉酮溶液②和异烟酸溶液①按 1:5 混合均匀。

注:异烟酸配成溶液后如呈现明显淡黄色会使空白值增高,可过滤。为降低试剂空白值,实验中以选用无色的 N,N-二甲基甲酰胺为宜。

(6)氯化钠标准溶液[$c(NaCl)=0.0100$ mol/L]:将氯化钠(NaCl)基准试剂置于瓷坩埚中,经 500~600 ℃灼烧至无爆裂声后,在干燥器内冷却至室温,称取该氯化钠 0.5844 g 溶于水中,稀释定容至 1000 mL,摇匀。

(7)试银灵指示剂:称取 0.02 g 试银灵(对二甲氨基亚苄基罗丹宁,$C_{12}H_{12}N_2OS_2$)溶于丙酮,并加丙酮稀释至 100 mL,储存于棕色瓶并放置于暗处可稳定一个月。

(8)铬酸钾指示剂:称取 10.0 g 铬酸钾(K_2CrO_4)溶于少量水中,滴加硝酸银标准溶液至产生橙红色沉淀为止,放置过夜后,过滤,滤液用水稀释至 100 mL。

(9)硝酸银标准溶液[$c(AgNO_3)=0.01$ mol/L]:称取 1.699 g 硝酸银($AgNO_3$)溶于水,稀释至 1000 mL,摇匀,储存于棕色瓶中,使用前用氯化钠标准溶液标定,标定过程如下。

①吸取 0.0100 mol/L 氯化钠标准溶液 10.00 mL 于 250 mL 锥形瓶中,加入 50 mL 水,摇匀,滴加铬酸钾指示剂 3~5 滴,用待标定的硝酸银标准溶液滴定,边滴边摇动,直至溶液由黄色变成浅砖红色为止,记录硝酸银标准溶液用量 V(mL)。

②空白试验:取 60 mL 蒸馏水于另一锥形瓶中,滴加铬酸钾指示剂 3~5 滴,用待标定的硝酸银标准溶液滴定,边滴边摇动,直至溶液由黄色变成浅砖红色为止,记录硝酸银标准溶液用量 V_0(mL)。

③硝酸银标准溶液的浓度(mol/L)计算:

$$c(AgNO_3)=c(NaCl)\times10.00/(V-V_0) \tag{2.17.1}$$

式中:$c(NaCl)$——氯化钠标准溶液的浓度,mol/L;

　　10.00——氯化钠标准溶液的体积,mL。

(10)氰化钾标准储备液:其配制及标定过程如下。

①配制:称取 0.25 g 氰化钾(KCN)溶于 100 mL 1 g/L 的氢氧化钠溶液,避光储存于棕色瓶中。

②标定:吸取 10.00 mL 氰化钾标准储备液于锥形瓶中,加入 50 mL 水和 1 mL 2% 的氢氧化钠溶液,加入 0.2 mL 试银灵指示剂,用硝酸银标准溶液滴定,溶液由黄色刚好变为橙红色为止,记录硝酸银标准溶液用量 V_1(mL)。同时另取 10.00 mL 实验用水代替氰化钾标准储备液做空白试验,记录硝酸银标准溶液用量 V_0(mL),按式(2.17.2)计算氰化钾标准储备液的浓度(以 CN^- 计,mg/mL):

$$c=\frac{c(AgNO_3)(V_1-V_0)\times52.04}{10.00} \tag{2.17.2}$$

式中:$c(AgNO_3)$——硝酸银标准溶液浓度,mol/L;

　　52.04——氰离子($2CN^-$)的摩尔质量,g/mol;

　　10.00——取用氰化钾标准储备液体积,mL。

(11)氰化钾标准中间液($\rho(CN^-)=10.00$ μg/mL):由氰化钾标准储备液用 1 g/L 的氢氧化钠溶液稀释配制而成。

(12)氰化钾标准使用液($\rho(CN^-)=1.00$ μg/mL):临用前,吸取 10.00 mL 氰化钾标准中

间液于 100 mL 棕色容量瓶中,用 1 g/L 氢氧化钠溶液稀释到标线,摇匀。

(13) 磷酸,$\rho = 1.69$ g/mL。

(14) EDTA-2Na 溶液(10%):10.0 g 乙二胺四乙酸二钠($C_{10}H_{14}N_2O_8Na_2 \cdot 2H_2O$)溶于 100 mL 水中。

(15) 硝酸锌溶液(100 g/L):称取 10 g 六水合硝酸锌[$Zn(NO_3)_2 \cdot 6H_2O$]溶于 100 mL 水中。

(16) 酒石酸溶液(150 g/L):称取酒石酸($C_4H_6O_6$)15 g 溶于 100 mL 水中。

(17) 甲基橙指示剂:称取 0.05 g 甲基橙($C_{14}H_{14}N_2NaO_3S$)溶于水,稀释至 100 mL。

五、实验步骤

1. 水样的采集与保存

采样容器为聚乙烯塑料瓶或硬质玻璃瓶,事先用水清洗干净,干燥。在采样现场用所采水样润洗采样容器 2~3 次,采集 500 mL 水样,加入 0.25 g 固体氢氧化钠,水样酸度高时可适当多加,保证水样 pH≥12。水样带回实验室应立即测定,4 ℃下保存不超过 24 h。

2. 水样蒸馏

(1) 取 200 mL 水样于蒸馏瓶中(若氰化物含量高,可少取,用水稀释至 200 mL),加入 5~6 粒玻璃珠。

(2) 接收瓶中加入 10 mL 1%氢氧化钠溶液作为吸收液(水样中含有亚硫酸钠或碳酸钠时可用 10 mL 2%氢氧化钠溶液作为吸收液)。

(3) 参照图 2.17.1,连接好蒸馏装置,馏出液出口下端插入吸收液中,检查连接部位,使其严密,不能漏气。

(4) 测定总氰化物时的蒸馏:将 10 mL EDTA-2Na 溶液加入蒸馏瓶内,迅速加入 10 mL 磷酸,当样品碱度大时,可适当多加磷酸,使 pH 值小于 2,立即盖好瓶塞,打开冷凝水,打开可调电炉,由低挡逐渐升高,馏出液以 2~4 mL/min 速度进行加热蒸馏。测定易释放氰化物时的蒸馏:将 10 mL 硝酸锌溶液加入蒸馏瓶内,加入 7~8 滴甲基橙指示剂,再迅速加入 5 mL 酒石酸溶液,立即盖好瓶塞,使瓶内溶液保持为红色。打开冷凝水,打开可调电炉,电炉由低挡逐渐调至高挡,馏出液以 2~4 mL/min 速度进行加热蒸馏。

注:实验时,总氰化物和易释放氰化物可选其一测定。

(5) 接收瓶内溶液接近 100 mL 时,停止蒸馏,用少量水洗馏出液导管。取出接收瓶,用水稀释至标线,此碱性馏出液 A 待测定氰化物用。

(6) 空白试验:用 200 mL 实验用水代替样品,按步骤(1)~(5)操作,得到空白试验馏出液 B 待测定氰化物用。

3. 标准曲线绘制

(1) 取 8 支 25 mL 具塞比色管,分别加入氰化钾标准使用液 0.00 mL、0.20 mL、0.50 mL、1.00 mL、2.00 mL、3.00 mL、4.00 mL 和 5.00 mL,各加 1%的氢氧化钠溶液至 10 mL。

(2) 向各比色管中加入 5 mL 磷酸盐缓冲溶液,混匀,迅速加入 0.2 mL 氯胺 T 溶液,立即盖塞子,混匀,放置 3~5 min。

(3) 向各比色管中加入 5 mL 异烟酸-吡唑啉酮溶液,混匀,加水稀释至标线,摇匀,在 25~35 ℃的恒温水浴锅中放置 40 min。

(4) 用分光光度计,在 638 nm 波长下,用 10 mm 比色皿,以试剂空白(零浓度)作参比,测定吸光度,并绘制标准曲线。

4. 样品测定

分别吸取 10.00 mL 馏出液 A 和 10.00 mL 空白试验馏出液 B 于 25 mL 具塞比色管中,按步骤 3 中的(2)～(4)测定吸光度,从标准曲线上查出相应的氰化物含量。

六、数据记录与处理

1. 水样预处理

蒸馏时取原水样体积 $V_{水样}=$ _____ mL;馏出液总体积 $V_{馏出液}=$ _____ mL。

2. 标准曲线

本实验数据记录见表 2.17.1。

表 2.17.1　标准曲线数据

编　　　号	0	1	2	3	4	5	6	7
标准溶液体积/mL	0.00	0.20	0.50	1.00	2.00	3.00	4.00	5.00
含 CN^-/μg	0.00	0.20	0.50	1.00	2.00	3.00	4.00	5.00
吸光度 A_i($i=0\sim7$)								
校正吸光度 $A_S=A_i-A_0$	0							

以含 CN^-(μg)为 y,校正吸光度 A_S 为 x,计算回归方程:$y=ax+b$,其中斜率 $a=$ _____,截距 $b=$ _____,相关系数 $R=$ _____。

3. 水样浓度计算

显色时取馏出液体积 $V_A=V_B=$ _____ mL。水样馏出液吸光度 $A_A=$ _____,空白馏出液吸光度 $A_B=$ _____。

以 A_A-A_B 为 x,代入回归方程,计算 y(CN^-,μg)记作 m。

原水样含氰量 c(CN^-,mg/L)$=(m/V_A)\times(V_{馏出液}/V_{水样})=$ _____。

七、注意事项

(1) 当水样中含有大量硫化物时,应先加碳酸镉($CdCO_3$)或碳酸铅($PbCO_3$)固体粉末,形成 CdS 或 PbS 沉淀并过滤除去,滤液再加氢氧化钠固定。否则,在碱性条件下,氰离子和硫离子作用形成硫氰酸离子而干扰测定。

(2) 检验硫化物方法,可取 1 滴水样,放在乙酸铅试纸上,若变黑色(硫化铅),说明有硫化物存在。

(3) 若样品中存在活性氯等氧化剂,在蒸馏时,氰化物会被分解,使结果偏低,干扰测定。可量取两份体积相同的样品,向其中一份样品投加碘化钾-淀粉试纸 1～3 片,加硫酸酸化,用亚硫酸钠溶液滴至碘化钾淀粉试纸由蓝色变为无色为止,记下用量。另一份样品,不加试纸,仅加入上述用量的亚硫酸钠溶液,然后按蒸馏步骤蒸馏。

(4) 若样品中含有大量亚硝酸离子将干扰测定,可加入适量的氨基磺酸分解亚硝酸离子,一般 1 mg 亚硝酸离子需要加 2.5 mg 氨基磺酸,然后再蒸馏。

(5) 显色时,试样和标准曲线系列溶液中的氢氧化钠浓度要一致。

实验 18　水中挥发酚的测定

酚是水体环境重点控制的污染物,它会影响水生生物的正常生长,使水和水产品有异味。炼油、炼焦、煤气洗涤和某些化工厂排放的废水都含有酚类物质。酚可分为挥发酚与不挥发酚,本实验测定可被蒸馏的挥发酚。

一、实验目的

(1) 熟悉预蒸馏法消除水样中干扰物质的操作方法。

(2) 掌握 4-氨基安替比林比色法测定挥发酚的原理、操作方法及结果计算。

二、方法原理

用蒸馏法蒸馏出挥发性酚类化合物,与干扰物质和固定剂分离。被蒸馏出的酚类化合物在 pH 值为 10.0 ± 0.2 的介质中,在铁氰化钾存在时,与 4-氨基安替比林反应,生成橙红色的安替比林染料。当挥发酚的浓度低于 0.5 mg/L 时,可先用氯仿将安替比林染料从溶液中萃取出来,然后在 460 nm 波长处进行比色测定;如果挥发酚的浓度大于 0.5 mg/L 时,在水溶液中生成的橙红色安替比林染料可直接在 510 nm 处进行比色测定。

三、实验仪器设备

(1) 500 mL 全玻璃蒸馏器(参见本章实验 17 图 2.17.1)。

(2) 500 mL(锥形)分液漏斗。

(3) 分光光度计。

(4) 实验室其他常用仪器设备和玻璃器皿。

四、实验试剂与材料

本实验所用试剂未加说明时均为分析纯试剂,所用水均为无酚水。

(1) 无酚水:于每升蒸馏水中加入 0.2 g 经 200 ℃ 高温活化 30 min 的粉末活性炭,充分振摇后,放置过夜,用双层中速滤纸过滤,得无酚水。或在蒸馏水中加入氢氧化钠,使呈强碱性,并滴加高锰酸钾溶液至紫红色,移入全玻璃蒸馏器中加热蒸馏,馏出液为无酚水。

(2) 浓磷酸,$\rho=1.69$ g/mL。

(3) 浓盐酸,$\rho=1.19$ g/mL。

(4) 磷酸溶液(10%):取 10 mL 浓磷酸用水稀释至 100 mL。

(5) 硫酸铜溶液(10%):10 g 硫酸铜($CuSO_4$)溶于 100 mL 水中。

(6) 缓冲溶液(pH 值为 10.7):20 g 氯化铵(NH_4Cl)溶于 100 mL 浓氨水中,保存于冰箱中。

(7) 4-氨基安替比林溶液:称取 2 g 4-氨基安替比林($C_{11}H_{13}N_3O$)溶于水,稀释至 100 mL,保存于冰箱中,可使用 l 周。

(8) 铁氰化钾溶液(8%):称取 8 g 铁氰化钾($K_3[Fe(CN)_6]$)溶于水,稀释至 100 mL,置于冰箱可保存 1 周,颜色转深时即应重新配制。

(9) 氯仿。

(10) 溴酸钾-溴化钾溶液:称取 2.7840 g 干燥的溴酸钾($KBrO_3$)溶于水中,加入 10 g 溴化钾(KBr),稀释至 1000 mL。

(11) 淀粉指示剂:称取 1 g 可溶性淀粉,用少量水调成糊状,再用刚煮沸的水稀释至 100 mL。冷却后,加入 0.1 g 水杨酸或 0.4 g 氯化锌防腐。

(12) 硫代硫酸钠标准溶液$[c(Na_2S_2O_3)=0.0250 \text{ mol/L}]$:称取 6.2 g 硫代硫酸钠 $(Na_2S_2O_3 \cdot 5H_2O)$溶于煮沸放冷的水中,加 0.2 g 碳酸钠,用水稀释至 1000 mL,储于棕色瓶中,使用前用 0.0250 mol/L 重铬酸钾标准溶液标定(标定方法参见本章实验9)。

(13) 苯酚标准储备液$[\rho=1000 \text{ mg/L}]$:称取 1.00 g 无色苯酚(C_6H_5OH)溶于水中,稀释至 1000 mL。按下述方法标定,然后保存于冰箱内。

吸取 10.00 mL 苯酚标准储备液,置于 250 mL 碘量瓶中,加入 50 mL 水,随即加入 5 mL 浓盐酸,将瓶塞盖紧,缓缓旋转,加入 10.00 mL 溴酸钾-溴化钾溶液,静置 10 min,然后加入1 g 碘化钾。另取一碘量瓶加 10 mL 蒸馏水代替苯酚标准储备液按照上述方法配制空白溶液。加 0.5 mL 淀粉指示剂,用 0.0250 mol/L 硫代硫酸钠标准溶液滴定空白溶液和苯酚标准储备液。按式(2.18.1)计算苯酚标准储备液的准确浓度(mg/L):

$$\text{苯酚标准储备液的准确浓度}=(A-B)\times c\times 15.68\times 1000/V \qquad (2.18.1)$$

式中:A,B——分别为滴定空白溶液和苯酚标准储备液消耗硫代硫酸钠溶液的体积,mL;

c——硫代硫酸钠标准溶液的浓度,mol/L;

V——取苯酚标准储备液的体积,mL;

15.68——苯酚$(1/6 \ C_6H_5OH)$的摩尔质量,g/mol。

(14) 苯酚标准中间液$(10.0 \ \mu g/mL)$:临用时将苯酚标准储备液用水稀释成含苯酚(C_6H_5OH) 10.0 $\mu g/mL$ 的溶液。

(15) 苯酚标准使用液$(\rho=2.00 \ \mu g/mL)$:取苯酚标准中间液 50.00 mL,用水稀释至 250 mL。

(16) 甲基橙指示剂:称 0.1 g 甲基橙$(C_{14}H_{14}N_3SO_3Na)$溶于 100 mL 水中,摇匀。

五、实验步骤

1. 水样的蒸馏

取 250 mL 水样于 500 mL 蒸馏器中,加入 5 mL 10%的硫酸铜溶液,加甲基橙指示剂 3 滴,用 10%磷酸溶液调节到红色(pH 值在 4 以下),加玻璃珠 5~6 粒,立即接上冷凝装置,进行蒸馏。蒸馏液收集于 250 mL 容量瓶中,蒸馏液收集到近 225 mL 时停止加热。稍冷却后向蒸馏瓶中加入 25 mL 无酚水,继续蒸馏至馏出液为 250 mL 为止。同时用无酚水代替水样,做蒸馏空白试验。蒸馏液用氯仿萃取法或直接比色法测定。

2. 氯仿萃取法测定(当挥发酚含量小于 0.5 mg/L 时采用此法)

将蒸馏液倒入 500 mL 分液漏斗中,另外取 500 mL 分液漏斗 8 个,先加少量水,然后分别加入苯酚标准使用液 0.00 mL、0.50 mL、1.00 mL、3.00 mL、5.00 mL、7.00 mL、10.00 mL、15.00 mL,再加水至 500 mL。

于分液漏斗中分别加入 2.0 mL 缓冲溶液、1.5 mL 4-氨基安替比林溶液、1.5 mL 铁氰化钾溶液,摇匀。10 min 后加入 10.00 mL 氯仿,混匀,振荡 2 min,静置,分层后用脱脂棉擦干分液漏斗颈管内壁,于颈管内塞一小团干脱脂棉或滤纸,将氯仿层通过脱脂棉或滤纸过滤,弃去最初的几滴萃取液后,直接放入比色皿中,在 460 nm 波长用氯仿或水作为参比测定吸光度,扣除试剂空白吸光度后,绘制标准曲线(或计算回归方程)。

3. 直接比色法测定（当挥发酚含量超过 0.5 mg/L 时采用此法）

当酚含量超过 0.5 mg/L 时,蒸馏液可直接比色测定。即分别取适当体积蒸馏液（显色后其吸光度应处在标准曲线之内）和等体积空白蒸馏液于两支 50 mL 比色管中,加入 0.5 mL 缓冲溶液、1.0 mL 4-氨基安替比林溶液、1.0 mL 8％铁氰化钾溶液,摇匀,10 min 后在 510 nm 处,以无酚水作参比测定吸光度。

于一组 8 支 50 mL 比色管中,分别加入苯酚标准使用液 0.00 mL、0.50 mL、1.00 mL、3.00 mL、5.00 mL、7.00 mL、10.00 mL、12.50 mL,加无酚水至标线,加入 0.5 mL 缓冲溶液、1.0 mL 4-氨基安替比林溶液、1.0 mL 8％的铁氰化钾溶液,摇匀,10 min 后在 510 nm 处,以无酚水作参比测定吸光度。

六、数据记录与处理

1. 标准曲线

将实验所得数据记入表 2.18.1。

表 2.18.1　标准曲线数据

编　　　号	1	2	3	4	5	6	7	8
苯酚标准使用液/mL	0.00	0.50	1.00	3.00	5.00	7.00	10.00	12.50
含酚量/μg	0.00	1.00	2.00	6.00	10.00	14.00	20.00	25.00
吸光度 A_i(i 为 1～8)								
校正吸光度 $A_r = A_i - A_0$								

以上表中含酚量（μg）为 y,A_r 为 x,计算直线回归方程:$y = ax + b$,其中斜率 $a = $ _____;截距 $b = $ _____;相关系数 $R = $ _____。

2. 样品测定结果

样品馏出液显色时所取体积 $V = $ _____ mL;吸光度 $A_s = $ _____。

空白馏出液显色时所取体积 $V_0 = V = $ _____ mL;吸光度 $A_b = $ _____。

以 $x = A_s - A_b$ 代入回归方程,计算对应的 y(μg) = _____,记作 m。

样品中挥发酚的含量 c(以苯酚计,mg/L) = $m/V = $ _____。

七、注意事项

(1) 水样中酚类化合物不稳定,取样后应在 4 h 内进行测定,否则要于每升水样中加 5 mL 的 40％氢氧化钠溶液或 2 g 固体氢氧化钠以防挥发。

(2) 如水样中有氧化物（可加入碘化钾及酸,看其是否有游离碘来检验）,可加入过量的硫酸亚铁除去;如有硫化物可用硫酸把水样调至 pH＝4.0,搅拌曝气,再每 1000 mL 水样加入 1 g 硫酸铜,产生硫化铜沉淀过滤去除。

实验 19　水中矿物油的测定

一、重量法

1. 实验目的

(1) 了解重量法测定水样中含油量的原理。

（2）掌握萃取操作方法。

2. 方法原理

以硫酸酸化水样，用石油醚萃取矿物油，蒸发除去石油醚后，称其重量。

此法测定的是酸化样品中可被石油醚萃取的且在试验过程中不挥发的物质总量。溶剂去除时，轻质油有明显损失。由于石油醚对油有选择地溶解，因此，石油中的较重成分可能不被溶剂萃取。

3. 实验仪器设备

（1）电子天平。

（2）烘箱。

（3）恒温水浴锅。

（4）1000 mL 分液漏斗。

（5）干燥器。

（6）直径 11 cm 中速定性滤纸。

（7）实验室其他常用仪器设备和玻璃器皿。

4. 实验试剂与材料

本实验所用试剂未加说明时均为分析纯试剂，所用水均为蒸馏水。

（1）石油醚：将石油醚（沸程 30～60 ℃）重蒸馏后使用，100 mL 石油醚的蒸干残渣应不大于 0.2 mg。

（2）无水硫酸钠（Na_2SO_4）：在 300 ℃ 马弗炉中烘 1 h，冷却后装瓶备用。

（3）浓硫酸，$\rho=1.84$ g/mL。

（4）硫酸溶液（1∶1）：取 1 体积浓硫酸在搅拌情况下缓慢加入 1 体积水中。

（5）氯化钠（NaCl）。

5. 实验步骤

（1）在采样瓶上做一容量记号后（以便测量水样体积），采集 1000 mL 水，用硫酸溶液（1∶1）酸化，使 pH<2。全部转移至分液漏斗中，按水样量的 8% 加入氯化钠，用 25 mL 石油醚洗涤采样瓶并转入分液漏斗中，充分摇匀 3 min，静置分层并将水层放入原采样瓶内，石油醚层转入 100 mL 锥形瓶中。再用石油醚重复萃取水样两次，每次用量 25 mL，合并三次萃取液于锥形瓶中。

（2）向石油醚萃取液中加入适量无水硫酸钠（加入至不再结块为止），加盖后，放置 0.5 h 以上，以便脱水。

（3）用预先用石油醚洗涤过的定性滤纸过滤，收集滤液于 100 mL 已烘干至恒重的烧杯中，用少量石油醚洗涤锥形瓶、硫酸钠和滤纸，洗涤液并入烧杯中。

（4）将烧杯置于（65±5）℃ 恒温水浴锅中，蒸出石油醚。近干后再置于（65±5）℃ 烘箱内烘干 1 h，然后放入干燥器中冷却 30 min，称量。

6. 数据记录与处理

水样体积 $V=$ _____ mL；烧杯重量 $m_2=$ _____ g；烧杯加油总重量 $m_1=$ _____ g。

按式（2.19.1）计算水样的含油量（mg/L）：

$$含油量 = (m_1-m_2)\times10^6/V \qquad (2.19.1)$$

7. 注意事项

(1) 分液漏斗的活塞不要涂凡士林。

(2) 测定废水中石油类时,若含有大量动、植物性油脂,应取内径 20 mm、长 300 mm 且一端呈漏斗状的硬质玻璃管,填装 100 mm 厚活性层析氧化铝(在 150～160 ℃活化 4 h,未完全冷却前装好柱),然后用 10 mL 石油醚清洗。将石油醚萃取液通过层析柱,除去动、植物性油脂,收集流出液于烧杯中。

(3) 采样瓶应为清洁玻璃瓶,用洗涤剂清洗干净(不要用肥皂)。应定量采样,并将水样全部移入分液漏斗测定,以减少附着于容器壁上的油而引起误差。

(4) 石油醚是易挥发易燃物质,蒸发时最好在通风橱或抽风口下进行,切记不能有明火或火花出现! 气温高时,石油醚试剂瓶内压力大,开启时要小心。

二、紫外分光光度法

1. 实验目的

掌握紫外分光光度法测定水样中矿物油含量的基本原理和操作。

2. 方法原理

石油及其产品在紫外光区有特征吸收,带有苯环的芳香族化合物,主要吸收波长为 250～260 nm;带有共轭双键的化合物主要吸收波长为 215～230 nm。一般原油的两个主要吸收波长为 225 nm 及 254 nm。石油产品中,如燃料油、润滑油等的吸收峰与原油相近。因此,波长的选择应视实际情况而定,原油和重质油可选 254 nm,而轻质油及炼油厂的油品可选 225 nm。

标准油采用受污染地点水样中的石油醚萃取物。如有困难可采用 15 号机油、20 号重柴油或环保部门批准的标准油。

3. 实验仪器设备

(1) 紫外-可见分光光度计(具 215～256 nm 波长)。

(2) 10 mm 石英比色皿。

(3) 1000 mL 分液漏斗。

(4) 50 mL、100 mL 容量瓶。

(5) G3 型或 25 mL 玻璃砂芯漏斗。

(6) 实验室其他常用仪器设备和玻璃器皿。

4. 实验试剂与材料

(1) 标准油品:用经脱芳烃并重蒸馏过的 30～60 ℃石油醚,从待测水样中萃取油品,经无水硫酸钠脱水后过滤。将滤液置于(65±5) ℃恒温水浴锅中蒸出石油醚,然后置于(65±5) ℃烘箱内赶尽残留的石油醚,即得标准油品。

(2) 标准油储备液:准确称取标准油品 0.100 g 溶于石油醚中,移入 100 mL 容量瓶内,稀释至标线,储于冰箱中,此溶液每毫升含 1.00 mg 油。

(3) 标准油使用溶液:临用前把上述标准油储备液用石油醚稀释 10 倍,此液每毫升含 0.10 mg 油。

(4) 无水硫酸钠(Na_2SO_4):在 300 ℃下烘 1 h,冷却后装瓶备用。

(5) 脱芳烃石油醚(60～90 ℃馏分):将 60～100 目粗孔微球硅胶和 70～120 目中性层析

氧化铝(在 150~160 ℃活化 4 h),在末完全冷却前装入内径 25 mm、高 750 mm 的玻璃柱中(其他规格也可),硅胶层高 600 mm,上面覆盖 50 mm 厚的氧化铝。将 60~90 ℃石油醚通过此柱以脱除芳烃。收集石油醚于细口瓶中,以水为参比,在 225 nm 处测定处理过的石油醚,其透光率不应小于 80%。

(6) 浓硫酸,$\rho = 1.84$ g/mL。

(7) 硫酸溶液(1∶1):取 1 体积浓硫酸在搅拌情况下缓慢加入 1 体积水中。

(8) 氯化钠(NaCl)。

5. 实验步骤

(1) 向 7 个 50 mL 容量瓶中,分别加入 0.00 mL、2.00 mL、4.00 mL、8.00 mL、12.00 mL、20.00 mL 和 25.00 mL 标准油使用溶液,用脱芳烃石油醚(60~90 ℃)稀释至标线。在选定波长处,用 10 mm 石英比色皿,以脱芳烃石油醚为参比测定吸光度,经空白校正后,绘制标准曲线。

(2) 将已测量体积的水样,仔细移入 1000 mL 分液漏斗中,加入硫酸溶液(1∶1)5 mL 酸化(若采样时已酸化,则不需加酸),按水量的 2% 加入氯化钠,用 20 mL 脱芳烃石油醚(60~90 ℃馏分)清洗采样瓶后,移入分液漏斗中。充分振摇 3 min,静置使之分层,将水层移入采样瓶内。

(3) 将脱芳烃石油醚萃取液通过内铺约 5 mm 厚无水硫酸钠层的砂芯漏斗,滤入 50 mL 容量瓶内。

(4) 将水层移回分液漏斗内用 20 mL 石油醚重复萃取一次,同上操作。然后用 10 mL 脱芳烃石油醚洗涤漏斗,其洗涤液均收集于同一容量瓶内,并用脱芳烃石油醚稀释至标线。

(5) 在选定的波长处,用 10 mm 石英比色皿,以脱芳烃石油醚为参比,测量其吸光度。

(6) 取与水样相同体积的纯水,与水样同样操作,进行空白试验,测量吸光度。

(7) 由水样测得的吸光度减去空白试验的吸光度后,从标准曲线上查出相应的油含量。

6. 数据记录与处理

1) 标准曲线数据

标准曲线数据记录见表 2.19.2。

表 2.19.2　标准曲线数据

编　　号	1	2	3	4	5	6	7
标准油使用溶液/mL	0.00	2.00	4.00	8.00	12.00	20.00	25.00
含油量/mg	0.00	0.20	0.40	0.80	1.20	2.00	2.50
吸光度 A	0						

以含油量(mg)为 y,吸光度 A 为 x,计算直线回归方程:$y = ax + b$。其中斜率 $a =$ _____;截距 $b =$ _____;相关系数 $R =$ _____。

2) 水样测定数据

水样体积 V(mL) = _____;水样吸光度 A_s = _____;空白吸光度 A_b = _____;$A_s - A_b$ = _____。

以 $A_s - A_b$ 为 x,代入回归方程,计算相应 y(即含油量 m)。式(2.19.2)计算水样的含油量(mg/L)。

$$含油量 = m \times 1000/V \qquad (2.19.2)$$

7. 注意事项

除了重量法中的注意事项外,还应注意以下事项:

(1) 不同油品的特征吸收峰不同,如难以确定测定的波长时,可向 50 mL 容量瓶中移入标准油使用溶液 20～25 mL,用石油醚稀释至标线,在波长为 215～300 nm 处,用 10 mm 石英比色皿测得吸收光谱图(以吸光度为纵坐标,波长为横坐标的吸光度曲线),得到最大吸收峰的位置,一般在 220～225 nm。

(2) 使用的器皿应避免有机物污染。

(3) 水样及空白测定所使用的石油醚应为同一批号,否则会由于空白值不同而产生误差。

(4) 如石油醚纯度较低或缺乏脱芳烃条件,亦可采用己烷作萃取剂。把己烷进行重蒸馏后使用或用水洗涤 3 次,以除去水溶性杂质。以水作参比,于波长 225 nm 处测定,其透光率大于 80% 方可使用。

(5) 水样加入 1～5 倍含油量的苯酚,对测定结果无干扰;动、植物性油脂的干扰作用比红外线法小。用塑料桶采集或保存水样,会引起测定结果偏低。

实验 20　二乙基二硫代氨基甲酸银分光光度法测定水中的总砷

一、实验目的

(1) 掌握二乙基二硫代氨基甲酸银分光光度法测定水样中总砷的原理、操作及结果计算。

(2) 掌握测量总砷的水样消解方法。

二、方法原理

总砷是指单体形态、无机和有机化合物中砷的总量。测定前用硫酸-硝酸消解水样,将水样中各种形态的砷转化为五价砷,在碘化钾和氯化亚锡存在下,使五价砷还原为三价砷,三价砷被由金属锌与酸反应生成的新生态氢还原成气态砷化氢(胂);用二乙基二硫代氨基甲酸银-三乙醇胺的氯仿溶液吸收砷化氢,生成红色胶体银,在波长 530 nm 处,测量吸收液的吸光度,用标准曲线法定量。

当水样为 50 mL,比色皿为 10 mm 时本方法检测范围为 0.007～0.500 mg/L,当浓度超过 0.500 mg/L 时须用无砷水稀释后再测定。

三、实验仪器设备

(1) 分光光度计。

(2) 10 mm 比色皿。

(3) 砷化氢发生与吸收装置,如图 2.20.1 所示。

(4) 实验室其他常用仪器设备和玻璃器皿。

四、实验试剂与材料

本实验所用试剂未加说明时均为分析纯试剂,所用水均为蒸馏水(试剂和水中砷的含量可忽略不计)。

(1) 二乙基二硫代氨基甲酸银($C_5H_{10}NS_2Ag$)。

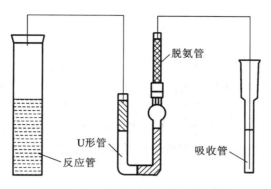

图 2.20.1　砷化氢发生与吸收装置

（2）三乙醇胺[(HOCH$_2$CH$_3$)$_3$N]。

（3）氯仿。

（4）无砷锌粒(10～20 目)。

（5）浓盐酸，$\rho=1.19$ g/mL。

（6）浓硝酸，$\rho=1.40$ g/mL。

（7）浓硫酸，$\rho=1.84$ g/mL。

（8）硫酸溶液[c(1/2 H$_2$SO$_4$)$=2$ mol/L]：取 50 mL 浓硫酸缓慢加入 900 mL 水中，边加边搅拌。

（9）氢氧化钠溶液(2 mol/L)：称取 40 g 氢氧化钠(NaOH)溶于 500 mL 水中。

（10）碘化钾溶液(150 g/L)：将 15 g 碘化钾(KI)溶于水并稀释至 100 mL，储存在棕色玻璃瓶中，此溶液至少可稳定一个月。

（11）氯化亚锡溶液：称取 40 g 氯化亚锡(SnCl$_2$·2H$_2$O)，溶于 40 mL 浓盐酸中，溶液澄清后，用水稀释到 100 mL，加数粒金属锡保存。

（12）硫酸铜溶液(150 g/L)：将 15 g 硫酸铜(CuSO$_4$·5H$_2$O)溶于水并稀释至 100 mL。

（13）乙酸铅溶液(80 g/L)：将 8 g 乙酸铅(Pb(CH$_3$COO)$_2$·3H$_2$O)溶于水中并稀释至 100 mL。

（14）乙酸铅棉花：将 10 g 脱脂棉浸于 100 mL 乙酸铅溶液中，浸透后取出风干。

（15）吸收液：将 0.25 g 二乙基二硫代氨基甲酸银(C$_5$H$_{10}$NS$_2$Ag)用少量氯仿溶成糊状，加入 2 mL 三乙醇胺，再用氯仿稀释至 100 mL。用力振荡使尽量溶解，静置暗处 24 h 后，倾出上清液或用定性滤纸过滤，储于棕色玻璃瓶，并保存于冰箱中。

（16）砷标准储备液($\rho_{As}=100.0$ μg/mL)：准确称量 0.1320 g 在硅胶干燥器中预先干燥至恒重的三氧化二砷(As$_2$O$_3$)溶于 5 mL 2 mol/L 氢氧化钠溶液中，溶解后加入 10 mL c(1/2 H$_2$SO$_4$)$=2$ mol/L 的硫酸溶液，转移至 1000 mL 容量瓶中，用去离子水定容至 1000 mL。

注：也可购买有证标准溶液。

（17）砷标准使用液($\rho_{As}=1.00$ μg/mL)：取 10.00 mL 砷标准储备液于 1000 mL 容量瓶中，用水稀释至刻度。

（18）无砷锌粒。

五、实验步骤

1. 水样的预处理

取 50 mL 水样或适量水样稀释至 50 mL(含 As≤25 μg),置于砷化氢发生瓶中,加入 4 mL 浓硫酸和 5 mL 浓硝酸,在通风橱内煮沸消解至产生白色烟雾。如溶液仍不清澈,可再加 5 mL 浓硝酸,继续加热至产生白色烟雾,直至溶液清澈为止(其中可能存在乳白色或淡黄色酸不溶物)。冷却后,小心加入 25 mL 水,再加热至产生白色烟雾,赶尽氮氧化物,冷却后,加水使总体积为 50 mL。注意在消解破坏有机物的过程中,勿使溶液变黑,否则可能损失了砷。

2. 水样的测定

将消解后的水样转移到反应管中(图 2.20.1),加入 4 mL 碘化钾溶液和 2 mL 氯化亚锡溶液(如果水样未经消化,应先加 4 mL 浓硫酸),摇匀,放置 15 min。取 5.0 mL 吸收液于干燥的吸收管中,插入导管,在反应管中加入 1 mL 硫酸铜溶液和 4 g 无砷锌粒,立即将导管与发生瓶连接,保证连接处不漏气。在室温下反应 1 h,使砷化氢完全释放出。

注:以上操作在通风橱内进行。

加入氯仿于吸收液中,使体积补足到 5.00 mL。用 10 mm 比色皿在 530 nm 处以氯仿为参比测定吸光度。

3. 空白试验

取 50 mL 蒸馏水(无砷水)代替水样按照步骤 1 和 2 做空白试验。

4. 标准系列的测定

取 8 个砷化氢发生瓶(图 2.20.1 所示的反应管),分别加入 0.00 mL、1.00 mL、2.50 mL、5.00 mL、10.00 mL、15.00 mL、20.00 mL 及 25.00 mL 砷标准使用液(含砷 1.00 μg/mL),并加水到 50 mL。于上述砷化氢发生瓶中,分别加入 4 mL 硫酸,以下操作按步骤 2 进行。

六、数据记录与处理

1. 数据记录

取原水样体积为 V_0(mL)= _____ ;吸光度 A_s = _____ ;空白吸光度 A_b = _____ ;$A_s - A_b$ = _____ 。

标准曲线数据见表 2.20.1。

表 2.20.1　标准曲线数据

编　　号	1	2	3	4	5	6	7	8
砷标准使用液体积/mL	0.00	1.00	2.50	5.00	10.00	15.00	20.00	25.00
含砷量/μg	0.00	1.00	2.50	5.00	10.00	15.00	20.00	25.00
吸光度 A_i(i 为 1~8)								
校正吸光度 $A_i - A_1$	0							

2. 数据处理

以含砷量为 y,校正吸光度为 x,计算直线回归方程:$y = ax + b$。其中斜率 a = _____ ,截距 b = _____ ,相关系数 R = _____ 。

以 $A_s - A_b$ 为 x 代入直线回归方程计算 y,y 值为样品中的含砷量 m(μg)。

原水样砷含量 $c(mg/L)$ 按式(2.20.1)计算：

$$c = m/V_0 \qquad\qquad (2.20.1)$$

七、注意事项

(1) 水样的消解及砷化氢的发生与吸收都应在通风橱内进行,反应装置应严密不漏气。

(2) 水样应做平行测定,取平行测定结果的算术平均值报告砷的含量,结果以两位或三位有效数字表示。

实验 21　二苯碳酰二肼分光光度法测定废水中的六价铬

铬化合物的常见价态有三价和六价,水体中六价铬一般以 CrO_4^{2-}、$HCr_2O_7^-$、$Cr_2O_7^{2-}$ 三种阴离子形式存在。受水体 pH 值、温度、氧化还原物质、有机物等因素的影响,三价铬和六价铬化合物可以互相转化。

铬是生物体必需的微量元素之一。铬的毒性与其存在价态有关,六价铬具有强毒性,通常认为六价铬的毒性比三价铬大 100 倍。但对鱼类来说,三价铬化合物的毒性比六价铬大。

水中铬的测定方法主要有二苯碳酰二肼分光光度法、原子吸收分光光度法、硫酸亚铁铵滴定法等。分光光度法是国内外的标准方法;滴定法适用于含铬量较高的水样。本实验主要选用二苯碳酰二肼分光光度法,此方法适用于地表水和工业废水中六价铬的测定。

一、实验目的

(1) 学习和掌握六价铬的测定原理、操作方法及结果计算。

(2) 学习水样的处理方法。

(3) 进一步熟悉分光光度计的使用。

二、方法原理

在酸性介质中,六价铬与二苯碳酰二肼(又称二苯卡巴肼)反应,生成紫红色配合物,于 540 nm 波长处测定吸光度,用标准曲线法定量,求出水样中六价铬的含量,六价铬含量以三位有效数字表示。

$$ (2.21.1) $$

方法的最低检出浓度(取 50 mL 水样,10 mm 比色皿时)为 0.004 mg/L,测定上限为 1 mg/L。

三、实验仪器设备

(1) 分光光度计。

（2）500 mL 及 1000 mL 容量瓶。

（3）50 mL 比色管。

（4）实验室其他常用仪器设备和玻璃器皿。

四、实验试剂与材料

本实验所用试剂未加说明时均为分析纯试剂，所用水均为蒸馏水。

（1）丙酮。

（2）浓硫酸，$\rho = 1.84$ g/mL。

（3）浓磷酸，$\rho = 1.69$ g/mL。

（4）硫酸溶液（1∶1）：1 体积浓硫酸缓慢加入 1 体积水中，混匀。

（5）磷酸溶液（1∶1）：1 体积浓磷酸缓慢加入 1 体积水中，混匀。

（6）氢氧化钠溶液（4 g/L）：1 g 氢氧化钠（NaOH）溶于水，稀释至 250 mL。

（7）高锰酸钾溶液（40 g/L）：在加热和搅拌情况下将 4 g 高锰酸钾（$KMnO_4$）溶于水，稀释至 100 mL。

（8）硫酸锌溶液（80 g/L）：8 g 硫酸锌（$ZnSO_4 \cdot 7H_2O$）溶于 100 mL 水中。

（9）氢氧化钠溶液（20 g/L）：2.4 g 氢氧化钠溶于 120 mL 水。

（10）氢氧化锌共沉淀剂：用时将 100 mL 80 g/L 硫酸锌（$ZnSO_4 \cdot 7H_2O$）溶液和 120 mL 20 g/L 氢氧化钠溶液混合。

（11）铬标准储备液（$\rho_{Cr} = 100$ μg/mL）：称取于 110 ℃ 干燥 2 h 的重铬酸钾（$K_2Cr_2O_7$，优级纯）0.2829 g，用水溶解后，移入 1000 mL 容量瓶中，用水稀释至标线，摇匀。

（12）铬标准使用液 A（$\rho_{Cr} = 1.00$ μg/mL）：吸取 5.00 mL 铬标准储备液置于 500 mL 容量瓶中，用水稀释至标线，摇匀，使用时当天配制。

（13）铬标准使用液 B（$\rho_{Cr} = 5.00$ μg/mL）：吸取 25.00 mL 铬标准储备液置于 500 mL 容量瓶中，用水稀释至标线，摇匀，使用时当天配制。

（14）尿素溶液（200 g/L）：20 g 尿素（NH_2CONH_2）溶于水。

（15）亚硝酸钠溶液（20 g/L）：20 g 亚硝酸钠（$NaNO_2$）溶于水。

（16）显色剂 A：0.2 g 二苯碳酰二肼（$Cl_3H_{14}N_4O$）溶于 50 mL 丙酮中，加水稀释到 100 mL，摇匀，储于棕色瓶，置冰箱中保存（色变深后，不能使用）。

（17）显色剂 B：2 g 二苯碳酰二肼溶于 50 mL 丙酮中，置冰箱中（色变深后，不能使用）。

五、实验步骤

1. 水样采集

用玻璃瓶采集具有代表性的水样。采样时，用 4 g/L 的氢氧化钠溶液调节 pH 值约为 8。

2. 水样预处理

（1）水样中不含悬浮物、低色度的清洁地表水可直接测定，不需预处理。

（2）色度校正：当水样有色但不太深时，另取一份水样，以 2 mL 丙酮代替显色剂，其他步骤同步骤（4）。水样测得的吸光度扣除此色度校正吸光度后，再行计算。

（3）对浑浊、色度较深的水样可用锌盐沉淀分离法进行前处理：取适量水样（含六价铬少于 100 μg）于 150 mL 烧杯中，加水至 50 mL，用 4 g/L 的氢氧化钠溶液调节 pH 值为 7～8。在不断搅拌下，滴加氢氧化锌共沉淀剂至溶液 pH 值为 8～9。将此溶液转移至 100 mL 容量瓶中,用水稀释至标线。用慢速滤纸过滤,弃去 10~20 mL 初滤液,取其中 50.0 mL 滤液供测定。

(4) 二价铁、亚硫酸盐、硫代硫酸盐等还原性物质的消除:取适量水样(含六价铬少于 50 μg)于 50 mL 比色管中,用水稀释至标线,加入 4 mL 显色剂 B 混匀,放置 5 min 后,加入 1 mL 硫酸溶液(1∶1)摇匀。5~10 min 后,在 540 nm 波长处,用 10 mm 或 30 mm 光程的比色皿,以水做参比,测定吸光度。减去空白试验测得的吸光度后,从标准曲线查得六价铬含量,用同样方法作标准曲线。

(5) 次氯酸盐等氧化性物质的消除:取适量水样(含六价铬少于 50 μg)于 50 mL 比色管中,用水稀释至标线,加入 0.5 mL 硫酸溶液(1∶1)、0.5 mL 磷酸溶液(1∶1)、1.0 mL 尿素溶液,摇匀,逐滴加入 1 mL 亚硝酸钠溶液,边加边摇,以除去由过量的亚硝酸钠与尿素反应生成的气泡,待气泡除尽后,再加显色剂显色、测定吸光度(同步骤(4)但不加硫酸溶液)。

3. 测定

(1) 空白试验:用 50 mL 蒸馏水代替水样,按与水样完全相同的处理步骤进行空白试验。

(2) 测定:取适量(含六价铬少于 50 μg)无色透明水样,置于 50 mL 比色管中,用水稀释至标线。加入 0.5 mL 硫酸溶液(1∶1)和 0.5 mL 磷酸溶液(1∶1),摇匀。加入 2 mL 显色剂 A,摇匀放置 5~10 min 后,在 540 nm 波长处,用 10 mm 或 30 mm 的比色皿,以水作参比,测定吸光度,扣除空白试验测得的吸光度后,从标准曲线上查得六价铬含量(如经锌盐沉淀分离、高锰酸钾氧化法处理的水样,可直接加入显色剂测定)。

4. 标准曲线绘制

向一系列 50 mL 比色管中分别加入 0.00 mL、0.20 mL、0.50 mL、1.00 mL、2.00 mL、4.00 mL、6.00 mL、8.00 mL 和 10.00 mL 铬标准使用液 A 或铬标准使用液 B(如经锌盐沉淀分离法前处理,则应加倍吸取),用水稀释至标线。然后按照水样预处理的步骤中的(4)进行处理。从测得的吸光度减去空白试验的吸光度后,绘制以六价铬的量对吸光度的曲线。

注:当水样六价铬含量在 0.004~0.200 mg/L 之间时,可用铬标准使用液 A,当水样六价铬含量大于 0.2 mg/L 时,可用铬标准使用液 B。

六、数据记录与处理

1. 标准曲线数据

铬标准使用液浓度 ρ_{Cr}＝_____ μg/mL,将实验所得数据记入表 2.21.1。

表 2.21.1 标准曲线数据

标准系列序号	0	1	2	3	4	5	6	7	8
铬标准使用液体积/mL	0.00	0.20	0.50	1.00	2.00	4.00	6.00	8.00	10.00
六价铬含量/μg	0.00								
吸光度 A_i(i 为 0~8)									
校正吸光度 $A_r=A_i-A_0$									

以六价铬含量(μg)为 y,校正吸光度 A_r 为 x,计算回归方程 $y=ax+b$。其中斜率 $a=$ _____;截距 $b=$ _____;回归方程相关系数 $R=$ _____。

2. 水样测定数据

(1) 水样预处理方法:_____。

(2) 显色时取水样体积 $V_{水样}=$ _____ mL,试样吸光度 $A_s=$ _____,空白试验吸光度

A_b＝_____，色度校正吸光度 A_c＝_____。

（3）以 $x=A_s-A_b-A_c$ 代入回归方程计算试样中六价铬含量 $y(\mu g)$，记为 m。

（4）水样中六价铬含量 $c(mg/L)=m/V_{水样}$＝_____。

七、注意事项

（1）玻璃仪器不能用重铬酸钾洗液洗涤，应用硝酸和硫酸混合液洗涤。

（2）采样后尽快测定，放置不超过 24 h。

（3）清洁水样可直接测定；二价铁、亚硫酸盐、硫代硫酸盐等还原性物质干扰测定可加显色剂，酸化后显色，显色剂用二苯碳酰二肼、乙醇、硫酸配制。浑浊、色度较深的水样在 pH 值为 8～9 的条件下，以氢氧化锌做共沉淀剂，此时 Cr^{3+}、Fe^{3+}、Cu^{2+} 均形成氢氧化物沉淀与水样中 Cr^{6+} 分离。次氯酸盐等氧化性物质干扰测定，用尿素和亚硝酸钠去除；水样中的有机物干扰测定，用酸性高锰酸钾氧化去除。

（4）显色酸度一般控制在 0.05～0.3 mol/L，0.2 mol/L 时显色最好。

实验 22　冷原子吸收法测定水中的总汞

冷原子吸收、冷原子荧光法和原子荧光法是测定水中微量、痕量汞的常用方法，干扰因素少，灵敏度较高。双硫腙分光光度法是测定多种金属离子的通用方法，如能掩蔽干扰离子和严格掌握反应条件，也能得到满意的结果，但过程繁琐，为了防止废水测定中大量稀释引入的误差可采用这种方法。本实验采用冷原子吸收法。

一、实验目的

（1）了解汞的分析测定方法有哪些。

（2）掌握冷原子吸收法测定汞的原理、基本操作和计算。

（3）掌握测定总汞的水样的采集、保存及处理方法。

二、方法原理

冷原子吸收法测定汞的基本原理：汞原子蒸气对波长 253.7 nm 的紫外光具有选择性吸收作用，在一定范围内，吸收值与汞蒸气浓度成正比，可用标准曲线法定量测定。在硫酸-硝酸介质和加热条件下，用高锰酸钾和过硫酸钾或用溴酸钾和溴化钾混合试剂消解水样，在 20 ℃以上室温和 0.6～2 mol/L 的酸性介质中产生溴，将水样消解，使所有形态的汞全部转化为二价汞。用盐酸羟胺将过剩的氧化剂还原，再用氯化亚锡将二价汞还原成金属汞。在室温下用干洁空气或氮气将汞原子蒸气载入冷原子吸收测汞仪吸收池测定吸光度。

冷原子吸收法测汞最低检出浓度可达 0.05 $\mu g/L$，本法适用于地表水、地下水、饮用水、生活污水和工业废水中汞的测定。

三、实验仪器设备

（1）冷原子吸收测汞仪。

（2）汞还原反应瓶，容积分别为 50 mL、100 mL、250 mL、500 mL，具磨口、带连蓬形多孔吹气头的翻泡瓶。

（3）U 形管，ϕ＝15 mm，h＝100 mm，内填 ϕ 为 3～5 mm 的变色硅胶 60～80 mm。

（4）三通阀。

（5）汞吸收塔：250 mL 玻璃干燥塔，内填经碘化钾处理的柱状活性炭。

（6）仪器的载气净化系统，可根据不同测汞仪的特点及具体条件进行连接。

（7）实验室其他常用仪器设备和玻璃器皿。

所有玻璃仪器及盛样瓶均用洗液浸泡过夜，用去离子水冲洗干净。

四、实验试剂与材料

本实验所用试剂为优级纯，实验用水为无汞去离子水。

（1）浓硫酸，ρ＝1.84 g/mL。

（2）浓硝酸，ρ＝1.42 g/mL。

（3）浓盐酸，ρ＝1.19 g/mL。

（4）硝酸溶液（1∶1）：1 体积浓硝酸加入 1 体积水中，混匀。

（5）高锰酸钾溶液（5%）：将 50 g 优级纯高锰酸钾（$KMnO_4$）（必要时重结晶精制）用水溶解并稀释至 1000 mL。

（6）过硫酸钾溶液（5%）：将 5 g 优级纯过硫酸钾（$K_2S_2O_7$）用水溶解并稀释至 100 mL。使用时当天配制。

（7）溴酸钾-溴化钾溶液（简称溴化剂）：称取 2.784 g 优级纯溴酸钾（$KBrO_3$），用水溶解，加入 10 g 溴化钾（KBr）并用水稀释至 1000 mL，置棕色细口瓶中保存。若有溴释出，则重新配制。

（8）盐酸羟胺溶液（20%）：将 20 g 盐酸羟胺（$NH_2OH \cdot HCl$）用水溶解并稀释至 100 mL。

（9）氯化亚锡溶液（20%）：将 20 g 氯化亚锡（$SnCl_2$）用 20 mL 浓盐酸微热溶解，冷却后用水稀释至 100 mL。以 2.5 L/min 通入氮气或干净空气约 2 min 除汞，加几颗锡粒密塞保存。

（10）汞标准固定液（简称固定液）：将 0.5 g 重铬酸钾（$K_2Cr_2O_7$）溶于 950 mL 水，再加 50 mL 浓硝酸。

（11）汞标准储备液（ρ_{Hg}＝100 μg/mL）：称取在硅胶干燥器中放置过夜的优级纯氯化汞（$HgCl_2$）0.1354 g，用固定液溶解后转移至 1000 mL 容量瓶中，再用固定液稀释至标线，摇匀。

（12）汞标准中间溶液（ρ_{Hg}＝10.0 μg/mL）：吸取汞标准储备液 10.00 mL，移入 100 mL 容量瓶，用固定液稀释至标线，摇匀。

（13）汞标准使用溶液（ρ_{Hg}＝0.100 μg/mL）：吸取汞标准中间溶液 10.00 mL，移入 1000 mL 容量瓶，用固定液稀释至标线，摇匀。于室温下阴凉处保存，可稳定 100 天左右。

（14）稀释液：将 0.2 g 重铬酸钾（$K_2Cr_2O_7$）溶于 900 mL 水，加入 28 mL 浓硫酸，再用水稀释至 1000 mL。

（15）碘化钾处理的活性炭：称取 1 g 碘、2 g 碘化钾于玻璃烧杯中，加入 20 mL 水溶解，加入约 10 g 工业用柱状活性炭（ϕ 为 3 mm，长为 3～7 mm）。用力搅拌至溶液脱色后，用 G1 号砂芯漏斗滤出活性炭，在 100 ℃左右烘干 1～2 h。

（16）洗液：将 10 g 重铬酸钾溶于 9 L 水中，加入 1000 mL 浓硝酸。

五、实验步骤

1. 水样的保存与处理

采样时，每采集 1 L 水样应立即加入 10 mL 浓硫酸或 7 mL 浓硝酸，使水样 pH≤1，若取样后不能立即进行测定,向每升水样中加入 5％高锰酸钾溶液 4 mL,必要时多加一些,使其呈现持久的淡红色。水样储存于硼硅玻璃瓶中,废水水样应加酸 1％。

2. 水样的消解

水样的消解方法可根据水样特性,从以下两种消解法中选择其一使用。

1) 高锰酸钾-过硫酸钾消解法

(1) 近沸保温法:适用于一般废水、地表水或地下水。将水样摇匀,废水取 10～50 mL 移入 125 mL 锥形瓶中,加无汞去离子水至 50 mL,加 1.5 mL 浓硫酸、1.5 mL 硝酸溶液(1∶1)、4 mL 5％高锰酸钾溶液(如不能在 15 min 内维持紫色,再补加适量高锰酸钾溶液使维持紫色,但总量不超过 30 mL)、4 mL 5％过硫酸钾溶液,插入小漏斗,置于沸水浴中使样液在近沸状态保温 1 h,取下冷却。临近测定时,边摇边滴加 20％盐酸羟胺溶液,直紫色刚好退去及二氧化锰全部溶解为止。转入 100 mL 容量瓶,用稀释液稀释至刻度。

地表水或地下水取 100～200 mL 移入 500 mL 锥形瓶中,加 2.5～5.0 mL 浓硫酸、硝酸溶液(1∶1)2.5～5.0 mL,后面所加试剂与操作同上。

(2) 煮沸法:对消解含有机物、悬浮物较多、组分复杂的废水,煮沸法效果比近沸保温法好。按近沸保温法取样和加入试剂后,向样液中加数粒玻璃珠或沸石,插入小漏斗,擦干瓶底,置于电炉或电热板上加热煮沸 10 min,取下冷却,同近沸保温法一样,临近测定时,进行还原和定容。

2) 溴酸钾-溴化钾消解法

本法适用于清洁地表水、地下水或饮用水,也适用于含有机物(如洗涤剂等)较少的生活污水或工业废水。将水样摇匀,取 10～50 mL 移入 100 mL 容量瓶,取样量少于 50 mL 时补加适量水。加 2.5 mL 浓硫酸、2.5 mL 溴化剂,加塞摇匀,于 20 ℃以上室温下放置 5 min 以上。样液中应有橙黄色溴产生,否则可适当补加溴化剂(但每 50 mL 水样中用量不应超过 8 mL,若仍无溴释出,则本法不适用,可改用方法 1)的(2)煮沸法进行消解)。临测定前,边摇边滴加 20％盐酸羟胺溶液还原过剩的溴,用稀释液稀释至标线。

3. 空白试样

每分析一批试样,应同时用无汞去离子水代替水样,按水样消解处理方法同样操作制备两份空白试样,并把采样时加的试剂量考虑在内。

4. 标准曲线的绘制

(1) 取 8 个 100 mL 容量瓶,准确吸取汞标准使用溶液(ρ_{Hg} = 0.100 μg/mL)0.00 mL、0.50 mL、1.00 mL、1.50 mL、2.00 mL、2.50 mL、3.00 mL 和 4.00 mL 移入容量瓶中,每个容量瓶中加入适量固定液补足至 4.00 mL,加稀释液至标线,摇匀,按步骤 5 逐一进行测量。

(2) 以经过空白校正的各测量值为纵坐标,对应标准溶液汞含量(ng)为横坐标,绘制标准曲线。

5. 测量

(1) 连接好仪器,更换 U 形管中的硅胶,按说明书调试好测汞仪及记录仪(数据处理系)选定灵敏度挡及载气流速,将三通阀旋至"校零"端。

(2) 取出汞还原反应瓶吹气头,逐个吸取 10.00 mL 空白溶液或各试样溶液注入汞还原器反应瓶中,加入 20％氯化亚锡溶液 1 mL,迅速插入吹气头,将三通阀旋至"进样"端,使载气通入汞还原反应瓶,记下最高读数或记录纸上的峰高。待读数或记录笔重新回零后,将三通阀旋回"校零"端,取出吹气头,弃去废液,用水洗汞还原反应瓶两次,再用稀释液洗一次(氧化可能残留的二价锡),然后进行另一试样的测量。

六、数据记录与处理

1. 标准曲线

将实验所得数据记入表 2.22.1。

表 2.22.1　标准曲线数据

编　　号	0	1	2	3	4	5	6	7
汞标准使用溶液体积/mL	0.00	0.50	1.00	1.50	2.00	2.50	3.00	4.00
汞含量/ng	0	50	100	150	200	250	300	400
仪器读数或峰高 A_i(i 为 0~7)								
校正读数或校正峰高 $A_r = A_i - A_0$	0							

以汞含量(ng)为 y,校正读数或校正峰高 A_r 为 x,计算回归方程 $y = ax + b$;其中斜率 $a =$ _____,截距 $b =$ _____,相关系数 $R =$ _____。

2. 水样处理与测定

取原水样 $V_0 =$ _____ mL,消解后定容体积 $V_1 =$ _____ mL,测定时所取体积 $V_2 =$ _____ mL。

水样测定读数 $A_s =$ _____,空白测定读数 $A_b =$ _____,以 $x = A_s - A_b$ 代入回归方程,计算测定水样中汞的含量 y(ng),记作 m。

原水样汞含量 $c(Hg, \mu g/L) = m \times (V_1/V_2)/V_0$。

七、注意事项

(1) 当室温低于 10 ℃时,测定时应采取增高操作间环境温度的办法来提高汞的气化效率。

(2) 汞还原瓶的大小应根据水样体积选定,以气相与液相体积比为(2∶1)~(3∶1)最佳;当采用关闭气路振摇操作时,则以(3∶1)~(8∶1)时灵敏度最高。吹气头形状以莲蓬形最佳,且与底部距离越近越好。

(3) 达到气液平衡后才将汞蒸气抽入(或吹入)测量池。试验证实,在相同条件下,采取此操作与不振荡的相比,视温度、载气流速、汞还原器翻泡效率的不同,可使信号值读数高 80%~110%。

(4) 载气流速太大会使进入测量池的汞蒸气浓度降低;流速过小又会使气化速度减慢,选用 0.8~1.2 L/min 较好。若采用抽气法,将吹气头上的吹气管截去一部分,使之离液面 5~10 mm。在加入氯化亚锡溶液后,先关闭气路振摇 1 min,再将汞蒸气抽入测量池。这样不仅灵敏度高,而且零点稳定(缺点是残留在废液中的汞将污染室内空气)。

(5) 盐酸羟胺溶液的提纯也可使用巯基棉纤维管除汞法:在内径 6~8 mm、长 100 mm,一端拉细的玻璃管中,或在 500 mL 分液漏斗的放液管中,填充 0.1~0.2 g 巯基棉纤维,将待净化试液以 10 mL/min 的速度流过 1~2 次即可除尽汞。

(6) 巯基棉纤维制法:于棕色磨口广口瓶中,依次加入硫代乙醇酸(CH₂SHCOOH)100 mL、乙酸酐((CH₃CO)₂O)60 mL、36%乙酸 40 mL、浓硫酸 0.3 mL,充分混匀并冷却至室温后,加入长纤维脱脂棉 30 g,铺平,使之完全浸泡于溶液内,用水冷却,待反应热散去后加盖,放入(40±2)℃烘箱中 2～4 天后取出。用耐酸过滤器抽滤,以无汞去离子水充分洗涤至中性后,摊开,于 30～35 ℃下烘干。放入棕色磨口广口瓶中,避光低温保存。

实验 23　直接吸入火焰原子吸收法测定水中的镉、铜、铅和锌

一、实验目的

(1) 掌握原子吸收分光光度计的测定原理。

(2) 熟悉原子吸收分光光度计的操作过程及数据处理。

(3) 掌握相应水样的处理方法。

二、方法原理

将水样或消解处理好的试样直接吸入火焰,火焰中形成的原子蒸气对光源发射的特征电磁辐射产生吸收。将测得的样品吸光度和标准溶液的吸光度进行比较,确定样品中被测元素的含量。

本法适用于测定地下水、地表水和废水中的镉、铅、铜和锌,适用浓度范围与仪器的特性有关,一般直接吸入火焰原子吸收分光光度法对四个元素的测定范围如下。

镉:0.05～1.0 mg/L。铜:0.05～5.0 mg/L。铅:0.2～10.0 mg/L。锌:0.05～1.0 mg/L。浓度低于测定下限,需浓缩或选用其他方法;高于测定上限,试样应稀释。

三、实验仪器设备

(1) 原子吸收分光光度计、背景校正装置,所测元素的空心阴极灯及其他必要的附件。

(2) 可调温电热板。

(3) 实验室其他常用仪器设备和玻璃器皿。

四、实验试剂与材料

本实验所用试剂为优级纯试剂,实验用水为去离子水。

(1) 浓硝酸,$\rho = 1.42$ g/mL。

(2) 高氯酸,$\rho = 1.68$ g/mL。

(3) 燃气:乙炔,纯度不低于 99.6%。

(4) 硝酸溶液(0.2%):2 mL 浓硝酸加入到 1000 mL 水中,混匀。

(5) 硝酸溶液(1∶1):1 体积浓硝酸加入到 1 体积水中,混匀。

(6) 助燃气:空气,由空气压缩机供给,经过必要的过滤和净化。

(7) 金属标准储备液:分别准确称取经稀酸清洗并干燥后的 0.5000 g 光谱纯金属镉、铜、铅和锌,分别用 50 mL 硝酸溶液(1∶1)溶解,必要时加热直至溶解完全,用水稀释至 500.0 mL,分别配制成含镉、铜、铅和锌 1.00 mg/mL 的标准储备液。

注:也可购置有证标准溶液。

(8) 混合标准溶液:分别准确吸取镉、铜、铅和锌标准储备液 2.50 mL、12.50 mL、25.00 mL 和 2.50 mL 于一支 250 mL 的容量瓶中,用 0.2%硝酸溶液定容至 250 mL,使配成的混合标准溶液每毫升含镉、铜、铅和锌分别为 10.0 μg、50.0 μg、100.0 μg 和 10.0 μg。

五、实验步骤

1. 水样预处理

取 100 mL 水样放入 200 mL 烧杯中,加入浓硝酸 5 mL,在电热板上加热消解(不要沸腾)。蒸发至 10 mL 左右,再加入 5 mL 浓硝酸和 2 mL 高氯酸,继续消解,直至溶液剩下 1 mL 左右。如果消解不完全,再加入浓硝酸 5 mL 和高氯酸 2 mL,再次蒸至 1 mL 左右。取下冷却,加水溶解残渣,用水定容至 100 mL。

2. 空白试验

取 0.2% 硝酸溶液 100 mL 代替水样,按上述相同的程序操作,以此为空白样。

3. 标准曲线

(1)吸取混合标准溶液 0.00 mL、0.50 mL、1.00 mL、3.00 mL、5.00 mL 和 10.00 mL,分别放入 6 个 100 mL 容量瓶中,用 0.2% 硝酸溶液稀释定容。

(2)按仪器说明书,打开仪器设备,进行调试,选择测定元素,安装相应的空心阴极灯,调整分析波长、输入分析参数,按表 2.23.1 所列参数选择分析线和调节火焰。仪器用 0.2% 硝酸溶液调零,吸入标准系列溶液,测量其吸光度。

表 2.23.1　各元素分析线波长和火焰类型

元素	分析线波长/nm	火焰类型	元素	分析线波长/nm	火焰类型
镉	228.8	乙炔-空气,氧化型	铅	283.3	乙炔-空气,氧化型
铜	324.7	乙炔-空气,氧化型	锌	213.8	乙炔-空气,氧化型

4. 水样测定

分别吸入水样溶液和空白溶液,测量其吸光度。水样吸光度扣除空白样吸光度后,从标准曲线上查出水样中的金属浓度,如可能也可从仪器上直接读出水样中的金属浓度。

六、数据记录与处理

1. 标准曲线

标准曲线数据见表 2.23.2。

表 2.23.2　标准曲线数据

混合标准溶液体积/mL	0.00	0.50	1.00	3.00	5.00	10.00
镉/(mg/L)	0.00	0.05	0.10	0.30	0.50	1.00
吸光度						
铜/(mg/L)	0.00	0.25	0.50	1.50	2.50	5.00
吸光度						
铅/(mg/L)	0.00	0.50	1.00	3.00	5.00	10.00
吸光度						
锌/(mg/L)	0.00	0.05	0.10	0.30	0.50	1.00
吸光度						

以浓度为 y,各浓度吸光度扣除零浓度吸光度为 x,分别计算镉、铅、铜和锌的回归方程,并将回归方程及相关数据填入表 2.23.3。

表 2.23.3　标准曲线回归方程

元素	回归方程	斜率	截距	相关系数 R
镉				
铜				
铅				
锌				

2. 水样测定

水样测定数据见表 2.23.4。

表 2.23.4　水样测定数据

元素	水样吸光度 A_s	空白吸光度 A_b	$A_s - A_b$	用方程计算出的金属浓度 c/(mg/L)	原水样被测金属浓度 c_S/(mg/L)
镉					
铜					
铅					
锌					

$$原水样被测金属浓度(mg/L)c_S = c \times V/V_0$$

式中：c——用标准曲线回归方程计算或仪器直接读出的被测水样的金属浓度，mg/L；

　　　V_0——消解时取原水样体积，mL；

　　　V——消解后定容体积，mL。

七、注意事项

（1）干扰及消除：地下水和地表水中的共存离子和化合物，在常见浓度下不干扰测定。当钙的浓度高于 1000 mg/L 时，抑制镉的吸收；浓度为 2000 mg/L 时，信号抑制可达 19%。在弱酸性条件下，样品中六价铬的含量超过 30 mg/L 时，由于生成铬酸铅沉淀而使铅的测定结果偏低，在这种情况下需要加入 1%抗坏血酸将六价铬还原成三价铬。水样中溶解性硅的含量超过 20 mg/L 时干扰锌的测定，使测定结果偏低，加入 200 mg/L 浓度的钙可消除这一干扰。铁的含量超过 100 mg/L 时，抑制锌的吸收。当水样中含盐量很高，分析波长又低于 350 nm 时，可能出现非特征吸收。如高浓度钙，因产生非特征吸收，即背景吸收，使铅的测定结果偏高。

基于上述原因，分析水样前需要检验是否存在基体干扰或背景吸收。一般通过测定加标回收率，判断基体干扰的程度；通过测定分析线附近 1 nm 内的一条非特征吸收线处的吸收，可判断背景吸收的大小，根据表 2.23.5 选择与选用分析线相对应的非特征吸收谱线。

表 2.23.5　背景校正用的邻近线波长

元素	分析线波长/nm	非特征吸收谱线/nm
镉	228.8	229.0(氘)
铜	324.7	324.0(锆)
铅	283.3	283.7(锆)
锌	213.8	214.0(氘)

根据检验的结果,如果存在基体干扰,可加入干扰抑制剂或用标准加入法测定并计算结果。如果存在背景吸收,用自动背景校正装置或邻近非特征吸收谱线法进行校正。后一种方法是从分析线处测得的吸收值中扣除邻近非特征吸收谱线处的吸收值,得到被测元素原子的真实吸收。此外,也可通过螯合萃取或水样稀释、分离或降低产生基体干扰或背景吸收的组分。

(2) 不同型号、不同厂商的仪器会有所不同,操作前要认真阅读仪器使用说明书。

(3) 实验时可选取一种或几种元素测定。

实验 24　石墨炉原子吸收法测定水中的镉、铜、铅

一、实验目的

(1) 熟悉石墨炉原子化原子吸收分光光度计的操作过程。

(2) 掌握相应水样的处理方法。

二、方法原理

将处理好的水样注入石墨炉中,使用电磁加热方式使石墨炉升温,水样中溶剂在石墨管中被加热蒸发,进一步升温,使金属化合物离解产生原子蒸气,由光源(空心阴极灯)发射出的待测元素的特征吸收谱线通过原子蒸气时被吸收,吸光度与蒸气中待测元素的原子蒸气浓度成正比,进而与水样中待测元素浓度成正比。

本法适用于地下水和清洁地表水。分析水样前要检查是否存在基体干扰并采取相应校正措施。测定浓度范围与仪器的特性有关,一般仪器的测定浓度范围:镉(分析线 228.8 nm)为 0.1~2 $\mu g/L$;铜(分析线 324.7 nm)为 1~50 $\mu g/L$;铅(分析线 283.3 nm)为 1~5 $\mu g/L$。

三、实验仪器设备

(1) 原子吸收分光光度计,石墨炉装置、背景校正装置及其他有关附件。

(2) 可调温电热板。

(3) 实验室其他常用仪器设备和玻璃器皿。

四、实验试剂与材料

本实验所用试剂为优级纯试剂,实验用水为石英蒸馏器制备的蒸馏水或同等纯度的去离子水。

(1) 浓硝酸,$\rho=1.42$ g/mL。

(2) 过氧化氢,30%(H_2O_2)。

(3) 硝酸溶液(1∶1):1 体积浓硝酸加入 1 体积水中。

(4) 硝酸溶液(0.2%):1 mL 浓硝酸加入到 500 mL 水中。

(5) 硝酸钯溶液($\rho_{Pd}=10$ $\mu g/mL$):称取硝酸钯[$Pd(NO_3)_2$]0.108 g 溶于 10 mL 硝酸溶液(1∶1)中,用水定容至 500 mL。

(6) 金属标准储备液:见本章实验 23 试剂(7)。

(7) 混合标准系列溶液:由标准储备液稀释配制而成,用 0.2%硝酸溶液进行稀释。制成

的溶液每毫升含镉、铜、铅 0.0 pg、0.1 pg、0.2 pg、0.4 pg、1.0 pg、2.0 pg,含基体改进剂钯 1 μg 的标准系列。

五、实验步骤

1. 水样的预处理

方法同本章实验 23,但在水样消解时不能使用高氯酸,用 10 mL 过氧化氢代替。在过滤液中加入 10 mL 硝酸钯溶液,定容至 100 mL,同时做空白试验。

2. 水样测定

1)直接法

标准曲线:按照仪器说明书调试仪器,仪器工作参数见表 2.24.1。依次将 20 μL 标准系列溶液注入石墨炉测定吸光度,以零浓度标准溶液为空白样,扣除空白样吸光度后,以浓度值为 y,扣除空白样吸光度后的吸光度为 x,计算回归方程。

水样测定:将 20 μL 空白样、水样依次注入石墨炉测定吸光度,用水样吸光度扣除空白样吸光度后,从标准曲线上查出水样中被测金属的浓度,也可用浓度直读法进行测定。

2)标准加入法

一般用三点法。第一点,直接测定水样;第二点,取 10 mL 水样,加入混合标准溶液 25 μL 后混匀;第三点,取 10 mL 水样,加入混合标准溶液 50 μL 后混匀。以上三种溶液中的标准加入浓度,镉依次为 0.0 μg/L、0.5 μg/L 和 1.0 μg/L;铜和铅依次为 0.0 μg/L、5.0 μg/L 和 10 μg/L。

以零浓度的标准溶液为空白样,参照仪器工作参数测量吸光度。用扣除空白样吸光度后的各水样吸光度对加入标准的浓度作图,将直线延长,与横坐标的交点即为水样的浓度(加入标准的体积所引起的误差不超过 0.5%)。

表 2.24.1　仪器工作参数表

工 作 参 数	元　素		
	Cd	Pb	Cu
光源	镉空心阴极灯	铅空心阴极灯	铜空心阴极灯
灯电流/mA	7.5	7.5	7.0
波长/nm	228.8	283.3	324.7
带宽/nm	1.3	1.3	1.3
干燥温度/时间	80~100 ℃/5 s	80~180 ℃/5 s	80~180 ℃/5 s
灰化温度/时间	450~500 ℃/5 s	700~750 ℃/5 s	450~500 ℃/5 s
原子化温度/时间	2500 ℃/5 s	2500 ℃/5 s	2500 ℃/5 s
清洁温度/时间	2600 ℃/3 s	2700 ℃/3 s	2700 ℃/3 s
Ar 气流量/(mL/min)	200	200	200
进样体积/μL	20	20	20

六、数据记录与处理

1. 标准曲线

标准曲线数据见表 2.24.2。

表 2.24.2　标准曲线数据

标准系列溶液编号	0	1	2	3	4	5
镉/(μg/L)	0.0	0.1	0.2	0.4	1.0	2.0
吸光度						
铜/(μg/L)	0.0	0.1	0.2	0.4	1.0	2.0
吸光度						
铅/(μg/L)	0.0	0.1	0.2	0.4	1.0	2.0
吸光度						

以浓度为 y，各浓度吸光度扣除零浓度吸光度为 x，分别计算镉、铅、铜的回归方程，其回归方程及相关数据见表 2.24.3。

表 2.24.3　回归方程数据

元素	回归方程	斜率	截距	相关系数 R
镉				
铜				
铅				

2. 水样测定

实验测定数据记录于表 2.24.4 中。

表 2.24.4　实验测定数据

元素	水样吸光度 A_s	空白吸光度 A_b	$A_s - A_b$	从相应回归方程计算浓度 c/(μg/L)	原水样浓度 c_s/(μg/L)
镉					
铜					
铅					

$$原水样被测金属浓度(μg/L)\ c_s = c \times (V/V_0)$$

式中：c——用标准曲线回归方程计算出或仪器直接读出的被测金属浓度；

V_0——消解时取原水样体积，mL；

V——消解后定容体积，mL。

七、注意事项

(1) 石墨炉原子吸收分光光度法的基体效应比较显著和复杂，在原子化过程中，水样基体蒸发，在短波长范围出现分子吸收或光散射，产生背景吸收。可以用连续光源背景校正法或塞曼偏振光校正法、自吸收法进行校正，也可采用邻近的非特征吸收线校正法或通过水样稀释降低水样中的基体浓度。

(2) 另一类基体效应是水样中基体参加原子化过程中的气相反应，使被测元素的原子对特征辐射的吸收增强或减弱,产生正干扰或负干扰。如氯化钠对镉、铜、铅的测定,硫酸钠对铅的测定均产生负干扰。在一定的条件下,采用标准加入法可部分补偿这类干扰。此外,也可使用基体改良剂,测铜时,20 μL 的水样加入 40％硝酸铵溶液 10 μL;测铅时,20 μL 水样加入 15％钼酸铵溶液 10 μL;测镉时,20 μL 水样加入 5％磷酸钠溶液 10 μL。以上基体改良剂对于抑制基体干扰均有一定作用,1％磷酸溶液也可作为镉、铅测定的基体改良剂。而硝酸钯是用于镉、铜、铅最好的基体改良剂,同时使用 La、W、Mo、Zn 等金属碳化物涂层石墨管测定,既可提高灵敏度,也能克服基体干扰。

实验 25　原子荧光法测定水中的汞、砷、硒、锑、铋

一、实验目的

(1) 了解原子荧光光谱仪的基本原理。
(2) 熟悉原子荧光光谱仪的操作过程。
(3) 掌握水样的处理方法。

二、方法原理

经预处理后的水样进入原子荧光光谱仪,在酸性条件下被硼氢化钾(或硼氢化钠)还原,生成砷化氢、铋化氢、锑化氢、硒化氢气体和汞原子,氢化物在氩氢火焰中离解形成基态原子,砷、铋、锑、硒等元素的基态原子和汞原子吸收由对应元素(砷、铋、锑、硒和汞)空心阴极灯发射出的特征谱线而被激发产生不同波长的原子荧光,原子荧光强度与水样中待测元素含量在一定范围内成正比。

本方法适用于地表水、地下水、生活污水和工业废水中汞、砷、硒、铋和锑的溶解态和总量的测定。

本方法汞的检出限为 0.04 μg/L,测定下限为 0.16 μg/L;砷的检出限为 0.3 μg/L,测定下限为 1.2 μg/L;硒的检出限为 0.4 μg/L,测定下限为 1.6 μg/L;铋和锑的检出限为 0.2 μg/L,测定下限为 0.8 μg/L。

三、实验仪器设备

(1) 原子荧光光谱仪。
(2) 汞、砷、硒、铋、锑元素空心阴极灯。
(3) 可调温电热板。
(4) 恒温水浴装置:温控精度±1 ℃。
(5) 抽滤装置:0.45 μm孔径水系微孔滤膜。
(6) 采样容器:硬质玻璃瓶或聚乙烯瓶(桶)。
(7) 实验室其他常用仪器设备和玻璃器皿。

四、实验试剂与材料

本实验所用试剂为优级纯化学试剂,实验用水为新制备的去离子水或蒸馏水。
(1) 浓硝酸,ρ＝1.42 g/mL。

(2) 高氯酸,$\rho = 1.68$ g/mL。

(3) 浓盐酸,$\rho = 1.19$ g/mL。

(4) 氢氧化钠溶液[c(NaOH)＝1 mol/L]:称取 40 g 氢氧化钠(NaOH)溶于 1000 mL 水中。

(5) 盐酸(1:1):1 体积优级纯盐酸加入 1 体积水中,混匀。

(6) 盐酸 [c(HCl)＝1 mol/L]:取 50 mL 浓盐酸溶于 550 mL 水中,混匀。

(7) 盐酸(5:95):50 mL 优级纯盐酸加入 950 mL 水中,混匀。

(8) 硝酸溶液(1:1):1 体积优级纯硝酸加入 1 体积水中,混匀。

(9) 盐酸-硝酸混合酸:分别量取 300 mL 浓盐酸和 100 mL 浓硝酸,加入 400 mL 水中,混匀。

(10) 硝酸-高氯酸混合酸:用等体积浓硝酸和高氯酸混合配制,临用时现配。

(11) 硼氢化钾溶液 A:称取 0.5 g 氢氧化钠(NaOH)溶于 100 mL 水中,加入 1.0 g 硼氢化钾(KBH₄),混匀。此溶液用于汞的测定,临用时现配,存于塑料瓶中。

(12) 硼氢化钾溶液 B:称取 0.5 g 氢氧化钠(NaOH)溶于 100 mL 水中,加入 2.0 g 硼氢化钾(KBH₄),混匀。此溶液用于砷、硒、铋、锑的测定,临用时现配,存于塑料瓶中。

(13) 硫脲-抗坏血酸溶液:称取硫脲(CH_4N_2S)和抗坏血酸($C_6H_8O_6$)各 5.0 g,用 100 mL 水溶解,混匀,测定当天配制。

(14) 汞标准固定液:称取 0.5 g 优级纯重铬酸钾($K_2Cr_2O_7$)溶于 950 mL 水中,加入 50 mL 硝酸溶液,混匀。

(15) 汞标准储备液($\rho_{Hg} = 100$ μg/mL):称取 0.1354 g 于硅胶干燥器中放置过夜的优级纯氯化汞($HgCl_2$),用少量汞标准固定液溶解后移入 1000 mL 容量瓶中,用汞标准固定液稀释至标线,混匀。储存于玻璃瓶中,4 ℃下可存放 2 年。

(16) 汞标准中间液($\rho_{Hg} = 1.0$ μg/mL):移取 5.00 mL 汞标准储备液于 500 mL 容量瓶中,加入 50 mL 盐酸(1:1),用汞标准固定液稀释至标线,混匀。储存于玻璃瓶中,4 ℃下可存放 100 天。

(17) 汞标准使用液($\rho_{Hg} = 0.01$ μg/mL):移量取 5.00 mL 汞标准中间液于 500 mL 容量瓶中,加入 50 mL 盐酸(1:1),用水稀释至标线,混匀。储存于玻璃瓶中,临用现配。

(18) 砷标准储备液($\rho_{As} = 100$ μg/mL):称取 0.1320 g 经过 105 ℃ 干燥 2 h 的优级纯 As_2O_3,溶于 5 mL 1 mol/L 的 NaOH 溶液中,用 1 mol/L 盐酸中和至酚酞红色退去,转入 1000 mL 容量瓶中,用 1 mol/L 盐酸稀释至标线,混匀。储于玻璃瓶中,4 ℃下可存放 2 年。

(19) 砷标准中间液($\rho_{As} = 1.0$ μg/mL):移取砷标准储备液 5.00 mL 于 500 mL 容量瓶中,加入 100 mL 盐酸(1:1),用水定容,摇匀,4 ℃下可存放 1 年。

(20) 砷标准使用液($\rho_{As} = 0.1$ μg/mL):移取砷标准中间液 10.00 mL 于 100 mL 容量瓶中,加入 20 mL 盐酸(1:1),用水定容,摇匀,4 ℃下可存放 30 天。

(21) 锑标准储备液($\rho_{Sb} = 100$ μg/mL):称取 0.1197 g 经过 105 ℃干燥 2 h 的优级纯 Sb_2O_3 溶解于 80 mL 浓盐酸中,转入 1000 mL 容量瓶中,补加浓盐酸 120 mL,用水稀释至刻度,摇匀。储于玻璃瓶中,4 ℃下可存放 2 年。

(22) 锑标准中间液($\rho_{Sb} = 1.0$ μg/mL):移取锑标准储备液 5.00 mL 于 500 mL 容量瓶中,加入 100 mL 盐酸(1:1),用水定容,摇匀,4 ℃下可存放 1 年。

(23) 锑标准使用液($\rho_{Sb} = 0.1$ μg/mL):移取锑标准中间液 10.00 mL 于 100 mL 容量瓶

中,加入 20 mL 盐酸(1:1),用水定容,摇匀,临用现配。

(24)铋标准储备液($\rho_{Bi}=100\ \mu g/mL$):称取高纯金属铋(质量分数在 99.99% 以上)0.1000 g 于 250 mL 烧杯中,加入 20 mL 优级纯硝酸,于电热板上低温加热溶解,冷却后转移入 1000 mL 容量瓶中,用水定容,4 ℃下可存放 2 年。

(25)铋标准中间液($\rho_{Bi}=1.0\ \mu g/mL$):移取铋标准储备液 5.00 mL 于 500 mL 容量瓶中,加入 100 mL 盐酸(1:1),用水定容,摇匀,4 ℃下可存放 1 年。

(26)铋标准使用液($\rho_{Bi}=0.1\ \mu g/mL$):移取铋标准中间液 10.00 mL 于 100 mL 容量瓶中,加入 20 mL 盐酸(1:1),用水定容,摇匀,临用现配。

(27)硒标准储备液($\rho_{Se}=100\ \mu g/mL$):称取 0.1000 g 光谱纯硒粉(质量分数在 99.99% 以上)于 100 mL 烧杯中,加 20 mL 浓硝酸,于电热板上低温加热溶解,冷却后移入 1000 mL 容量瓶中,用水稀释至标线,摇匀,4 ℃下可存放 1 年。

(28)硒标准中间液($\rho_{Se}=1.0\ \mu g/mL$):移取硒标准储备液 5.00 mL 于 500 mL 容量瓶中,加入 150 mL 盐酸(1:1),用水定容,摇匀,4 ℃下可存放 100 天。

(29)硒标准使用液($\rho_{Se}=0.01\ \mu g/mL$):移取硒标准中间液 5.00 mL 于 500 mL 容量瓶中,加入 150 mL 盐酸(1:1),用水定容,摇匀,临用现配。

(30)氩气:纯度≥99.999%。

注:所有元素标准储备液均可采用购置的有证标准溶液。

五、实验步骤

1. 水样的采集、保存及处理

溶解态水样和总量水样分别采集,测定溶解态汞、砷、硒、铋、锑的水样采集后应尽快用 0.45 μm 滤膜过滤,弃去初始滤液 50 mL,用少量滤液清洗采样瓶,收集滤液于采样瓶中。测定汞的水样,如水样为中性,按每升水样中加入 5 mL 浓盐酸;测定砷、硒、锑、铋的水样,按每升水样中加入 2 mL 浓盐酸,水样保存期为 14 天。测定汞、砷、硒、铋、锑总量的水样采集后不经过滤,其他的处理方法和前面一样。

2. 水样的制备

1)测汞水样制备

量取 5.00 mL 混匀后的水样于 10 mL 比色管中,加入 1 mL 盐酸-硝酸混合酸,加塞混匀,置于沸水浴中加热消解 1 h,期间摇动 1~2 次并开盖放气。冷却,用水定容至标线,混匀,待测。

2)测砷、硒、铋、锑的水样制备

量取 50.0 mL 混匀后的水样于 150 mL 锥形瓶中,加入 5 mL 硝酸-高氯酸混合酸,于电热板上加热至冒白烟,冷却。再加入 5 mL 盐酸(1:1),加热至黄褐色烟冒尽,冷却后移入 50 mL 容量瓶中,加水稀释定容,混匀,待测。

3)空白试样

以去离子水代替水样,按照水样制备的步骤制备空白水样。

3. 仪器调试

依据仪器使用说明书调节仪器至最佳工作状态,参考测量条件见表 2.25.1。

表 2.25.1　参考测量条件

元素	负高压/V	灯电流/mA	载气(氩气)流量/(mL/min)	屏蔽气(氩气)流量/(mL/min)	原子化温度/℃	积分方式
汞	240～280	15～30	400	900～1000	200	峰面积
砷	260～300	40～60	400	900～1000	200	峰面积
硒	260～300	80～100	400	900～1000	200	峰面积
锑	260～300	60～80	400	900～1000	200	峰面积
铋	260～300	60～80	400	900～1000	200	峰面积

4. 标准系列溶液配制

1) 汞标准系列溶液配制

分别移取 0.00 mL、1.00 mL、2.00 mL、5.00 mL、7.00 mL、10.00 mL 汞标准使用液于 6 个 100 mL 容量瓶中,分别加入 10.0 mL 盐酸-硝酸混合酸,用水稀释至标线,混匀。

2) 砷标准系列溶液配制

分别移取 0.00 mL、0.50 mL、1.00 mL、2.00 mL、3.00 mL、5.00 mL 砷标准使用液于 6 个 50 mL 容量瓶中,分别加入 10 mL 盐酸(1∶1)、10 mL 硫脲-抗坏血酸溶液,室温放置 30 min(室温低于 15 ℃时,置于 30 ℃水浴中保温 30 min)用水稀释定容,混匀。

3) 硒标准系列溶液配制

分别移取 0.00 mL、2.00 mL、4.00 mL、6.00 mL、8.00 mL、10.00 mL 硒标准使用液于 6 个 50 mL 容量瓶中,分别加入 10 mL 盐酸(1∶1),用水稀释定容,混匀。

4) 铋标准系列溶液配制

分别移取 0.00 mL、0.50 mL、1.00 mL、2.00 mL、3.00 mL、5.00 mL 铋标准使用液于 6 个 50 mL 容量瓶中,分别加入 10 mL 盐酸(1∶1),用水稀释定容,混匀。

5) 锑标准系列溶液配制

分别移取 0.00 mL、0.50 mL、1.00 mL、2.00 mL、3.00 mL、5.00 mL 锑标准使用液于 6 个 50 mL 容量瓶中,分别加入 10 mL 盐酸(1∶1)、10 mL 硫脲-抗坏血酸溶液,室温放置 30 min(室温低于 15 ℃时,置于 30 ℃水浴中保温 30 min)用水稀释定容,混匀。

汞、砷、硒、铋、锑标准系列的浓度如表 2.25.2 所示。

表 2.25.2　标准系列各元素浓度

元素	标准系列浓度/(μg/L)					
汞	0.00	0.10	0.20	0.50	0.70	1.00
砷	0.0	1.0	2.0	4.0	6.0	10.0
硒	0.0	0.4	0.8	1.2	1.6	2.0
铋	0.0	1.0	2.0	4.0	6.0	10.0
锑	0.0	1.0	2.0	4.0	6.0	10.0

5. 标准曲线的绘制

1) 汞的标准曲线

参考测量条件表或采用自行确定的最佳测量条件,以盐酸(5∶95)为载流,硼氢化钾溶液 A 为还原剂,浓度由低到高依次测定汞标准系列的原子荧光强度,以原子荧光强度(扣除零浓度溶液荧光强度)为纵坐标,汞质量浓度为横坐标,绘制标准曲线。

2) 砷、硒、铋、锑的标准曲线

参考测量条件表或采用自行确定的最佳测量条件,以盐酸(5∶95)为载流,硼氢化钾溶液 B 为还原剂,浓度由低到高依次测定各元素标准系列的原子荧光强度,以原子荧光强度(扣除零浓度溶液荧光强度)为纵坐标,相应元素的质量浓度为横坐标,绘制标准曲线。

6. 水样的测定

1) 汞

按照与绘制标准曲线相同的条件测定汞水样的原子荧光强度,超过标准曲线高浓度点的水样,对其消解液稀释后再行测定,稀释倍数为 f。

2) 砷、锑

量取 5.00 mL 测砷、锑的水样于 10 mL 比色管中,加入 2 mL 盐酸(1∶1)、2 mL 硫脲-抗坏血酸溶液,室温放置 30 min(室温低于 15 ℃时,置于 30 ℃水浴中保温 30 min),用水稀释定容,混匀,按照与绘制标准曲线相同的条件进行测定。超过标准曲线高浓度点的水样,对其消解液稀释后再行测定,稀释倍数为 f。

3) 硒、铋

量取 5.0 mL 测硒、铋的水样于 10 mL 比色管中,加入 2 mL 盐酸(1∶1),用水稀释定容,混匀,按照与绘制标准曲线相同的条件进行测定。超过标准曲线高浓度点的水样,对其消解液稀释后再行测定,稀释倍数为 f。

4) 空白试验

按照各元素水样测定相同步骤测定空白水样。

六、数据记录与处理

1. 结果计算

以水样原子荧光强度扣除相应空白原子荧光强度,从相应的标准曲线上查得水样的浓度。原水样中待测元素的质量浓度 $c(\mu g/L)$ 按式 2.25.1 计算:

$$c = \rho_1 \times f \times V_1 / V_0 \qquad\qquad (2.25.1)$$

式中:c——水样中待测元素的质量浓度,$\mu g/L$;

ρ_1——由标准曲线上查得的水样中待测元素的质量浓度,$\mu g/L$;

f——水样稀释倍数;

V_0——取原水样的体积,mL;

V_1——原水样处理后的定容体积,mL。

2. 结果表示

当汞的测定结果小于 1 $\mu g/L$ 时,保留小数点后两位;当测定结果大于 1 $\mu g/L$ 时,保留三位有效数字。

当砷、硒、铋、锑的测定结果小于 10 $\mu g/L$ 时,保留小数点后一位;当测定结果大于 10 $\mu g/L$ 时,保留三位有效数字。

七、注意事项

(1)分析中所用的玻璃器皿均需用硝酸溶液(1∶1)浸泡 24 h 或热 HNO_3 荡洗后,再用去离子水洗净后方可使用。对于新器皿,应做相应的空白检查后才能使用。

（2）对所用的每一瓶试剂都应做相应的空白试验，特别是盐酸要仔细检查。配制标准溶液与水样应尽可能使用同一瓶试剂。

（3）所用的标准系列必须每次配制，与水样在相同条件下测定。

（4）实际工作中每测定 20 个水样要增加测定实验室空白一个，当批不满 20 个水样时要测定两个，全程空白的测试结果应小于方法检出限。

（5）每次水样分析应绘制标准曲线，标准曲线的相关系数≥0.995。

（6）硼氢化钾是强还原剂，极易与空气中的氧气和二氧化碳反应，在中性和酸性溶液中易分解产生氢气，所以配制硼氢化钾还原剂时，要将硼氢化钾固体溶解在氢氧化钠溶液中，并临用现配。

（7）干扰的消除如下。

①酸性介质中能与硼氢化钾反应生成氢化物的元素会相互影响产生干扰，加入硫脲-抗坏血酸溶液可以基本消除干扰。

②高于一定浓度的铜等过渡金属元素可能对测定有干扰，加入硫脲-抗坏血酸溶液，可以消除绝大部分的干扰。在本方法的实验条件下，水样中含 100 mg/L 以下的 Cu^{2+}、50 mg/L 以下的 Fe^{3+}、1 mg/L 以下的 Co^{2+}、10 mg/L 以下的 Pb^{2+}（对硒是 5 mg/L）和 150 mg/L 以下的 Mn^{2+}（对硒是 2 mg/L）不影响测定。

③物理干扰消除。选用双层结构石英管原子化器，内外两层均通氩气，外面形成保护层隔绝空气，使待测元素的基态原子不与空气中的氧和氮碰撞，降低荧光淬灭对测定的影响。

（8）本实验参考国家环境标准 HJ 694—2014，实验时可根据具体情况选择 1～2 种元素测定。

实验 26　顶空气相色谱法测定水中的挥发性卤代烃

一、实验目的

（1）了解水中挥发性卤代烃的种类、来源和危害。

（2）了解气相色谱仪的原理、结构，学习并掌握气相色谱仪的操作。

（3）掌握顶空气相色谱法的原理、操作及计算。

二、方法原理

将水样置于密封的顶空瓶中，在一定的温度下经一定的时间，水样中的挥发性卤代烃逸至上部空间，并在气液两相中达到动态的平衡。此时，挥发性卤代烃在气相中的浓度与它在液相中的浓度成正比。用带有电子捕获检测器（ECD）的气相色谱仪对气相中挥发性卤代烃的浓度进行测定，可计算出水样中挥发性卤代烃的浓度。

本方法适用于地表水、地下水、饮用水、海水、工业废水和生活污水中挥发性卤代烃的测定。具体组分包括 1,1-二氯乙烯、二氯甲烷、反式-1,2-二氯乙烯、氯丁二烯、顺式-1,2-二氯乙烯、三氯甲烷、四氯化碳、1,2-二氯乙烷、三氯乙烯、一溴二氯甲烷、四氯乙烯、二溴一氯甲烷、三溴甲烷、六氯丁二烯等 14 种。其他挥发性卤代烃通过验证后，也可以使用本方法进行测定。

三、实验仪器设备

（1）带电子捕获检测器（ECD）的气相色谱仪。

(2) 色谱柱:石英毛细管色谱柱,60 m(长)×0.25 mm(内径)×1.4 μm(膜厚),固定相为6%氰丙基苯-94%二甲基硅氧烷,或其他等效毛细管柱。

(3) 微量注射器:10 μL、50 μL、100 μL、250 μL。

(4) 1 mL 气密性针。

(5) 10 mL 刻度移液管或大肚吸管。

(6) 棕色样品瓶:1 mL,具聚四氟乙烯衬垫和实心螺旋盖。

(7) 顶空瓶:22 mL,螺旋口或钳口顶空瓶,密封盖(螺旋盖或一次使用的压盖),密封垫(硅橡胶、丁基橡胶或氟橡胶材料)。

(8) 顶空瓶压盖器。

(9) 采样瓶:40 mL,具聚四氟乙烯衬的硅橡胶垫的棕色螺口玻璃瓶或其他同类采样瓶。

(10) 自动顶空进样器:温度控制范围在 35~210 ℃,其他参数按仪器使用说明设置。

(11) 实验室其他常用仪器设备和玻璃器皿。

四、实验试剂与材料

本实验所用试剂除另有说明外,均为分析纯,实验用水均为新制备的不含有机物的去离子水或蒸馏水。

(1) 载气:高纯氮,纯度为 99.999%。

(2) 甲醇(CH_3OH):色谱纯或优级纯。

(3) 抗坏血酸或硫代硫酸钠。

(4) 氯化钠(NaCl):优级纯。在 350 ℃下加热 6 h,除去吸附于表面的有机物,冷却后于干净的试剂瓶中保存。

(5) 挥发性卤代烃混合标准溶液:根据需要购买不同含量的有证标准物质或标准溶液。开启后的标准溶液在冷冻、避光条件下密封保存,或参考生产商推荐的保存条件。混合标准溶液(甲醇溶剂):1,1-二氯乙烯、氯丁二烯的浓度为 500 mg/L;二氯甲烷、反式-1,2-二氯乙烯、顺式-1,2-二氯乙烯、1,2-二氯乙烷的浓度为 2000 mg/L;二溴一氯甲烷、三溴甲烷的浓度为 100 mg/L;三氯甲烷、四氯化碳、三氯乙烯、一溴二氯甲烷、四氯乙烯、六氯丁二烯的浓度为 20.0 mg/L。

(6) 挥发性卤代烃标准中间液:用 1 mL 气密性针移取 900 μL 甲醇到样品瓶中,准确移取 100 μL 挥发性卤代烃标准溶液加入到样品瓶中,混匀密封,各组分浓度分别为标准溶液浓度的 1/10。标准中间液在冷冻、避光条件下密封保存,保存时间不超过 1 周。

五、实验步骤

1. 水样采集

用 40 mL 采样瓶采样,如果水样含有余氯,向采样瓶中加入 0.3~0.5 g 抗坏血酸或硫代硫酸钠。采样时水样沿瓶壁注入,防止气泡产生,水样充满采样瓶,不能留有空间。如从自来水或有抽水设备的出水管处取水时,应先平缓放水 5~10 min。所有水样均采集平行样。

每批水样要带一个全程空白,采用与水样采集相同的装置及试剂,用实验用水充满顶空瓶,其他步骤和保存方法与水样相同。

2. 水样保存

水样采集后应立即放入 4 ℃左右冷藏箱内,送回实验室应尽快分析,如不能及时分析,可在 4 ℃左右的冰箱中保存,水样存放区域无有机物干扰,应在 7 天内完成水样分析。

3. 测定步骤

1)顶空进样器参考条件

顶空样品瓶加热温度:60 ℃;进样针温度:65 ℃;传输线温度:105 ℃;气相循环时间:根据气相色谱分析时间设定;样品瓶加热平衡时间:30 min;压力平衡时间:1 min。

2)色谱分析参考条件

气化室温度:220 ℃;程序升温:40 ℃,保持 5 min,然后以 8 ℃/min 升至 100 ℃,再以 6 ℃/min 升至 200 ℃并保持 10 min;检测器温度:320 ℃;载气流速:1 mL/min;分流比:20∶1;尾吹气:30 mL/min。

3)标准曲线

取 5 个顶空瓶,分别称取 3 g NaCl 于各顶空瓶中,缓慢加入 10.0 mL 实验用纯水,再分别加入 5 μL、50 μL 和 100 μL 的挥发性卤代烃标准中间液及 25 μL 和 50 μL 的挥发性卤代烃混合标准溶液,配制成挥发性卤代烃标准系列浓度,见表 2.26.1。

用气相色谱仪测量挥发性卤代烃标准系列溶液顶空瓶气相中挥发性卤代烃的峰高或峰面积,以标准系列溶液各种挥发性卤代烃的含量(μL/L)与对应其峰高或峰面积绘制标准曲线,标准曲线的线性相关系数应不小于 0.995,14 种挥发性卤代烃标准色谱图见图 2.26.1。

表 2.26.1 挥发性卤代烃标准系列浓度/(μg/L)

序号	目标物名称	标准溶液浓度/(mg/L)	浓度 1	浓度 2	浓度 3	浓度 4	浓度 5
1	1,1-二氯乙烯	500	25.0	250	500	1250	2500
2	二氯甲烷	2000	100	1000	2000	5000	10000
3	反式-1,2-二氯乙烯	2000	100	1000	2000	5000	10000
4	氯丁二烯	500	25.0	250	500	1250	2500
5	顺式-1,2-二氯乙烯	2000	100	1000	2000	5000	10000
6	三氯甲烷	20.0	1.0	10.0	20.0	50.0	100
7	四氯化碳	20.0	1.0	10.0	20.0	50.0	100
8	1,2-二氯乙烷	2000	100	1000	2000	5000	10000
9	三氯乙烯	20.0	1.0	10.0	20.0	50.0	100
10	一溴二氯甲烷	20.0	1.0	10.0	20.0	50.0	100
11	四氯乙烯	20.0	1.0	10.0	20.0	50.0	100
12	二溴一氯甲烷	100	5.00	50.0	100	250	500
13	三溴甲烷	100	5.00	50.0	100	250	500
14	六氯丁二烯	20.0	1.0	10.0	20.0	50.0	100

4)水样测定

向 22 mL 顶空瓶中加入 3 g NaCl,取 10.0 mL 水样缓慢加入顶空瓶中,立即加盖密封。置于顶空进样器的样品盘中,设置顶空进样器和气相色谱分析条件,启动顶空进样器和气相色谱系统,以保留时间进行定性分析、以峰高或峰面积进行定量分析。根据目标物的峰面积,由标准曲线得到水样溶液中目标物的浓度。

当水样浓度超出标准曲线线性范围时,将水样稀释至标准曲线线性范围内再测定。

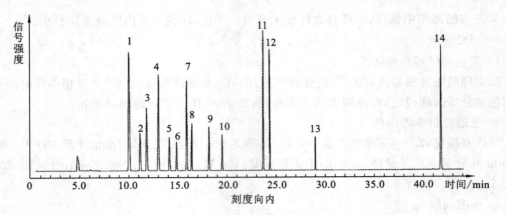

图 2.26.1　14 种挥发性卤代烃标准色谱图

1—1,1-二氯乙烯；2—二氯甲烷；3—反式-1,2-二氯乙烯；4—氯丁二烯；

5—顺式-1,2-二氯乙烯；6—三氯甲烷；7—四氯化碳；8—1,2-二氯乙烷；9—三氯乙烯；

10—一溴二氯甲烷；11—四氯乙烯；12—二溴一氯甲烷；13—三溴甲烷；14—六氯丁二烯

5）空白试验

以实验用纯水代替水样，按照水样的实验步骤进行测定。

六、数据记录与处理

1. 实验数据记录与处理

将水样中挥发性卤代烃的测定结果记入表 2.26.2。

水样名称：_____；采样时间：_____；采样人：_____。

仪器（气相色谱仪）型号：_____；生产厂商：_____；出厂日期：_____。

表 2.26.2　水样中挥发性卤代烃测定结果（μg/L）

序号	目标物名称	标准曲线回归方程	水样 1			水样 2		
			平行 1	平行 2	平均	平行 1	平行 2	平均
1	1,1-二氯乙烯							
2	二氯甲烷							
3	反式-1,2-二氯乙烯							
4	氯丁二烯							
5	顺式-1,2-二氯乙烯							
6	三氯甲烷							
7	四氯化碳							
8	1,2-二氯乙烷							
9	三氯乙烯							
10	一溴二氯甲烷							
11	四氯乙烯							
12	二溴一氯甲烷							
13	三溴甲烷							
14	六氯丁二烯							

2. 结果计算

水样中待测组分的质量浓度（µg/L）按式（2.26.1）进行计算：

$$\rho = (\rho_i - \rho_0) \times 10/V \qquad (2.26.1)$$

式中：ρ——水样中待测目标化合物 i 的质量浓度，µg/L；

$\quad\rho_i$——从标准曲线上查得水样中目标化合物 i 的质量浓度，µg/L；

$\quad\rho_0$——从标准曲线上查得空白水样中目标化合物 i 的质量浓度，µg/L；

$\quad V$——顶空瓶注入原水样的体积，mL；

$\quad 10$——顶空瓶中试样的体积。

3. 结果表示

当结果大于等于 1.00 µg/L 时，结果保留三位有效数字；小于 1.00 µg/L 时，结果保留至小数点后两位。

七、注意事项

（1）高浓度水样与低浓度水样交替分析会造成干扰，当分析高浓度水样后应分析一个空白以防止交叉污染。

（2）顶空瓶可重复使用，洗涤方法为：用洗涤剂洗净，再依次用自来水和蒸馏水多次淋洗，最后在 105 ℃烘 1 h，取出放冷，置于无有机试剂的区域存放备用。

（3）密封垫在使用前应清洗并烘干，但烘箱温度要低于 60 ℃。清洗后的密封垫放入洁净的铝箔密封袋或干净的玻璃试剂瓶中保存。

（4）当顶空瓶为 22 mL，取样体积为 10.0 mL，上述方法中目标化合物的检出限和测定下限详见表 2.26.3。

表 2.26.3　方法的检出限和测定下限

序号	化合物名称	CAS 号	检出限/(µg/L)	测定下限/(µg/L)
1	1,1-二氯乙烯	75-35-4	2.38	9.52
2	二氯甲烷	75-09-2	6.13	24.5
3	反式-1,2-二氯乙烯	156-60-5	2.52	10.1
4	氯丁二烯	126-99-8	0.36	1.44
5	顺式-1,2-二氯乙烯	156-59-2	1.38	5.52
6	三氯甲烷	67-66-3	0.02	0.08
7	四氯化碳	56-23-5	0.03	0.12
8	1,2-二氯乙烷	107-06-2	2.35	9.40
9	三氯乙烯	79-01-6	0.02	0.08
10	一溴二氯甲烷	75-27-4	0.02	0.08
11	四氯乙烯	127-18-4	0.03	0.12
12	二溴一氯甲烷	124-48-1	0.02	0.08
13	三溴甲烷	75-25-2	0.04	0.16
14	六氯丁二烯	87-68-3	0.02	0.08

注：CAS 号是美国化学会的下设组织化学文摘服务社（Chemical Abstracts Service，CAS）为每一种出现在文献中的物质分配一个编号，其目的是为了解决化学物质有多种名称所造成的混乱，方便在数据库上的检索。如今几乎所有的化学数据库都允许用 CAS 号检索。

（5）本实验参考国家环境标准 HJ 620—2011。

实验 27　高效液相色谱法测定水中的多环芳烃

一、实验目的

（1）了解高效液相色谱仪的原理、仪器结构。
（2）学习高效液相色谱仪的操作方法。
（3）了解水中多环芳烃的类型、来源及危害。
（4）学习应用高效液相色谱仪测定多环芳烃的方法。

二、方法原理

1. 液液萃取法

用正己烷或二氯甲烷萃取水中多环芳烃（PAHs），萃取液经硅胶或弗罗里硅土柱净化，用二氯甲烷和正己烷的混合溶剂洗脱，洗脱液浓缩后，用具有荧光/紫外检测器的高效液相色谱仪分离检测。

2. 固相萃取法

采用固相萃取技术富集水中多环芳烃（PAHs），用二氯甲烷洗脱，洗脱液浓缩后，用具有荧光/紫外检测器的高效液相色谱仪分离检测。

液液萃取法适用于饮用水、地下水、地表水、工业废水及生活污水中多环芳烃的测定，固相萃取法适用于清洁水样中多环芳烃的测定。十六种多环芳烃（PAHs）包括萘、苊、二氢苊、芴、菲、蒽、荧蒽、芘、苯并[a]蒽、䓛、苯并[b]荧蒽、苯并[k]荧蒽、苯并[a]芘、茚并[1,2,3-cd]芘、二苯并[a,h]蒽、苯并[g,h,i]苝。

三、实验仪器设备

（1）高效液相色谱仪（HPLC）：具有可调波长紫外检测器或荧光检测器和梯度洗脱功能。
（2）色谱柱：填料为 5 μm ODS（十八烷基硅烷），柱长 25 cm，内径 4.6 mm 的反相色谱柱或其他性能相近的色谱柱。

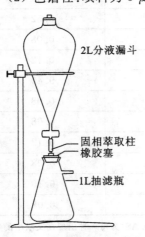
2L分液漏斗

固相萃取柱
橡胶塞

1L抽滤瓶

图 2.27.1　固相萃取装置

（3）采样瓶：1 L 或 2 L 具磨口塞的棕色玻璃细口瓶。
（4）分液漏斗：2 L，玻璃活塞不涂润滑油。
（5）浓缩装置：旋转蒸发装置或 K-D 浓缩器、浓缩仪等性能相当的设备。
（6）液液萃取净化装置。
（7）自动固相萃取仪或固相萃取装置，固相萃取装置由固相萃取柱、分液漏斗、抽滤瓶等组成，如图 2.27.1 所示。
（8）干燥柱：长 250 mm，内径 10 mm，玻璃活塞不涂润滑油的玻璃柱。在柱的下端，放入少量玻璃棉或玻璃纤维滤纸，加入 10 g 无水硫酸钠。
（9）实验室其他常用仪器设备和玻璃器皿。

四、实验试剂与材料

本实验所用试剂除另有注明外,均为分析纯试剂,水均为不含有机物的蒸馏水。

(1) 乙腈(CH_3CN):液相色谱纯。

(2) 甲醇(CH_3OH):液相色谱纯。

(3) 二氯甲烷(CH_2Cl_2):液相色谱纯。

(4) 正己烷(C_6H_{14}):液相色谱纯。

(5) 硫代硫酸钠($Na_2S_2O_3 \cdot 5H_2O$)。

(6) 无水硫酸钠(Na_2SO_4):在 400 ℃下烘烤 2 h,冷却后,储于磨口玻璃瓶中密封保存。

(7) 氯化钠(NaCl):在 400 ℃下烘烤 2 h,冷却后,储于磨口玻璃瓶中密封保存。

(8) 标准溶液:本实验所用标准溶液如下。

①多环芳烃标准储备液:质量浓度为 200 mg/L 含十六种多环芳烃的乙腈溶液,包括萘、苊、二氢苊、芴、菲、蒽、荧蒽、芘、䓛、苯并[a]蒽、苯并[b]荧蒽、苯并[k]荧蒽、苯并[a]芘、茚并[1,2,3-cd]芘、二苯并[a,h]蒽、苯并[g,h,i]芘。储备液于 4 ℃以下冷藏。

②多环芳烃标准使用液(含多环芳烃 20.0 mg/L):取 1.0 mL 多环芳烃标准储备液于 10 mL 容量瓶中,用乙腈稀释至刻度,在 4 ℃以下冷藏。

③十氟联苯(decafluorobiphenyl):纯度为 99%,样品萃取前加入,用于跟踪样品前处理的回收率。

④十氟联苯标准储备液(含十氟联苯 1000 μg/mL):称取十氟联苯 0.025 g,准确到 1 mg,于 25 mL 容量瓶中,用乙腈溶解并稀释至刻度,在 4 ℃以下冷藏。

⑤十氟联苯标准使用溶液(含十氟联苯 40 μg/mL):取 1.0 mL 十氟联苯标准储备液于 25 mL 容量瓶中,用乙腈稀释至刻度,在 4 ℃以下冷藏。

(9) 淋洗液:二氯甲烷-正己烷(1∶1)混合溶液。

(10) 硅胶柱:1000 mg/6.0 mL。

(11) 弗罗里硅土柱:1000 mg/6.0 mL。

(12) 固相萃取柱:C_{18},1000 mg/6.0 mL,或固相萃取圆盘等具有同等萃取性能的物品。

(13) 玻璃棉或玻璃纤维滤纸:在 400 ℃加热 1 h,冷却后,储于磨口玻璃瓶中密封保存。

(14) 氮气,纯度达到 99.999%,用于水样的干燥浓缩。

五、实验步骤

1. 水样的采集

水样必须采集在预先洗净烘干的采样瓶中,采样前不能用水样预洗采样瓶,以防止水样被沾染或吸附。采样瓶要完全注满,不留气泡。若水中有残余氯存在,要在每升水中加入 80 mg 硫代硫酸钠除氯。

2. 水样的保存

水样采集后应避光于 4 ℃以下冷藏,在 7 天内萃取,萃取后的水样应避光于 4 ℃以下冷藏,在 40 天内分析完毕。

3. 样品预处理

1) 液液萃取

萃取:摇匀水样,量取 1000 mL 水样(萃取所用水样体积根据水质情况可适当增减),倒入

2 L 的分液漏斗中,加入 50 μL 十氟联苯标准使用溶液,加入 30 g 氯化钠,再加入 50 mL 二氯甲烷或正己烷,振摇 5 min,静置分层,收集有机相,放入 250 mL 接收瓶中,重复萃取两遍,合并有机相,加入无水硫酸钠至硫酸钠不再结块。放置 30 min,脱水干燥。

浓缩:用浓缩装置浓缩至 1 mL,待净化。如萃取液为二氯甲烷,浓缩至 1 mL,加入正己烷至 5 mL,重复此浓缩过程 3 次,最后浓缩至 1 mL,待净化。

净化:饮用水和地下水的萃取液可不经过柱净化,转换溶剂浓缩至 0.5 mL 直接进行 HPLC 分析。

其他萃取液的净化:用 1 g 硅胶柱或弗罗里硅土柱作为净化柱,将其固定在液液萃取净化装置上。先用 4 mL 二氯甲烷-正己烷(1∶1)混合液冲洗净化柱,再用 10 mL 正己烷平衡净化柱(当 2 mL 正己烷流过净化柱后,关闭活塞,使正己烷在柱中停留 5 min)。将浓缩后的水样加到柱上,再用约 3 mL 正己烷分 3 次洗涤装水样的容器,将洗涤液一并加到柱上,弃去流出的溶剂。被测定的水样吸附于柱上,用 10 mL 二氯甲烷-正己烷(1∶1)混合液洗涤吸附有水样的净化柱,收集洗脱液于浓缩瓶中(当 2 mL 洗脱液流过净化柱后关闭活塞,让洗脱液在柱中停留 5 min)。浓缩至 0.5~1.0 mL,加入 3 mL 乙腈,再浓缩至 0.5 mL 以下,最后准确定容到 0.5 mL 待测。

注:在萃取过程中出现乳化现象时,可采用搅动、离心、用玻璃棉过滤等方法破乳,也可采用冷冻的方法破乳;在水样分析时,若预处理过程中溶剂转换不完全(即有残存正己烷或二氯甲烷),会出现保留时间漂移、峰变宽或双峰的现象。

2) 固相萃取

将固相萃取 C$_{18}$ 柱安装在自动固相萃取仪或按图 2.27.1 连接好固相萃取装置。

活化柱子:先用 10 mL 二氯甲烷预洗 C$_{18}$ 柱,使溶剂流净。接着用 10 mL 甲醇分两次活化 C$_{18}$ 柱,再用 10 mL 水分两次活化 C$_{18}$ 柱,在活化过程中,不要让 C$_{18}$ 柱流干。

水样的富集:在 1000 mL 水样(富集所用水样体积根据水质情况可适当增减)中加入 5 g 氯化钠和 10 mL 甲醇,加入 50 μL 十氟联苯标准使用溶液,混合均匀后以 5 mL/min 的流速流过已活化好的 C$_{18}$ 柱。

干燥:用 10 mL 水冲洗 C$_{18}$ 柱后,真空抽滤 10 min 或用高纯氮气吹 C$_{18}$ 柱 10 min,使柱干燥。

洗脱:用 5 mL 二氯甲烷洗脱浸泡 C$_{18}$ 柱,停留 5 min 后,再用 5 mL 二氯甲烷以 2 mL/min 的速度洗脱 C$_{18}$ 柱,收集洗脱液。

脱水:先用 10 mL 二氯甲烷预洗干燥柱,加入洗脱液后,再加 2 mL 二氯甲烷洗柱,用浓缩瓶收集流出液。浓缩至 0.5~1.0 mL,加入 3 mL 乙腈,再浓缩至 0.5 mL 以下,最后准确定容到 0.5 mL 待测。

4. 色谱条件

1) 色谱条件 Ⅰ

梯度洗脱程序:65%乙腈+35%水,保持 27 min,以每分钟 2.5%乙腈的增量增至 100%乙腈,保持至出峰完毕。流动相流量:1.2 mL/min。

2) 色谱条件 Ⅱ

梯度洗脱程序:80%甲醇+20%水,保持 20 min,以每分钟 1.2%甲醇的增量增至 95%甲醇+5%水,保持至出峰完毕。流动相流量:1.0 mL/min。

5. 检测器

紫外检测器的波长:254 nm、220 nm 和 295 nm。荧光检测器的波长:激发波长 λ_{ex} 为 280 nm,发射波长 λ_{em} 为 340 nm;20 min 后激发波长 λ_{ex} 为 300 nm,发射波长 λ_{em} 为 400 nm、430 nm 和 500 nm。

十六种多环芳烃在紫外检测器上对应的最大吸收波长及在荧光检测器特定的条件下最佳的激发和发射波长见表 2.27.1。

表 2.27.1　用紫外和荧光检测器检测多环芳烃时对应的波长　　　　　　　　单位:nm

序号	组分名称	最大紫外吸收波长	激发波长 λ_{ex}	发射波长 λ_{em}
1	萘	219	275	350
2	苊	228	—	—
3	芴	210	275	350
4	二氢苊	225	275	350
5	菲	251	275	350
6	蒽	251	260	420
7	荧蒽	232	270	440
8	芘	238	270	440
9	䓛	267	260	420
10	苯并[a]蒽	287	260	420
11	苯并[b]荧蒽	258	290	430
12	苯并[k]荧蒽	240	290	430
13	苯并[a]芘	295	290	430
14	二苯并[a,h]蒽	296	290	430
15	苯并[g,h,i]苝	210	290	430
16	茚并[1,2,3-cd]芘	251	250	500

注:"—"表示荧光检测器不适用于苊的测定。

6. 标准曲线的绘制

1) 标准系列的制备

取一定量多环芳烃标准使用液和十氟联苯标准使用溶液于乙腈中,制备至少 5 个浓度点的标准系列,多环芳烃质量浓度分别为 0.1 μg/mL、0.5 μg/mL、1.0 μg/mL、5.0 μg/mL、10.0 μg/mL,储存在棕色小瓶中,于冷暗处存放。

2) 初始标准曲线

通过自动进样器或样品定量环分别移取 5 种浓度的标准使用液 10 μL,注入液相色谱仪,得到各不同浓度的多环芳烃的色谱图。以峰高或峰面积为纵坐标,浓度为横坐标,绘制标准曲线。标准曲线的相关系数应不小于 0.999,否则应重新绘制标准曲线。

3) 标准水样的色谱图

不同填料的色谱柱,化合物出峰的顺序有所不同。图 2.27.2 为在色谱条件 I 下,两种不同检测器串联的十六种多环芳烃标准色谱图。

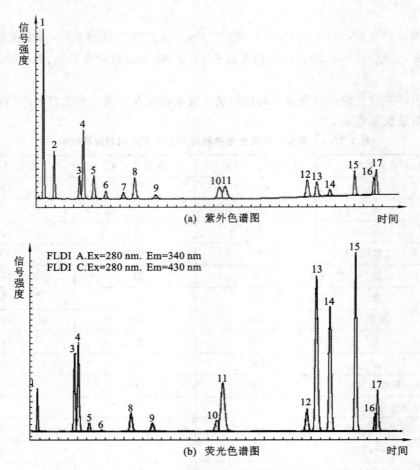

图 2.27.2　十六种多环芳烃标准色谱图

1—萘；2—苊；3—芴；4—二氢苊；5—菲；6—蒽；7—十氟联苯；8—荧蒽；

9—芘；10—䓛；11—苯并[a]蒽；12—苯并[b]荧蒽；13—苯并[k]荧蒽；14—苯并[a]芘；

15—二苯并[a,h]蒽；16—苯并[g,h,i]芘；17—茚并[1,2,3-cd]芘

7. 水样的测定

取 10 μL 待测水样注入高效液相色谱仪中，记录色谱峰的保留时间和峰高（或峰面积）。

8. 空白试验

在分析水样的同时，应做空白试验，即用蒸馏水代替水样，按与水样测定相同步骤分析，检查分析过程中是否有污染。

六、数据记录与处理

按下式计算水样中多环芳烃的质量浓度（μg/L）：

$$\rho_i = (\rho_{xi} - \rho_{x0}) \times V_1/V \tag{2.27.1}$$

式中：ρ_i——水样中组分 i 的质量浓度，μg/L；

　　　ρ_{xi}——从标准曲线中查得水样组分 i 的质量浓度，mg/L；

　　　ρ_{x0}——从标准曲线中查得空白水样组分 i 的质量浓度，mg/L；

　　　V_1——萃取液浓缩后的体积，μL；

V——水样体积，mL。

七、注意事项

（1）所有空白测试结果应低于方法检出限，每分析一批水样至少做一个空白试验。

（2）加标回收率控制范围，空白加标：各组分的回收率应在 $60\%\sim120\%$，十氟联苯回收率应在 $50\%\sim130\%$。

（3）当萃取水样体积为 1 L 时，方法的检出限为 $0.002\sim0.016$ $\mu g/L$，测定下限为 $0.008\sim0.064$ $\mu g/L$。萃取水样体积为 2 L，浓缩水样至 0.1 mL，苯并[a]芘的检出限为 0.0004 $\mu g/L$，测定下限为 0.0016 $\mu g/L$。当富集水样的体积为 10 L 时，方法的检出限为 $0.0004\sim0.0016$ $\mu g/L$，测定下限为 $0.0016\sim0.0064$ $\mu g/L$。

第3章 空气与废气监测实验

实验 28 空气总悬浮颗粒物的测定(重量法)

一、实验目的

(1) 掌握空气总悬浮颗粒物的含义。

(2) 掌握重量法测定空气总悬浮颗粒物的原理和操作过程。

二、方法原理

通过具有一定切割特性的采样器,以恒速抽取定量体积的空气,空气中粒径小于 100 μm 的悬浮颗粒物,被截留在已恒重的滤膜上。根据采样前后滤膜重量之差及采样体积,计算总悬浮颗粒物的浓度,滤膜经处理后可进行组分分析。本方法适合于用大流量或中流量总悬浮颗粒物采样器(简称采样器)进行空气总悬浮颗粒物的测定。方法的检测限为 0.001 mg/m³,总悬浮颗粒物含量过高或雾天采样使滤膜阻力大于 10 kPa 时,本方法不适用。

三、实验仪器设备与材料

(1) 大流量或中流量总悬浮颗粒物智能采样器:要求采样器具备自动恒流采样功能,能够数字化设定瞬时采样流量、采样时间,能够自动显示工况和标况累积采样体积,能够数字化校准瞬时流量、时间、温度和压力,具备温度和压力自动补偿功能。

(2) X 光看片机:用于检查滤膜有无缺损。

(3) 打号机:用于在滤膜及滤膜袋上打号。

(4) 镊子:用于夹取滤膜。

(5) 滤膜:超细玻璃纤维滤膜,对 0.3 μm 标准粒子的截留效率不低于 99%,在气流速度为 0.45 m/s 时,单张滤膜阻力不大于 3.5 kPa,在同样气流速度下,抽取经高效过滤器净化的空气 5 h,1 cm² 滤膜失重不大于 0.012 mg。

(6) 滤膜袋:用于存放采样后对折的采尘滤膜,袋面印有编号、采样日期、采样地点、采样人等项栏目。

(7) 滤膜保存盒:用于保存、运送滤膜,保证滤膜在采样前处于平展不受折状态。

(8) 恒温恒湿箱:箱内空气温度要求在 15~30 ℃ 范围内连续可调,控温精度为 ±1 ℃;箱内空气相对湿度应控制在 (50±5)%,恒温恒湿箱可连续运作。

(9) 天平:总悬浮颗粒物大盘天平用于大流量采样滤膜称量,称重范围 ≥10 g;感量 1 mg;再现性(标准差) ≤2 mg。分析天平用于中流量采样滤膜称量,称量范围 ≥10 g;感量 0.1 mg;再现性(标准差) ≤0.2 mg。

四、实验步骤

1. 滤膜准备

（1）每张滤膜均需用 X 光看片机进行检查，不得有针孔或任何缺陷，在选中的滤膜光滑表面的两个对角上打印编号，滤膜袋上打印同样编号备用。

（2）将滤膜放在恒温恒湿箱中平衡 24 h，平衡温度取 15～30 ℃中任一温度，记录平衡温度与湿度。

（3）在上述平衡条件下称量滤膜，大流量采样器滤膜称量精确到 1 mg，中流量采样器滤膜称量精确到 0.1 mg，记录下滤膜重量 m_0（g）。

（4）称量好的滤膜平展地放在滤膜保存盒中，采样前不得将滤膜弯曲或折叠。

2. 安放滤膜及采样

（1）打开采样头顶盖，取出滤膜夹，用清洁干布擦去采样头内及滤膜夹的灰尘。

（2）将已编号并称量的滤膜绒面向上，放在滤膜支持网上，放上滤膜夹，对正，拧紧，使不漏气，安好采样头顶盖。按照采样器使用说明，设置采样时间和采样流量，即可启动采样。记录采样开始时的时间、大气压力、温度、采样流量。

（3）达到设定采样时间时，采样器会自动停止采样，也可手动停止采样。记录采样结束时的时间、大气压力、温度、采样流量，记录累积工况和标况采样体积。

（4）打开采样头，用镊子轻轻取下滤膜，采样面向里，将滤膜对折，放入号码相同的滤膜袋中。取滤膜时，如发现滤膜损坏或滤膜上尘的边缘轮廓不清晰、滤膜安装歪斜（说明漏气），则本次采样作废，需重新采样。

3. 尘膜的平衡及称量

（1）尘膜在恒温恒湿箱中，在与干净滤膜平衡条件相同的温度、湿度下，平衡 24 h。

（2）在上述平衡条件下称量滤膜，大流量采样器滤膜称量精确到 1 mg，中流量采样器滤膜称量精确到 0.1 mg，记录下滤膜重量 m_1（g）。滤膜增重，大流量滤膜不小于 100 mg，中流量滤膜不小于 10 mg。

五、数据记录与处理

1. 采样现场条件记录

将现场采样数据记入表 3.28.1。

表 3.28.1　采样现场记录表

采样点名称：＿＿＿＿＿＿＿；采样时间：＿＿＿＿＿年＿＿＿＿＿月＿＿＿＿＿日；采样人：＿＿＿＿＿＿。

采样器编号	滤膜编号	采样开始时间	采样结束时间	累积采样时间	累积工况采样体积	累积标况采样体积

2. 总悬浮颗粒物含量分析及结果记录

总悬浮颗粒物含量的测定结果记入表 3.28.2。

表 3.28.2　测定结果记录

采样点名称:_____;采样时间:_____年_____月_____日;测试人:_____。

滤膜编号	累积标况采样体积 V_N/m³	空膜重量 m_0/g	尘膜重量 m_1/g	膜增重 /g	总悬浮颗粒物含量 /(μg/m³)

3. 计算公式

总悬浮颗粒物含量(μg/m³)按式(3.28.1)计算:

$$总悬浮颗粒物含量 = (m_1 - m_0) \times 10^6 / V_N \tag{3.28.1}$$

式中:m_0——空膜重量,g;

　　　m_1——尘膜重量,g;

　　　V_N——采样器累积标况采样体积,m³。

六、注意事项

(1)新购置或维修后的采样器在启用前,需进行流量校准;正常使用的采样器每月需进行一次流量校准,校准方法参考 GB/T 15432—1995。

(2)当两台总悬浮颗粒物采样器安放位置相距 2~4 m 时,同时采样测定总悬浮颗粒物含量,相对偏差不大于 15%。

(3)雨雪天停止采样。

(4)本实验可参考国家标准 GB/T 15432—1995。

实验 29　空气中 PM_{10} 和 $PM_{2.5}$ 的测定(重量法)

一、实验目的

(1)掌握 $PM_{2.5}$ 和 PM_{10} 的概念及其意义。

(2)掌握重量法测定 $PM_{2.5}$ 和 PM_{10} 的操作要点。

二、方法原理

PM_{10} 是指悬浮在空气中,空气动力学直径≤10 μm 的颗粒物。$PM_{2.5}$ 是指悬浮在空气中,空气动力学直径≤2.5 μm 的颗粒物。分别通过具有一定切割特性的采样器,以恒速抽取定量体积空气,使环境空气中 $PM_{2.5}$ 和 PM_{10} 被截留在已知重量的滤膜上,根据采样前后滤膜的重量差和采样体积,计算出 $PM_{2.5}$ 和 PM_{10} 浓度。

本方法的检出限为 0.010 mg/m³(以感量 0.1 mg 分析天平,样品负载量为 1.0 mg,采集 108 m³ 空气样品计)。

三、实验仪器设备与材料

(1)切割器:包括以下两种类型的切割器。

①PM_{10} 切割器、采样系统:切割粒径 Da_{50} =(10±0.5) μm;捕集效率的几何标准差为 σ_g = (1.5±0.1) μm。其他性能和技术指标应符合 HJ/T 93—2003 的规定。

②PM$_{2.5}$切割器、采样系统:切割粒径 Da$_{50}$=(2.5±0.2) μm;捕集效率的几何标准差为 σ_g =(1.2±0.1) μm。其他性能和技术指标应符合 HJ/T 93—2003 的规定。

(2) 大流量或中流量总悬浮颗粒物(TSP)智能采样器:要求采样器具备自动恒流采样功能,能够数字化设定瞬时采样流量、采样时间,能够自动显示工况和标况累积采样体积,能够数字化校准瞬时流量、时间、温度和压力,具备温度和压力自动补偿功能。

(3) X 光看片机:用于检查滤膜有无缺损。

(4) 打号机:用于在滤膜及滤膜袋上打号。

(5) 镊子:用于夹取滤膜。

(6) 滤膜:根据样品采集目的可选用玻璃纤维滤膜、石英滤膜等无机滤膜或聚氯乙烯、聚丙烯、混合纤维素等有机滤膜。滤膜对 0.3 μm 标准粒子的截留效率不低于 99%。

(7) 滤膜袋:用于存放采样后对折的采尘滤膜,袋面印有编号、采样日期、采样地点、采样人等项栏目。

(8) 滤膜保存盒:用于保存、运送滤膜,保证滤膜在采样前处于平展不受折状态。

(9) 分析天平:感量 0.1 mg 或 0.01 mg。

(10) 恒温恒湿箱(室):箱(室)内空气温度在 15~30 ℃ 范围内可调,控温精度±1 ℃。箱(室)内空气相对湿度应控制在(50±5)%,恒温恒湿箱(室)可连续工作。

(11) 干燥器:内盛变色硅胶。

四、实验步骤

(1) 采样条件:采样时,采样器入口距地面高度应不小于 1.5 m,风速应不大于 8 m/s,雨雪天停止采样,采样点应避开污染源及障碍物。如果测定交通枢纽处 PM$_{10}$ 和 PM$_{2.5}$,采样点应布置在距人行道边缘外侧 1 m 处。采用间断采样方式测定日平均浓度时,其次数不应少于 4 次,累积采样时间不应少于 18 h。

(2) 采样前,将空白滤膜放在恒温恒湿箱(室)中平衡 24 h,平衡条件为温度取 15~30 ℃ 中任何一点,相对湿度控制在 45%~55% 范围内,记录平衡温度与湿度。在上述平衡条件下,用感量为 0.1 mg 或 0.01 mg 的分析天平称量空白滤膜,记录滤膜重量 m_1。称量后,放入干燥器中备用。

(3) 用镊子将已编号并称量过的滤膜绒面向上,放在滤膜支持网上,放上滤膜夹,对正,拧紧,使不漏气,安好采样头顶盖。按照采样器使用说明,设置采样时间、采样流量,即可启动采样。记录采样开始时的时间、大气压力、温度、采样流量。

(4) 达到设定采样时间时,采样器会自动停止采样,也可手动停止采样。记录采样结束时的时间、大气压力、温度、采样流量,记录累积工况和标况采样体积。

(5) 打开采样头,用镊子轻轻取下滤膜,采样面向里,将滤膜对折,放入号码相同滤膜袋中。取滤膜时,如发现滤膜损坏,或滤膜上尘的边缘轮廓不清晰、滤膜安装歪斜(说明漏气),则本次采样作废,需重新采样。

(6) 将采样后的滤膜(尘膜)放在恒温恒湿箱(室)中平衡 24 h,平衡条件与采样前滤膜平衡条件一致。在上述平衡条件下,用感量为 0.1 mg 或 0.01 mg 的分析天平称量尘膜,记录尘膜重量 m_2,同一滤膜在恒温恒湿箱(室)中相同条件下再平衡 1 h 后称重。对于 PM$_{10}$ 和 PM$_{2.5}$ 颗粒物样品滤膜,两次重量之差分别小于 0.4 mg 或 0.04 mg 为满足恒重要求。

五、数据记录与处理

1. 采样现场条件记录

将采样现场条件记入表 3.29.1。

表 3.29.1　采样现场记录表

采样点名称：_____；采样时间：_____年_____月_____日；采样人：_____。

采样器编号	滤膜编号（PM$_{10}$）	滤膜编号（PM$_{2.5}$）	采样开始时间	采样结束时间	累积采样时间	累积工况采样体积	累积标况采样体积

2. 总悬浮颗粒物含量分析及结果记录

将采样测定结果记入表 3.29.2。

表 3.29.2　测定结果记录

采样点名称：_____；采样时间：_____年_____月_____日；采样人：_____。

累积标况采样体积 V_N/m^3	PM$_{10}$空膜重量 m_1/g	PM$_{10}$尘膜重量 m_2/g	PM$_{10}$浓度/(μg/m^3)	PM$_{2.5}$空膜重量 m_1/g	PM$_{2.5}$尘膜重量 m_2/g	PM$_{2.5}$浓度/(μg/m^3)

3. 计算公式

PM$_{2.5}$ 或 PM$_{10}$ 浓度（μg/m^3）按式（3.29.1）计算：

$$\rho = (m_2 - m_1) \times 10^6 / V_N \tag{3.29.1}$$

式中：ρ——PM$_{10}$ 或 PM$_{2.5}$ 浓度，μg/m^3；

　　　m_2——尘膜重量，g；

　　　m_1——空膜重量，g；

　　　V_N——累积标况采样体积，m^3。

计算结果保留三位有效数字。

六、注意事项

（1）采样器每次使用前需进行流量校准，校准方法按国家标准 HJ 618—2011 中的附录 A 执行。

（2）滤膜使用前均需进行检查，不得有针孔或任何缺陷，滤膜称量时要消除静电的影响。

（3）取清洁滤膜若干张，在恒温恒湿箱（室），按平衡条件平衡 24 h，称重。每张滤膜非连续称量 10 次以上，求每张滤膜的平均值为该张滤膜的原始质量。以上述滤膜作为标准滤膜。每次称滤膜的同时，称量两张标准滤膜。若标准滤膜称出的重量在原始质量±5 mg（大流量）或±0.5 mg（中流量和小流量）范围内，则认为该批样品滤膜称量合格，数据可用；否则应检查称量条件是否符合要求并重新称量该批样品滤膜。

（4）要经常检查采样头是否漏气，当滤膜安放正确，采样系统无漏气时，采样后滤膜上颗粒物与四周白边之间界限应清晰，如出现界线模糊时，则表明应更换滤膜密封垫。

（5）对电机有电刷的采样器，应尽可能在电机由于电刷原因停止工作前更换电刷，以免使采样失败，更换时间视以往情况确定。更换电刷后要重新校准流量，新更换电刷的采样器应在负载条件下运转 1 h,待电刷与转子的整流子良好接触后,再进行流量校准。

(6) 当 PM_{10} 或 $PM_{2.5}$ 含量很低时,采样时间不能过短。对于感量为 0.1 mg 和 0.01 mg 的分析天平,滤膜上颗粒物负载量应分别大于 1 mg 和 0.1 mg,以减少称量误差。

(7) 采样前后,滤膜称量应使用同一台分析天平,称 $PM_{2.5}$ 的膜及其尘膜时用感量为 0.01 mg 的分析天平。

(8) 本实验内容参考国家环境保护标准 HJ 618—2011。

实验 30　空气中氮氧化物的测定(盐酸萘乙二胺分光光度法)

一、实验目的

(1) 了解空气中氮氧化物的组成、主要来源及其环境效应。

(2) 掌握溶液吸收富集采样法的操作。

(3) 掌握盐酸萘乙二胺分光光度法测定空气中氮氧化物的原理、操作及结果计算。

二、方法原理

空气中的氮氧化物主要有一氧化氮(NO)、二氧化氮(NO_2)、五氧化二氮(N_2O_5)、氧化二氮(N_2O)等,其中一氧化氮和二氧化氮是空气中的主要污染物,测定氮氧化物主要是测定一氧化氮和二氧化氮。空气中的二氧化氮被水溶液吸收生成硝酸和亚硝酸,其中亚硝酸与溶液中的对氨基苯磺酸发生重氮化反应,再与盐酸萘乙二胺发生偶合反应,生成玫瑰红色偶氮染料,生成的偶氮染料在波长 540 nm 处的吸光度与二氧化氮的含量成正比。采样时串联两支吸收瓶,空气中的二氧化氮被第一支吸收瓶中的吸收液吸收,反应生成粉红色偶氮染料;空气中的一氧化氮不被第一支吸收瓶吸收,继续通过装有酸性高锰酸钾溶液的氧化管时被氧化为二氧化氮,被第二支吸收瓶中的吸收液吸收,反应生成粉红色偶氮染料。分别测定第一支和第二支吸收瓶中样品的吸光度,计算两支吸收瓶内二氧化氮和一氧化氮的质量浓度,二者之和即为氮氧化物的质量浓度(以 NO_2 计)。

本方法检出限为 0.12 μg/10 mL 吸收液。当吸收液总体积为 10 mL,采样体积为 24 L 时,空气中氮氧化物的检出限为 0.005 mg/m^3;当吸收液总体积为 50 mL,采样体积为 288 L 时,空气中氮氧化物的检出限为 0.003 mg/m^3;当吸收液总体积为 10 mL,采样体积为 12~24 L 时,环境空气中氮氧化物的测定范围为 0.020~2.5 mg/m^3。

三、实验仪器设备

(1) 分光光度计。

(2) 空气采样器:流量范围为 0.1~1.0 L/min。采样流量为 0.4 L/min 时,相对误差在 ±5% 以内。

(3) 恒温、半自动连续空气采样器:采样流量为 0.2 L/min 时,相对误差小于 ±5%,能将吸收液温度保持在(20±4) ℃。采样连接管线为硼硅玻璃管、不锈钢管、聚四氟乙烯管或硅胶管,内径约为 6 mm,尽可能短些,任何情况下不得超过 2 m,配有朝下的空气入口。

(4) 吸收瓶:可装 10 mL、25 mL 或 50 mL 吸收液的多孔玻板吸收瓶(图 3.30.1),液柱高度不低于 80 mm,使用棕色吸收瓶或采样过程中吸收瓶外罩黑色避光罩。新的多孔玻板吸收瓶或使用后的多孔玻板吸收瓶,应用 HCl(1∶1)浸泡 24 h 以上,用清水洗净。

（5）氧化瓶:可装 5 mL、10 mL 或 50 mL 酸性高锰酸钾溶液的洗气瓶,液柱高度不低于 80 mm,如图 3.30.2 所示。使用后,用盐酸羟胺溶液浸泡洗涤。

（6）实验室其他常用仪器设备和玻璃器皿。

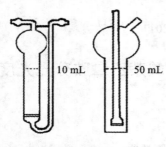

图 3.30.1　多孔玻板吸收瓶

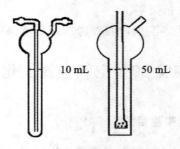

图 3.30.2　氧化瓶

四、实验试剂与材料

本实验所用试剂除另有说明外,其他均为分析纯试剂,实验用水均为无亚硝酸根的蒸馏水、去离子水或相当纯度的水。必要时,实验用水可在全玻璃蒸馏器中以每升水加入 0.5 g 高锰酸钾（$KMnO_4$）和 0.5 g 氢氧化钡（$Ba(OH)_2$）重蒸。

（1）冰乙酸,$\rho = 1.05$ g/mL。

（2）盐酸羟胺溶液（0.2～0.5 g/L）:称取盐酸羟胺（$NH_2OH \cdot HCl$）0.2～0.5 g 用水溶解并稀释至 1000 mL。

（3）浓硫酸,$\rho = 1.84$ g/mL。

（4）硫酸溶液[$c(1/2\ H_2SO_4) = 1$ mol/L]:取 15 mL 浓硫酸,徐徐加到 500 mL 水中,搅拌均匀,冷却备用。

（5）酸性高锰酸钾溶液（25 g/L）:称取 25 g 高锰酸钾（$KMnO_4$）于 1000 mL 烧杯中,加入 500 mL 水,稍微加热使其全部溶解,然后加入 $c(1/2\ H_2SO_4) = 1$ mol/L 的硫酸溶液 500 mL,搅拌均匀,储于棕色试剂瓶中。

（6）N-(1-萘基)乙二胺盐酸盐储备液（1.00 g/L）:称取 0.50 g N-(1-萘基)乙二胺盐酸盐（$C_{10}H_7NH(CH_2)_2NH_2 \cdot 2HCl$）于 500 mL 容量瓶中,用水溶解稀释至刻度。此溶液储于密闭的棕色瓶中,在冰箱中冷藏,可稳定保存 3 个月。

（7）显色液:称取 5.0 g 对氨基苯磺酸（$NH_2C_6H_4SO_3H$）溶解于约 200 mL 40～50 ℃热水中,将溶液冷却至室温,全部移入 1000 mL 容量瓶中,加入 50 mL N-(1-萘基)乙二胺盐酸盐储备液和 50 mL 冰乙酸,用水稀释至刻度。此溶液储于密闭的棕色瓶中,在 25 ℃以下暗处存放可稳定 3 个月。若溶液呈现淡红色,应弃之重配。

（8）吸收液:使用时将显色液和水按 4∶1 比例混合,即为吸收液,吸收液的吸光度应不大于 0.005。

（9）亚硝酸钠,优级纯:使用前在（105±5）℃干燥 2 h 以上,存放于干燥器中。

（10）亚硝酸盐标准储备液[$\rho(NO_2^-) = 250\ \mu g/mL$]:准确称取 0.3750 g 干燥后的优级纯亚硝酸钠（$NaNO_2$）溶于水,移入 1000 mL 容量瓶中,用水稀释至标线。此溶液储于密闭棕色瓶中于暗处存放,可稳定保存 3 个月。

(11)亚硝酸盐标准使用液[$\rho(NO_2^-)=2.5\ \mu g/mL$]:准确吸取亚硝酸盐标准储备液 1.00 mL 于 100 mL 容量瓶中,用水稀释至标线,临用现配。

五、实验步骤

1. 样品采集

取两支内装 10.0 mL 吸收液的多孔玻板吸收瓶和一支内装 5~10 mL 酸性高锰酸钾溶液的氧化瓶(液柱高度不低于 80 mm),用尽量短的硅橡胶管将氧化瓶串联在两支吸收瓶之间,见图 3.30.3 手工采样系列示意图,以 0.4 L/min 流量采气 4~24 L。

采样要求:采样前应检查采样系统的气密性,用皂膜流量计进行流量校准。采样流量的相对误差应为±5%。采样期间,样品运输和存放过程中应避免阳光照射。采样结束时,为防止溶液倒吸,应在采样泵停止抽气的同时,闭合连接在采样系统中的止水夹或电磁阀。

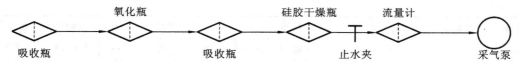

图 3.30.3 手工采样系列示意图

2. 现场空白

装有吸收液的吸收瓶带到采样现场,与样品在相同的条件下保存、运输,直至送交实验室分析,运输过程中应注意防止沾污,要求每次采样至少做 2 个现场空白测试。

3. 样品的保存

样品采集、运输及存放过程中避光保存,样品采集后尽快分析。若不能及时测定,将样品于低温暗处存放,样品在 30 ℃暗处存放,可稳定 8 h;在 20 ℃暗处存放,可稳定 24 h;于 0~4 ℃冷藏,至少可稳定 3 天。

4. 标准曲线的绘制

取 6 支 10 mL 具塞比色管,按表 3.30.1 制备亚硝酸盐标准溶液系列。

表 3.30.1 亚硝酸盐标准溶液系列

管　　号	0	1	2	3	4	5
亚硝酸盐标准使用液/mL	0.00	0.40	0.80	1.20	1.60	2.00
水/mL	2.00	1.60	1.20	0.80	0.40	0.00
显色液/mL	8.00	8.00	8.00	8.00	8.00	8.00
亚硝酸盐质量浓度/($\mu g/mL$)	0.00	0.10	0.20	0.30	0.40	0.50

各管混匀,于暗处放置 20 min(室温低于 20 ℃时放置 40 min 以上),用 10 mm 比色皿,在波长 540 nm 处,以水为参比测量吸光度,扣除 0 号管的吸光度以后为 y,对应亚硝酸盐的质量浓度($\mu g/mL$)为 x,计算标准曲线的回归方程。

5. 空白试验

(1)实验室空白试验:取实验室内未经采样的空白吸收液,用 10 mm 比色皿,在波长 540 nm 处,以水为参比测定吸光度。实验室空白吸光度 A_0 在显色规定条件下波动范围不超过±15%。

(2)现场空白:同实验室空白试验测定吸光度,将现场空白和实验室空白的测量结果相对照,若现场空白与实验室空白相差过大,查找原因,重新采样。

6. 样品测定

采样后放置 20 min,室温 20 ℃以下时放置 40 min 以上,用水将采样瓶中吸收液的体积补充至标线,混匀。用 10 mm 比色皿,在波长 540 nm 处,以水为参比测量吸光度,同时测定空白样品的吸光度。若样品的吸光度超过标准曲线的上限,应将实验室空白样品稀释,再测其吸光度,但稀释倍数不得大于 6。

六、数据记录与处理

1. 采样记录

将采样数据记入表 3.30.2。

表 3.30.2 采样记录表

采样地点:

采样 日期	采样器 编号	采样 流量	采样起始			采样结束			累积采 样时间	累积采 样体积/L
			时间	气温	气压	时间	气温	气压		

2. 标准曲线的绘制

将标准曲线数据记入表 3.30.3。

表 3.30.3 标准曲线数据表

管 号	0	1	2	3	4	5
亚硝酸盐质量浓度(x)/(μg/mL)	0.00	0.10	0.20	0.30	0.40	0.50
吸光度 A_i(i 为 0~5)						
校正吸光度(y)($A_i - A_0$)	0					

回归方程 $y = ax + b$,斜率 $a =$ _____,截距 $b =$ _____。

3. 样品测定

吸收液的体积 $V =$ _____ mL,第一支吸收瓶吸光度 $A_{S1} =$ _____,第二支吸收瓶吸光度 $A_{S2} =$ _____,空白吸光度 $A_b =$ _____。

4. 结果计算与表示

(1) 空气中二氧化氮质量浓度 $\rho(NO_2)$(mg/m³)按式(3.30.1)计算:

$$\rho(NO_2) = (A_{S1} - A_b - b) \times V \times D / (a \times f \times V_0) \qquad (3.30.1)$$

(2) 空气中一氧化氮质量浓度 $\rho(NO)$(mg/m³)以二氧化氮(NO_2)计,按式(3.30.2)计算:

$$\rho(NO) = (A_{S2} - A_b - b) \times V \times D / (a \times f \times V_0 \times K) \qquad (3.30.2)$$

(3) 空气中一氧化氮质量浓度 $\rho'(NO)$(mg/m³)以一氧化氮(NO)计,按式(3.30.3)计算:

$$\rho'(NO) = \rho(NO) \times 30/46 \qquad (3.30.3)$$

(4) 空气中氮氧化物的质量浓度 $\rho(NO_x)$(mg/m³)以二氧化氮(NO_2)计,按式(3.30.4)计算:

$$\rho(NO_x) = \rho(NO_2) + \rho(NO) \qquad (3.3.4)$$

式中:A_{S1}、A_{S2}——串联的第一支和第二支吸收瓶中样品的吸光度;

A_b——实验室空白的吸光度;

a——标准曲线的斜率,吸光度 · mL/μg;

b——标准曲线的截距;

V——采样用吸收液体积,mL;

V_0——采样的空气在标准状态(101.325 kPa,273 K)的体积,L;

K——NO→NO_2氧化系数,0.68;

D——样品的稀释倍数;

f——Saltzman 实验系数,0.88(当空气中二氧化氮质量浓度高于 0.72 mg/m³ 时,f 取值为 0.77)。

七、注意事项

(1) 空气中二氧化硫质量浓度为氮氧化物质量浓度的 30 倍时,对二氧化氮的测定产生负干扰。

(2) 空气中过氧乙酰硝酸酯(PAN)对二氧化氮的测定产生正干扰。

(3) 空气中臭氧质量浓度超过 0.25 mg/m³ 时,对二氧化氮的测定产生负干扰。采样时在采样瓶入口端串接一段 15~20 cm 长的硅橡胶管,可排除干扰。

(4) 本实验参考国家环境标准 HJ 479—2009。

实验 31　空气中二氧化硫的测定(甲醛溶液吸收-盐酸副玫瑰苯胺分光光度法)

一、实验目的

(1) 了解空气中二氧化硫的测定方法有哪些。

(2) 掌握甲醛溶液吸收-盐酸副玫瑰苯胺分光光度法测定空气中二氧化硫的原理、操作及计算。

(3) 进一步熟悉采样仪器和分光光度计的使用。

二、方法原理

二氧化硫被甲醛缓冲溶液吸收后,生成稳定的羟甲基磺酸加成化合物,在样品溶液中加入氢氧化钠使加成化合物分解,释放出的二氧化硫与副玫瑰苯胺、甲醛作用,生成紫红色化合物,用分光光度计在波长 577 nm 处测量吸光度。

本方法的主要干扰物为氮氧化物、臭氧及某些重金属元素,采样后放置一段时间可使臭氧自行分解,加入氨磺酸钠溶液可消除氮氧化物的干扰,吸收液中加入磷酸及环己二胺四乙酸二钠盐可以消除或减少某些金属离子的干扰。10 mL 样品溶液中含有 50 μg 以下的钙、镁、铁、镍、镉、铜等金属离子及 5 μg 以下的二价锰离子时,对本方法测定不产生干扰。当 10 mL 样品溶液中含有 10 μg 二价锰离子时,可使样品的吸光度降低 27%。

当使用 10 mL 吸收液,空气采样体积为 30 L 时,测定空气中二氧化硫的检出限为 0.007 mg/m³,测定下限为 0.028 mg/m³,测定上限为 0.667 mg/m³。

三、实验仪器设备

(1) 分光光度计。

（2）多孔玻板吸收管：10 mL 多孔玻板吸收管（用于短时间采样）。

（3）恒温水浴锅：0～40 ℃，控制精度为±1 ℃。

（4）比色管：10 mL。

（5）空气采样器：用于短时间采样的普通空气采样器，流量范围为 0.1～1 L/min，应具有保温装置。

（6）实验室其他常用仪器设备和玻璃器皿。

四、实验试剂与材料

本实验所用试剂除另有说明外，其他均为分析纯试剂，实验用水均为新制备的蒸馏水或同等纯度的水。

（1）冰乙酸，$\rho = 1.05$ g/mL。

（2）浓盐酸，$\rho = 1.19$ g/mL。

（3）浓磷酸，$\rho = 1.69$ g/mL。

（4）盐酸[$c(HCl) = 1.2$ mol/L]：量取 100 mL 浓盐酸加入到 500 mL 水中，混匀，再用水稀释至 1000 mL。

（5）盐酸[$c(HCl) = 1$ mol/L]：量取 84 mL 浓盐酸加入到 500 mL 水，混匀，再用水稀释至 1000 mL。

（6）正丁醇。

（7）碘酸钾（KIO_3），优级纯，经 110 ℃ 干燥 2 h。

（8）氢氧化钠溶液[$c(NaOH) = 1.5$ mol/L]：称取 6.0 g 氢氧化钠（NaOH），溶于 100 mL 水中。

（9）环己二胺四乙酸二钠溶液（0.05 mol/L）：称取 1.82 g 反式 1,2-环己二胺四乙酸（$C_{14}H_{22}N_2O_8$），加入 6.5 mL 1.5 mol/L 的氢氧化钠溶液中，用水稀释至 100 mL。

（10）甲醛缓冲吸收储备液：称取 2.04 g 邻苯二甲酸氢钾（$HOOCC_6H_4COOK$），溶于少量水中，加入 36%～38% 的甲醛溶液 5.5 mL、0.05 mol/L 的环己二胺四乙酸二钠溶液 20.00 mL，混匀，再用水稀释至 100 mL，储于冰箱可保存 1 年。

（11）甲醛缓冲吸收液：用水将甲醛缓冲吸收储备液稀释 100 倍，临用时现配。

（12）氨磺酸钠溶液（6.0 g/L）：称取 0.60 g 氨磺酸（H_2NSO_3H）置于 100 mL 烧杯中，加入 4.0 mL 1.5 mol/L 的氢氧化钠溶液，加水完全溶解后稀释至 100 mL，摇匀，此溶液密封可保存 10 天。

（13）碘储备液[$c(1/2\ I_2) = 0.10$ mol/L]：称取 12.7 g 碘（I_2）、40 g 碘化钾（KI）于烧杯中，加适量水搅拌至完全溶解，用水稀释至 1000 mL，储存于棕色细口瓶中。

（14）碘使用液[$c(1/2\ I_2) = 0.010$ mol/L]：量取碘储备液 50 mL，用水稀释至 500 mL，储于棕色细口瓶中。

（15）淀粉指示剂：称取 0.5 g 可溶性淀粉于 150 mL 烧杯中，用少量水调成糊状，慢慢倒入 100 mL 沸水，继续煮沸至溶液澄清，冷却后储于试剂瓶中。

（16）碘酸钾标准溶液[$c(1/6\ KIO_3) = 0.1000$ mol/L]：准确称取 3.5667 g 碘酸钾（KIO_3）溶于水，移入 1000 mL 容量瓶中，用水稀释至标线，摇匀。

（17）硫代硫酸钠标准储备液[$c(Na_2S_2O_3) = 0.10$ mol/L]：称取 25.0 g 硫代硫酸钠（$Na_2S_2O_3 \cdot 5H_2O$），溶于 1000 mL 新煮沸但已冷却的水中，加入 0.2 g 无水碳酸钠

（Na_2CO_3），储于棕色细口瓶中，放置一周后备用。如溶液呈现浑浊，必须过滤。

标定方法：吸取 2 份 20.00 mL 碘酸钾标准溶液分别置于 250 mL 碘量瓶中，加 70 mL 新煮沸但已冷却的水，加 1 g 碘化钾（KI），振摇至完全溶解后，加 10 mL 1.2 mol/L 盐酸，立即盖好瓶塞，摇匀。于暗处放置 5 min 后，用硫代硫酸钠标准储备液滴定溶液至浅黄色，加 2 mL 淀粉指示剂，继续滴定至蓝色刚好退去，记录滴定所耗硫代硫酸钠标准储备液的体积 V（mL），按式（3.31.1）计算硫代硫酸钠标准储备液的浓度：

$$c(Na_2S_2O_3) = 0.1000 \times 20.00/V \tag{3.31.1}$$

（18）硫代硫酸钠标准使用液[$c(Na_2S_2O_3)=0.0100$ mol/L]：根据标定浓度，取适量硫代硫酸钠标准储备液置于 500 mL 容量瓶中，用新煮沸但已冷却的水稀释至标线，摇匀，配制成 $c(Na_2S_2O_3)=0.0100$ mol/L 的硫代硫酸钠标准使用液。

（19）乙二胺四乙酸二钠（EDTA-Na_2）溶液（0.50 g/L）：称取 0.25 g 乙二胺四乙酸二钠（$C_{10}H_{14}N_2O_8Na_2 \cdot 2H_2O$）溶于 500 mL 新煮沸但已冷却的水中，临用时现配。

（20）二氧化硫标准储备液[$\rho(SO_2)=320\sim400$ μg/mL]：称取 0.2 g 亚硫酸钠（Na_2SO_3）溶于 200 mL EDTA-2Na 溶液中，缓缓摇匀以防充氧，使其溶解。放置 2~3 h 后标定，标定方法如下。

①取 4 个 250 mL 碘量瓶（编号 1、2、3、4），在 1、2 号瓶内各加入 25 mL EDTA-Na_2 溶液，在 3、4 号瓶内加入 25.00 mL 亚硫酸钠溶液。在 4 个碘量瓶中各加入 50.0 mL 碘使用液和 1.00 mL 冰乙酸，盖好瓶盖，摇匀。

②将 4 个瓶子于暗处放置 5 min 后，用硫代硫酸钠标准使用液滴定至浅黄色，加 2 mL 淀粉指示剂，继续滴定至蓝色刚好消失。平行滴定所用硫代硫酸钠标准使用液的体积之差应不大于 0.05 mL。

二氧化硫标准储备液的质量浓度（μg/mL）由式（3.31.2）计算：

$$\rho(SO_2) = (V_0 - V_1) \times c(Na_2S_2O_3) \times 32.02 \times 1000/25.00 \tag{3.31.2}$$

式中：$\rho(SO_2)$——二氧化硫标准储备液的质量浓度，μg/mL；

V_0——空白滴定所用硫代硫酸钠标准使用液的平均体积，mL；

V_1——样品滴定所用硫代硫酸钠标准使用液的平均体积，mL；

$c(Na_2S_2O_3)$——硫代硫酸钠标准使用液的浓度，mol/L。

（21）二氧化硫标准中间液[$\rho(SO_2)=10.00$ μg/mL]：准确吸取适量二氧化硫标准储备液于一个已装有 40~50 mL 甲醛缓冲吸收液的 100 mL 容量瓶中，并用甲醛缓冲吸收液稀释至标线、摇匀。此溶液在 4~5 ℃下冷藏可稳定 6 个月。

（22）二氧化硫标准使用液[$\rho(SO_2)=1.00$ μg/mL]：准确吸取 10.00 mL 二氧化硫标准中间液于 100 mL 容量瓶中，并用甲醛缓冲吸收液稀释至标线、摇匀。此溶液在 4~5 ℃下冷藏可稳定 1 个月。

（23）乙酸-乙酸钠溶液[$c(CH_3COONa)=1.0$ mol/L]：称取 13.6 g 乙酸钠（$CH_3COONa \cdot 3H_2O$）溶于水，移入 100 mL 容量瓶中，加 5.7 mL 冰乙酸，用水稀释至标线，摇匀，此溶液 pH 值为 4.7。

（24）盐酸副玫瑰苯胺储备液（2.0 g/L）：取正丁醇和 1 mol/L 盐酸各 500 mL，放入 1000 mL 分液漏斗中盖塞振摇 3 min，使其互溶达到平衡，静置 15 min，待完全分层后，将下层水相（盐酸）和上层有机相（正丁醇）分别转入试剂瓶中备用。称取 0.100 g 副玫瑰苯胺（$C_{19}H_{17}N_3$）放入小烧杯中，加入平衡过的 1 mol/L 盐酸 40 mL，用玻璃棒搅拌至完全溶解后，转入 250 mL

分液漏斗中,再用平衡过的正丁醇 80 mL 分数次洗涤小烧杯,洗液并入分液漏斗中。盖塞,振摇 3 min,静止 15 min,待完全分层后,将下层水相转入另一个 250 mL 分液漏斗中,再加 80 mL 平衡过的正丁醇,按上述操作萃取。按此操作每次用 40 mL 平衡过的正丁醇重复萃取 9~10 次后,将下层水相滤入 50 mL 容量瓶中,并用 1 mol/L 盐酸稀释至标线,摇匀。此盐酸副玫瑰苯胺储备液约为 0.20%,呈橘黄色。

副玫瑰苯胺储备液的检验方法:吸取 1.00 mL 副玫瑰苯胺储备液于 100 mL 容量瓶中,用水稀释至标线,摇匀。取稀释液 5.00 mL 于 50 mL 容量瓶中,加 5.00 mL 乙酸-乙酸钠溶液用水稀释至标线,摇匀,1 h 后测量光谱吸收曲线,在波长 540 nm 处有最大吸收峰。

(25) 盐酸副玫瑰苯胺使用液(0.50 g/L):吸取 25.00 mL 盐酸副玫瑰苯胺储备液于 100 mL 容量瓶中,加 30 mL 85%的浓磷酸、12 mL 浓盐酸,用水稀释至标线,摇匀,放置过夜后使用,避光密封保存。

(26) 盐酸-乙醇清洗液:由三份盐酸(1∶4)和一份 95%乙醇混合配制而成,用于清洗比色管和比色皿。

五、实验步骤

1. 样品采集与保存

(1) 采用内装 10 mL 甲醛缓冲吸收液的多孔玻板吸收管,以 0.5 L/min 的流量采气 45~60 min,吸收液温度保持在 23~29 ℃的范围。

(2) 现场空白:将装有甲醛缓冲吸收液的采样管带到采样现场,除了不采气之外,其他环境条件与样品相同。

2. 标准曲线的绘制

取 14 支 10 mL 具塞比色管,分 A、B 两组,每组 7 支,分别对应编号,A 组按表 3.31.1 配制标准系列。

表 3.31.1　二氧化硫标准系列

管　　号	0	1	2	3	4	5	6
二氧化硫标准使用液/mL	0.00	0.50	1.00	2.00	5.00	8.00	10.00
甲醛缓冲吸收液/mL	10.00	9.50	9.00	8.00	5.00	2.00	0.00
二氧化硫含量/μg	0.00	0.50	1.00	2.00	5.00	8.00	10.00

在 A 组各管中分别加入 0.5 mL 氨磺酸钠溶液和 0.5 mL 1.5 mol/L 的氢氧化钠溶液,混匀;在 B 组各管中分别加入 1.00 mL 盐酸副玫瑰苯胺使用液。将 A 组各管的溶液迅速地全部倒入对应编号的 B 管中,立即加塞混匀后放入恒温水浴锅中显色。在波长 577 nm 处,用 10 mm 比色皿,以水为参比测量吸光度。以空白校正后各管的吸光度为纵坐标,以二氧化硫的含量(μg)为横坐标,用最小二乘法建立标准曲线的回归方程。

显色温度与室温之差不应超过 3 ℃,根据季节和环境条件按表 3.31.2 选择合适的显色温度和显色时间。

表 3.31.2　显色温度与显色时间

显色温度/℃	10	15	20	25	30
显色时间/min	40	25	20	15	5

稳定时间/min	35	25	20	15	10
试剂空白吸光度 A_0	0.030	0.035	0.040	0.050	0.060

3. 样品的测定

(1) 样品溶液中如有浑浊物,则应离心分离除去。

(2) 样品放置 20 min,以使臭氧分解。

(3) 将吸收管中的样品溶液移入 10 mL 比色管中,用少量甲醛缓冲吸收液洗涤吸收管,洗液并入比色管中并稀释至标线。加入 0.5 mL 氨磺酸钠溶液,混匀,放置 10 min 以除去氮氧化物的干扰,加入 0.5 mL 1.5 mol/L 的氢氧化钠溶液,混匀。迅速地全部倒入另一支装有 1.00 mL 盐酸副玫瑰苯胺使用液的比色管中,立即加塞混匀后放入恒温水浴锅中显色。在波长 577 nm 处,用 10 mm 比色皿,以水为参比测量吸光度。

(4) 现场空白溶液按(3)操作。

六、数据记录与处理

1. 采样记录

将采样现场数据记入表 3.31.3。

表 3.31.3　采样记录表

采样地点:

采样日期	采样器编号	采样流量	采样起始			采样结束			累积采样时间	累积采样体积/L
			时间	气温	气压	时间	气温	气压		

2. 标准曲线

将标准曲线数据记入表 3.31.4。

表 3.31.4　标准曲线数据表

管　　　　号	0	1	2	3	4	5	6
二氧化硫含量 (x)/μg	0.00	0.50	1.00	2.00	5.00	8.00	10.00
吸光度 A_i(i 为 0~6)							
校正吸光度 (y)(A_i-A_0)	0						

回归方程 $y=ax+b$,斜率 $a=$_____,截距 $b=$_____,相关系数 $R=$_____。

3. 样品测定与结果计算

采集空气体积(标准状况下)$V_s=$_____L;样品溶液总体积 $V_t=$_____mL;测定时所取试样的体积 $V_a=$_____mL;样品溶液的吸光度 $A_s=$_____;现场空白溶液的吸光度 $A_b=$_____。

空气中二氧化硫的质量浓度(mg/m³),按式(3.31.3)计算:

$$\rho(SO_2)=(A_s-A_b-b)\times(V_t/V_a)/(a\times V_s) \qquad (3.31.3)$$

计算结果准确到小数点后 3 位数。

七、注意事项

(1) 多孔玻板吸收管的阻力为(6.0±0.6) kPa,2/3 玻板面积发泡均匀,边缘无气泡逸出。

(2) 样品采集、运输和储存过程中应避免阳光照射。放置在室(亭)内的 24 h 连续采样器,进气口应连接符合要求的空气质量集中采样管路系统,以减少二氧化硫进入吸收瓶前的损失。采样时吸收液的温度在 23～29 ℃时,吸收效率为 100%;10～15 ℃时,吸收效率偏低 5%;高于 33 ℃或低于 9 ℃时,吸收效率偏低 10%。

(3) 每批样品至少测定两个现场空白,即将装有吸收液的采样管带到采样现场,除了不采气之外,其他环境条件与样品相同。

(4) 当空气中二氧化硫浓度高于测定上限时,可以适当减少采样体积或者减少样品的体积。

(5) 如果样品溶液的吸光度超过标准曲线的上限,可用试剂空白液稀释,在数分钟内再测定吸光度,但稀释倍数不要大于 6。

(6) 显色温度低、显色慢、稳定时间长;显色温度高、显色快、稳定时间短。测定时必须了解显色温度、显色时间和稳定时间的关系,严格控制反应条件。

(7) 测定样品时的温度与绘制标准曲线时的温度之差不应超过 2 ℃。

(8) 在给定条件下标准曲线斜率应为 0.042±0.004,测定现场空白溶液吸光度 A_0 和绘制标准曲线时的空白溶液 A_0 波动范围不超过±15%。

(9) 六价铬能使紫红色配合物退色,产生负干扰,故应避免用硫酸-铬酸洗液洗涤玻璃器皿。若已用硫酸-铬酸洗液洗涤过,则需用盐酸(1:1)浸洗,再用水充分洗涤。

(10) 用过的比色管和比色皿应及时用盐酸-乙醇清洗液浸洗,否则红色难以洗净。

(11) 本实验可参考国家环境标准 HJ 482—2009。

实验 32　空气中臭氧浓度的测定(靛蓝二磺酸钠分光光度法)

一、实验目的

(1) 了解空气中臭氧浓度的测定方法。

(2) 掌握靛蓝二磺酸钠分光光度法测定空气中臭氧的原理、操作及计算。

二、方法原理

空气中的臭氧在磷酸盐缓冲溶液介质中,与蓝色的靛蓝二磺酸钠等摩尔反应,退色生成靛红二磺酸钠,在 610 nm 处测量吸光度,根据蓝色减退的程度定量测定空气中臭氧的浓度。

本方法适用于环境空气中臭氧的测定。当采样体积为 30 L 时,本方法的检出限为 0.010 mg/m³,测定下限为 0.040 mg/m³;当采样体积为 30 L 时,吸收液质量浓度为 2.5 μg/mL 或 5.0 μg/mL 时,测定上限分别为 0.50 mg/m³ 或 1.00 mg/m³。当空气中臭氧质量浓度超过该上限时,可适当减少采样体积。

三、实验仪器设备

(1) 空气采样器:流量范围 0.0～1.0 L/min,流量稳定。使用时,用皂膜流量计校准采样系统在采样前和采样后的流量,相对误差应小于±5%。

（2）多孔玻板吸收管:内装 10 mL 吸收液,以 0.50 L/min 流量采气,玻板阻力应为 4～5 kPa,气泡分散均匀。

（3）具塞比色管:10 mL。

（4）生化培养箱或恒温水浴:温控精度为±1 ℃。

（5）水银温度计:精度为±0.5 ℃。

（6）分光光度计:具 20 mm 比色皿,可于波长 610 nm 处测量吸光度。

（7）实验室其他常用仪器设备和玻璃器皿。

四、实验试剂与材料

除另有说明外,本实验所用试剂均为分析纯试剂,实验用水均为新制备的去离子水或蒸馏水。

（1）溴酸钾标准储备液[$c(1/6\ KBrO_3)=0.1000\ mol/L$]:准确称取 1.3918 g 溴化钾(优级纯,180 ℃烘 2 h),置于烧杯中,加入少量水溶解,移入 500 mL 容量瓶中,用水稀释至标线。

（2）溴酸钾-溴化钾标准使用液(0.0100 mol/L):吸取 10.00 mL 溴酸钾标准储备液于 100 mL 容量瓶中,加入 1.0 g 溴化钾(KBr),用水稀释至标线。

（3）硫代硫酸钠标准储备液[$c(Na_2S_2O_3)=0.1000\ mol/L$]:配制与标定方法见本章实验 31 试剂(17)。

（4）硫代硫酸钠标准使用液[$c(Na_2S_2O_3)=0.0050\ mol/L$]:临用前,取硫代硫酸钠标准储备液用新煮沸并冷却到室温的水准确稀释 20 倍。

（5）硫酸溶液(1∶6):1 体积浓硫酸($\rho=1.84\ g/mL$)缓慢加入到 6 体积水中。

（6）淀粉指示剂:称取 0.20 g 可溶性淀粉,用少量水调成糊状,慢慢倒入 100 mL 沸水,煮沸至溶液澄清。

（7）磷酸盐缓冲溶液:称取 6.8 g 磷酸二氢钾(KH_2PO_4)、7.1 g 无水磷酸氢二钠(Na_2HPO_4),溶于水,稀释至 1000 mL。

（8）靛蓝二磺酸钠(简称 IDS,$C_{16}H_8O_8Na_2S_2$),分析纯或生化试剂。

（9）IDS 标准储备液:称取 0.25 g IDS($C_{16}H_8O_8Na_2S_2$)溶于水,移入 500 mL 棕色容量瓶内,用水稀释至标线,摇匀,在室温暗处存放 24 h 后标定,此溶液在 20 ℃以下暗处存放可稳定 2 周。

标定方法:准确吸取 20.00 mL IDS 标准储备液于 250 mL 碘量瓶中,加入 20.00 mL 溴酸钾-溴化钾标准使用液,再加入 50 mL 水,盖好瓶塞,在(16±1)℃生化培养箱(或恒温水浴)中放置至溶液温度与水浴温度平衡时,加入 5.0 mL 硫酸溶液(1∶6),立即盖塞、混匀并开始计时,于(16±1)℃暗处放置(35±1.0) min 后,加入 1.0 g 碘化钾,立即盖塞,轻轻摇匀至溶解,暗处放置 5 min,用硫代硫酸钠标准使用液滴定至棕色刚好退去呈淡黄色,加入 5 mL 淀粉指示剂,继续滴定至蓝色消失,终点为亮黄色,记录所消耗的硫代硫酸钠标准使用液的体积。

注:水浴达到温度平衡的时间与温差有关,可以预先用相同体积的水代替溶液,加入碘量瓶中,放入温度计观察达到平衡所需要的时间。平行滴定所消耗的硫代硫酸钠标准溶液体积相差应不大于 0.10 mL。

每毫升 IDS 溶液相当于臭氧的质量浓度 ρ($\mu g/mL$)由式(3.32.1)计算:

$$\rho=(c_1V_1-c_2V_2)\times12.00\times10^3/V \tag{3.32.1}$$

式中：ρ——每毫升 IDS 溶液相当于臭氧的质量浓度，$\mu g/mL$；

　　　c_1——溴酸钾-溴化钾标准使用液的浓度，mol/L；

　　　V_1——加入溴酸钾-溴化钾标准使用液的体积，mL；

　　　c_2——滴定时所用硫代硫酸钠标准使用液的浓度，mol/L；

　　　V_2——滴定时所用硫代硫酸钠标准使用液的体积，mL；

　　　V——IDS 标准储备液的体积，mL；

　　　12.00——臭氧的摩尔质量（$1/4\ O_3$），g/mol。

（10）IDS 标准使用液：将标定后的 IDS 标准储备液用磷酸盐缓冲溶液逐级稀释成每毫升相当于 1.00 μg 臭氧的 IDS 标准使用液，此溶液于 20 ℃以下暗处存放可稳定 1 周。

（11）IDS 吸收液：取适量 IDS 标准储备液，根据空气中臭氧质量浓度的高低，用磷酸盐缓冲溶液稀释成每毫升相当于 2.5 μg（或 5.0 μg）臭氧的 IDS 吸收液，此溶液于 20 ℃以下暗处可保存 1 个月。

五、实验步骤

1．样品的采集与保存

准确取 10.00 mL IDS 吸收液于多孔玻板吸收管中，罩上黑色避光套，连接到采样器上，以 0.5 L/min 流量采气 5～30 L。当 IDS 吸收液退色约 60％时（与现场空白样品比较），停止采样。样品在运输及存放过程中应密封并严格避光，当确信空气中臭氧的质量浓度较低，不会穿透时，可以用棕色玻板吸收管采样。

样品于室温暗处存放至少可稳定 3 天。

2．现场空白样品

用同一批配制的 IDS 吸收液，装入多孔玻板吸收管中，带到采样现场。除了不采集空气样品外，其他环境条件保持与采集空气的采样管相同。每批样品至少带两个现场空白样品。

3．绘制标准曲线

（1）取 10 mL 具塞比色管 6 支，按表 3.32.1 制备标准色列。

表 3.32.1　标准色列

管　号	0	1	2	3	4	5
IDS 标准使用液体积/mL	10.00	8.00	6.00	4.00	2.00	0.00
磷酸盐缓冲溶液/mL	0.00	2.00	4.00	6.00	8.00	10.0
臭氧质量浓度/($\mu g/mL$)	0.00	0.20	0.40	0.60	0.80	1.00

（2）各管摇匀，用 20 mm 比色皿，以水作参比，在波长 610 nm 下测量吸光度。以标准系列中零浓度管的吸光度（A_0）与各标准色列管的吸光度（A）之差为纵坐标，臭氧质量浓度为横坐标，用最小二乘法计算标准曲线的回归方程：

$$y = ax + b$$

式中：y——$A_0 - A$，空白样品的吸光度与各标准色列管的吸光度之差；

　　　x——臭氧质量浓度，$\mu g/mL$；

　　　a——回归方程的斜率，吸光度·$mL/\mu g$；

　　　b——回归方程的截距。

4. 样品测定

采样后,在吸收管的入气口端串接一个玻璃尖嘴,在吸收管的出气口端用吸耳球加压将吸收管中的样品溶液移入 25 mL 容量瓶中(IDS 吸收液为 2.5 μg 臭氧/mL 时),当 IDS 吸收液为 5.0 μg 臭氧/mL 时用 50 mL 容量瓶。用水多次洗涤吸收管,使总体积为 25.0 mL(或 50.0 mL)。用 20 mm 比色皿,以水作参比,在波长 610 nm 下测量吸光度,同样方法测定现场空白的吸光度。

六、数据记录与处理

1. 采样记录

将采样现场数据记入表 3.32.2。

表 3.32.2　采样记录表

采样地点:

采样日期	采样器编号	采样流量	采样起始			采样结束			累积采样时间	累积采样体积
			时间	气温	气压	时间	气温	气压		

2. 标准曲线

将标准曲线数据记入表 3.32.3。

表 3.32.3　标准曲线数据表

管　号	0	1	2	3	4	5
臭氧质量浓度/(μg/mL)	0.00	0.20	0.40	0.60	0.80	1.00
吸光度 A_i(i 为 0~5)						
$A = A_0 - A_i$	0					

标准曲线的回归方程:$y = ax + b$,其中斜率 $a =$ _____,截距 $b =$ _____,相关系数 $R =$ _____。

3. 空气中臭氧的质量浓度计算

标准状态下采样体积,$V_0 =$ _____ L;样品溶液的总体积 $V =$ _____ mL;样品吸光度 $A =$ _____;现场空白吸光度 $A_b =$ _____。

空气中臭氧的质量浓度 $\rho(O_3) = (A_b - A - b) \times V/(V_0 \times a) =$ _____ (mg/m³)。

所得结果精确至小数点后三位。

七、注意事项

1. 干扰

空气中的二氧化氮可使臭氧的测定结果偏高,约为二氧化氮质量浓度的 6%;空气中二氧化硫、硫化氢、过氧乙酰硝酸酯(PAN)和氟化氢的质量浓度分别高于 750 μg/m³、110 μg/m³、1800 μg/m³ 和 2.5 μg/m³ 时,干扰臭氧的测定;空气中氯气、二氧化氯的存在使臭氧的测定结果偏高。但在一般情况下,这些气体的浓度很低,不会造成显著误差。

2. 标准溶液标定

市售 IDS 不纯,作为标准溶液使用时必须进行标定。用溴酸钾-溴化钾标准溶液标定 IDS

的反应,需要在酸性条件下进行,加入硫酸溶液后反应开始,加入碘化钾后反应即终止。为了避免副反应产生影响,必须严格控制生化培养箱(或恒温水浴)温度为(16±1)℃和反应时间为(35±1.0) min。一定要等到溶液温度与生化培养箱(或恒温水浴)温度达到平衡时再加入硫酸溶液,加入硫酸溶液后应立即盖塞,并开始计时,滴定过程中应避免阳光照射。

3. IDS 吸收液的体积

本方法为退色反应,吸收液的体积直接影响测量的准确度,所以装入采样管中吸收液的体积必须准确,最好用移液管加入。采样后向容量瓶中转移吸收液应尽量完全(少量多次冲洗)。装有吸收液的采样管,在运输、保存和取放过程中应防止倾斜或倒置,避免吸收液损失。

4. 标准

本实验参考国家环境标准 HJ 504-2009。

实验 33　非分散红外吸收法测定空气中的一氧化碳

一、实验目的

(1)掌握非分散红外吸收法测定空气中一氧化碳的原理。

(2)掌握一氧化碳红外分析仪的操作和计算。

二、方法原理

样品气体进入一氧化碳红外分析仪,在前吸收室吸收以 4.67 μm 谱线为中心的红外辐射能量,在后吸收室吸收其他辐射能量。两室因吸收能量不同,破坏了原吸收室内气体受热产生相同振幅的压力脉冲,变化后的压力脉冲通过毛细管加在差动式薄膜微音器上,被转化为电容量的变化,通过放大器再转变为与浓度成比例的直流测量值。

测定范围为 0~62.5 mg/m³,最低检出浓度为 0.3 mg/m³。

三、实验仪器设备

(1)一氧化碳红外分析仪:量程 0~62.5 mg/m³。

(2)记录仪:0~10 mV。

(3)流量计:0~1 L/min。

(4)采气袋、止水夹、双联球。

(5)实验室其他常用仪器设备和玻璃器皿。

四、实验试剂与材料

(1)氮气:要求其中一氧化碳浓度已知,或用霍加拉特管除去其中的一氧化碳。

(2)一氧化碳标定气:浓度应选在仪器量程的 60%~80% 的范围内。

五、实验步骤

1. 采样

(1)使用仪器现场连续监测将样品气体直接通入仪器进气口。

(2)现场采样实验室分析时,用双联球将样品气体挤入采气袋中,放空后再挤入,如此清洗 3～4 次,最后挤满并用止水夹夹紧进气口。记录采样地点、采样日期和时间、采气袋编号。

2. 分析

(1) 仪器调零:开机接通电源预热 30 min,启动仪器内装泵抽入氮气,用流量计控制流量为 0.5 L/min。调节仪器调零电位器,使记录器指针指在所用氮气的一氧化碳浓度的相应位置。使用霍加拉特管调零时,将记录器指针调在零位。

(2) 仪器标定:在仪器进气口通入流量为 0.5 L/min 的一氧化碳标定气,调节仪器灵敏度电位器,使记录器指针调在一氧化碳浓度的相应位置。

3. 样品分析

接上样品气体到仪器进气口,待仪器读数稳定后直接读取指示格数。

六、结果计算

按式(3.33.1)计算一氧化碳浓度:

$$c = 1.25 \times n \tag{3.33.1}$$

式中:c——样品气体中一氧化碳浓度,mg/m³;

n——仪器指示的一氧化碳格数;

1.25——一氧化碳换算成标准状态下的换算系数,mg/m³。

实验 34 空气或废气颗粒物中铅等金属元素的测定 (电感耦合等离子体质谱法)

一、实验目的

(1) 进一步熟悉空气或废气中颗粒物样品的采集。

(2) 掌握样品的处理方法及操作过程。

(3) 了解电感耦合等离子体质谱法测定金属元素的原理。

(4) 学习电感耦合等离子体质谱仪的操作。

二、方法原理

使用滤膜采集环境空气中颗粒物,使用滤筒采集污染源废气中颗粒物,采集的样品微波消解或电热板消解后,利用电感耦合等离子体质谱仪(ICP-MS)测定各金属元素的含量。

本方法适用于环境空气中 $PM_{2.5}$、PM_{10}、TSP 以及无组织排放和污染源废气颗粒物中的锑(Sb)、铝(Al)、砷(As)、钡(Ba)、铍(Be)、镉(Cd)、铬(Cr)、钴(Co)、铜(Cu)、铅(Pb)、锰(Mn)、钼(Mo)、镍(Ni)、硒(Se)、银(Ag)、铊(Tl)、钍(Th)、铀(U)、钒(V)、锌(Zn)、铋(Bi)、锶(Sr)、锡(Sn)、锂(Li)等金属元素的测定。

三、实验仪器设备

(1) 颗粒物切割器:本实验所用切割器有如下三种。

①TSP 切割器:切割粒径 $Da_{50} = (100 \pm 0.5)\mu m$。

②PM_{10} 切割器:切割粒径 $Da_{50} = (10 \pm 0.5)\mu m$;捕集效率的几何标准差为 $\sigma_g = (1.5 \pm 0.1)\mu m$。

③PM$_{2.5}$切割器：切割粒径 $Da_{50}=(2.5\pm0.2)\mu m$；捕集效率的几何标准差为 $\sigma_g=(1.2\pm0.1)\mu m$。

(2) 颗粒物采样器：分类方法不同，所用设备也不同。

①环境空气(无组织排放)采样设备有大流量采样器(采样器工作点流量为 1.05 m³/min)和中流量采样器(采样器工作点流量为 0.100 m³/min)。

②污染源废气采样设备有烟尘采样器，其采样流量为(5~80) L/min。

(3) 电感耦合等离子体质谱仪的质量范围为(5~250) u，分辨率在 5%波峰高度时的最小宽度为 1 u。

注：u 是原子质量单位。

(4) 微波消解装置包括以下三部分。

①微波消解装置：具备程式化功率设定功能，可提供至 600 W 的输出功率。

②微波消解容器：PFA Teflon 或同级材质。

③旋转盘：在微波消解过程中必须使用旋转盘，以确保样品接受微波的均匀性。

(5) 电热板：可调温。

(6) 陶瓷剪刀。

(7) 聚四氟乙烯烧杯：100 mL。

(8) 聚乙烯容量瓶：50 mL、100 mL。

(9) 聚乙烯或聚丙烯瓶：100 mL。

(10) A 级玻璃量器。

(11) 实验室其他常用仪器设备和玻璃器皿。

四、实验试剂与材料

本实验所用试剂除另有说明外，均为优级纯或纯度更高级别的化学试剂，实验用水均为超纯水，电导率≤0.055 $\mu S/cm$。

(1) 浓硝酸，$\rho=1.42$ g/mL。

(2) 浓盐酸，$\rho=1.19$ g/mL。

(3) 硝酸溶液(1%)：10 mL 浓硝酸加入到 1000 mL 超纯水中。

(4) 硝酸-盐酸混合溶液：于约 500 mL 超纯水中加入 55.5 mL 浓硝酸及 167.5 mL 浓盐酸，再用超纯水稀释至 1 L。

(5) 标准溶液：本实验所用标准溶液有以下几种。

①单元素标准储备液(1.00 mg/mL)：可用高纯度的金属(纯度大于 99.99%)或金属盐类(基准或高纯试剂)配制成各元素的标准储备液，介质为硝酸溶液，溶液酸度保持在 1.0%以上。也可购买有证标准溶液。

②多元素混合标准中间液(10.00 mg/L)：准确取各单元素标准储备液 5.00 mL 于 500 mL 容量瓶中，用 1%的硝酸溶液稀释定容。

③多元素标准使用溶液(200 $\mu g/L$)：准确取多元素混合标准中间液 10.00 mL 于 500 mL 容量瓶中，用 1%的硝酸溶液稀释定容。

④内标标准品储备液($\rho=100.0$ $\mu g/L$)：内标元素应根据待测元素同位素的质量数大小来选择，一般选用在其质量数±50 u 范围内可用的内标元素。可购买有证标准溶液，也可用高纯度的金属(纯度大于 99.99%)或相应的金属盐类(基准或高纯试剂)进行配制，介质为 1%的

硝酸溶液。

(6) 质谱仪调谐溶液($\rho=100\ \mu g/L$):该溶液需含有足以覆盖全质谱范围的元素离子,包括 Li、Be、Mg、Co、In、Tl 及 Pb 等。可购买有证标准溶液,也可用高纯度的金属(纯度大于99.99%)或相应的金属盐类(基准或高纯试剂)进行配制。

(7) 玻璃纤维或石英滤膜:对粒径大于 $0.3\ \mu m$ 颗粒物的阻留效率不低于 99%,本底浓度值应满足测定要求。

(8) 玻璃纤维或石英滤筒:对粒径大于 $0.3\ \mu m$ 颗粒物的阻留效率不低于 99.9%,本底浓度值应满足测定要求。

(9) 氩气:纯度不低于 99.99%。

五、实验步骤

1. 样品的采集

(1) 环境空气样品的采集:环境空气样品采集体积原则上不少于 10 m³(标准状态),当重金属浓度较低或采集 PM_{10}、$PM_{2.5}$ 样品时,可适当增加采气体积,采样同时应详细记录采样环境条件(可参考 TSP、PM_{10}、$PM_{2.5}$ 测定时的采样条件)。

(2) 污染源废气样品的采集:使用烟尘采样器采集颗粒物样品,原则上不少于 0.600 m³(标准状态干烟气),当重金属浓度较低时可适当增加采气体积。如管道内烟气温度高于需采集的相关金属元素的熔点,应采取降温措施,使进入滤筒前的烟气温度低于相关金属元素的熔点。

2. 样品的保存

滤膜样品采集后将有尘面两次向内对折,放入样品盒或纸袋中保存;滤筒样品采集后将封口向内折叠,竖直放回原采样套筒中密闭保存。分析前样品保存在 15~30 ℃的环境下,样品保存最长期限为 180 天。

3. 试样的制备(实验室选取下列消解方法之一对样品进行消解)

(1) 微波消解:取适量滤膜样品,大张 TSP 矩形滤膜(尺寸约为 20 cm×25 cm)取 1/8,小张圆形滤膜(直径≤90 mm)取整张,用陶瓷剪刀剪成小块置于消解罐中,加入 10.0 mL 硝酸-盐酸混合溶液,使滤膜浸没其中,加盖,置于消解罐组件中并旋紧,放到微波转盘架上。设定消解温度为 200 ℃、消解持续时间为 15 min,开始消解。消解结束后,取出消解罐组件,冷却,以超纯水淋洗内壁,加入约 10 mL 超纯水,静置半小时进行浸提、过滤,定容至 50.0 mL,待测。也可先定容至 50.0 mL,经离心分离后取上清液进行测定。

注:滤筒样品取整个,剪成小块后,加入 25.0 mL 硝酸-盐酸混合溶液使滤筒浸没其中,最后定容至 100.0 mL,其他操作与滤膜样品相同;若滤膜样品取样量较多,可适当增加硝酸-盐酸混合溶液的体积,以使滤膜浸没其中。

(2) 电热板消解:取适量滤膜样品,大张 TSP 矩形滤膜(尺寸约为 20 cm×25 cm)取 1/8,小张圆形滤膜(直径≤90 mm)取整张,用陶瓷剪刀剪成小块置于 Teflon 烧杯中,加入 10.0 mL 硝酸-盐酸混合溶液,使滤膜浸没其中,盖上表面皿,在 100 ℃加热回流 2 h,然后冷却。以超纯水淋洗烧杯内壁,加入约 10 mL 超纯水,静置半小时进行浸提、过滤,定容至 50.0 mL,待测。也可先定容至 50.0 mL,经离心分离后取上清液进行测定。

注:滤筒样品取整个,加入 25.0 mL 硝酸-盐酸混合溶液,最后定容至 100.0 mL,其他操作与滤膜样品相同;若滤膜样品取样量较多,可适当增加硝酸-盐酸混合溶液的体积,以使滤膜浸

没其中。

4. 分析测定

1）仪器调谐

点燃等离子体后，仪器需预热稳定 30 min。在此期间，可用质谱仪调谐溶液进行质量校正和分辨率校验。质谱仪调谐溶液必须测定至少 4 次，以确认所测定的调谐溶液中所含元素信号强度的相对标准偏差≤5％。必须针对待测元素所涵盖的质量数范围进行质量校正和分辨率校验，如质量校正结果与真实值差异超过 0.1 u，则必须依照仪器使用说明书将质量校正至正确值；分析信号的分辨率在 5％波峰高度时的宽度约为 1 u。

2）标准曲线的绘制

在容量瓶中依次配制一系列待测元素标准溶液，浓度分别为 0.00 $\mu g/L$、0.10 $\mu g/L$、0.50 $\mu g/L$、1.00 $\mu g/L$、5.00 $\mu g/L$、10.00 $\mu g/L$、50.00 $\mu g/L$、100.00 $\mu g/L$，介质为 1％的硝酸溶液。内标标准品溶液可直接加入各样品中，也可在样品雾化之前以另一蠕动泵加入，从而与样品充分混合。用 ICP-MS 进行测定，绘制标准曲线，标准曲线的浓度范围可根据测量需要进行调整。

3）样品测定

每个样品测定前，先用洗涤空白溶液冲洗系统直到信号降至最低（约 30 s），待分析信号稳定后（约 30 s）才可开始测定样品。样品测定时应加入内标标准品溶液，若样品中待测元素浓度超出标准曲线范围，需经稀释后重新测定。

上机测定时，样品溶液中的酸浓度必须控制在 2％以内，以降低真空界面的损坏程度，并且减少各种同重多原子离子干扰。此外，当样品溶液中含有盐酸时，会存在多原子离子的干扰，可通过表 3.34.1 所列的各金属元素的校正公式进行校正，也可通过反应池技术等手段进行校正。

表 3.34.1　各金属元素的校正公式

元　素	校正公式	备　注
铝（Al）	$(1.000)(^{27}C)$	
锑（Sb）	$(1.000)(^{121}C)$	
砷（As）	$(1.000)(^{75}C)-(3.127)[(^{77}C)-(0.815)(^{82}C)]$	(1)
钡（Ba）	$(1.000)(^{137}C)$	
铍（Be）	$(1.000)(^{9}C)$	
镉（Cd）	$(1.000)(^{111}C)-(1.073)[(^{108}C)-(0.712)(^{106}C)]$	(2)
铬（Cr）	$(1.000)(^{52}C)$	(3)
钴（Co）	$(1.000)(^{59}C)$	
铜（Cu）	$(1.000)(^{63}C)$	
铅（Pb）	$(1.000)(^{206}C)+(1.000)(^{207}C)+(1.000)(^{208}C)$	(4)
锰（Mn）	$(1.000)(^{55}C)$	
钼（Mo）	$(1.000)(^{98}C)-(0.146)(^{99}C)$	(5)
镍（Ni）	$(1.000)(^{60}C)$	
硒（Se）	$(1.000)(^{82}C)$	(6)

续表

元　　素	校正公式	备　　注
银（Ag）	$(1.000)(^{107}C)$	
铊（Tl）	$(1.000)(^{205}C)$	
钍（Th）	$(1.000)(^{232}C)$	
铀（U）	$(1.000)(^{238}C)$	
钒（V）	$(1.000)(^{51}C)-(3.127)[(^{53}C)-(0.113)(^{52}C)]$	（7）
锌（Zn）	$(1.000)(^{66}C)$	
铋（Bi）	$(1.000)(^{209}C)$	
铟（In）	$(1.000)(^{115}C)-(0.016)(^{118}C)$	（8）
钪（Sc）	$(1.000)(^{45}C)$	
铽（Tb）	$(1.000)(^{159}C)$	
钇（Y）	$(1.000)(^{89}C)$	

C——个别元素。

（1）——氯干扰修正，可从试剂空白中调整 Se77、ArCl 75/77 的值。

（2）——MoO 干扰修正，如有钯存在，须额外使用同重元素修正。

（3）——ClOH 正常背景浓度含 0.4% HCl，可视为试剂空白。

（4）——铅同位素容许变异度。

（5）——同重元素修正钌。

（6）——有些氩气含有氪（Kr）等不纯物，Se 对 Kr82 作背景扣除。

（7）——氯干扰修正，可从试剂空白中调整 Cr53 的值。

（8）——同重元素修正锡。

4）空白试验

用超纯水代替样品做空白试验，采用与样品完全相同的制备和测定方法，所用的试剂量也相同。在测定样品的同时进行空白试验，该空白即为实验室试剂空白。

六、数据记录与处理

（1）各金属元素的校正方程见表 3.34.1。

（2）结果计算：计算颗粒物中金属元素的质量浓度。

颗粒物中金属元素的质量浓度按式（3.34.1）计算：

$$\rho_m=(\rho\times V\times 10^{-3}\times n-F_m)/V_{std} \tag{3.34.1}$$

式中：ρ_m——空气颗粒物中金属元素的质量浓度，$\mu g/m^3$。

ρ——样品中金属元素的质量浓度，$\mu g/L$。

V——样品消解后的体积，mL。

n——滤纸切割的份数。若为小张圆滤膜或滤筒，消解时取整张，则 $n=1$；若为大张滤膜，消解时取 1/8，则 $n=8$。

F_m——空白滤膜（滤筒）的平均金属含量，μg。对大批量滤膜（滤筒），可任选择 20~30 张进行测定以计算平均浓度；而小批量滤膜（滤筒），可选择较少数量（5%）进行测定。

V_{std}——标准状态下（273 K，101.325 Pa）采样体积，m^3。对污染源废气样品，V_{std} 为标准

　　　　状态下干烟气的采样体积,m³。

　　(3)结果表示:最终结果保留三位有效数字。

七、注意事项

　　(1)通常情况下,标准曲线的相关系数要达到0.999以上。标准曲线绘制后,应以第二来源的标准样品配制接近标准曲线中点浓度的标准溶液进行分析确认,其相对误差值一般应控制在±10%以内,若超出该范围需重新绘制标准曲线。

　　(2)标准空白的浓度测定值不得大于检出限,实验室试剂空白平行双样测定值的相对偏差不应大于50%,每批样品至少应有2个实验室试剂空白。实验室试剂空白、现场空白样品的浓度测定值不得大于测定下限(测定下限为检出限的4倍)。

　　(3)样品测定过程中,必须对可能会遭到质谱性基质干扰的元素进行检验,以确认是否有干扰发生。必须对所有可能影响数据准确性的质量同位素进行监控,该质量同位素建议参考表3.34.2。

表 3.34.2　推荐使用及必须同时监测的同位素表

元　素	相对原子质量	元　素	相对原子质量
锑(Sb)	121,123	镍(Ni)	60,62
铝(Al)	27	硒(Se)	77,82
砷(As)	75	银(Ag)	107,109
钡(Ba)	135,137	铊(Tl)	203,205
铍(Be)	9	钍(Th)	232
镉(Cd)	106,108,111,114	铀(U)	238
铬(Cr)	52,53	钒(V)	51
钴(Co)	59	锌(Zn)	66,67,68
铜(Cu)	63,65	氪(Kr)	83
铅(Pb)	206,207,208	钌(Ru)	99
锰(Mn)	55	钯(Pd)	105
钼(Mo)	95,97,98	锡(Sn)	118

　　注:有下划线标示的为推荐使用的同位素。

　　表3.34.1列出了各金属元素的校正方程,在样品测定过程中需保留相应的校正记录,以确保测定结果的准确性,且校正方程应通过实验数据定期修正。

　　(4)废弃物的处置:实验中产生的废液应调至碱性,并加入硫化钠固定后保存,定期送至有资质的单位进行处理。

　　(5)铊、砷、铅、镍等金属元素有毒性,实验过程中应做好安全防护工作。

　　(6)当空气采样量为150 m³(标准状态),污染源废气采样量为0.600 m³(标准状态干烟气)时,各金属元素的方法检出限见表3.34.3。

表 3.34.3 各金属元素的方法检出限

元　　素	推荐分析相对原子质量	检出限		最低检出量/μg
		ng/m³(空气)	μg/m³(废气)	
锑(Sb)	121	0.09	0.02	0.015
铝(Al)	27	8	2	1.25
砷(As)	75	0.7	0.2	0.100
钡(Ba)	137	0.4	0.09	0.050
铍(Be)	9	0.03	0.008	0.005
镉(Cd)	111	0.03	0.008	0.005
铬(Cr)	52	1	0.3	0.150
钴(Co)	59	0.03	0.008	0.005
铜(Cu)	63	0.7	0.2	0.100
铅(Pb)	206,207,208	0.6	0.2	0.100
锰(Mn)	55	0.3	0.07	0.040
钼(Mo)	98	0.03	0.008	0.005
镍(Ni)	60	0.5	0.1	0.100
硒(Se)	82	0.8	0.2	0.150
银(Ag)	107	0.08	0.02	0.015
铊(Tl)	205	0.03	0.008	0.005
钍(Th)	232	0.03	0.008	0.005
铀(U)	238	0.01	0.003	0.002
钒(V)	51	0.1	0.03	0.020
锌(Zn)	66	3	0.9	0.500
铋(Bi)	209	0.02	0.006	0.004
锶(Sr)	88	0.2	0.04	0.025
锡(Sn)	118,120	1	0.3	0.200
锂(Li)	7	0.05	0.01	0.010

检出限的分析条件:空气采样体积为 150 m³(标准状态),废气采样体积为 0.600 m³(标准状态干烟气)。

　　本实验主要参考国家环境标准 HJ 657—2013,大流量及中流量采样器的性能和技术指标应符合 HJ/T 374 的规定;环境空气采样点的设置应符合《环境空气质量监测规范(试行)》中相关要求,采样过程按照 HJ/T 194 中颗粒物采样的要求执行,污染源废气样品采样过程按照 GB/T 16157 中有关颗粒物采样的要求执行,其他参考标准 HJ/T 77.2 和 HJ/T 48。

实验 35　空气中挥发性有机物的测定(吸附管采样-热脱附/气相色谱-质谱法)

一、实验目的

(1) 了解空气中常见的挥发性有机物有哪些。
(2) 掌握吸附采样的操作。
(3) 学习气相色谱-质谱法测定挥发性有机物的操作。

二、方法原理

将一定量空气样品通过吸附采样管,空气中挥发性有机物富集在吸附剂上,将吸附采样管置于热脱附装置中,加热解吸挥发性有机物,随载气进入气相色谱仪,经气相色谱分离后,用质谱仪进行检测。通过与待测目标物标准质谱图相比较和保留时间进行定性,以峰高或峰面积采用外标法或内标法定量。

当采样体积为 2 L 时,本方法的检出限为 0.3~1.0 $\mu g/m^3$,测定下限为 1.2~4.0 $\mu g/m^3$。

三、实验仪器设备

(1) 气相色谱仪:具毛细管柱分流/不分流进样口,能对载气进行电子压力控制,可程序升温。

注:气相色谱仪配备柱箱冷却装置,可改善极易挥发目标物的出峰峰型,提高灵敏度。

(2) 质谱仪:电子轰击(EI)电离源,1 s 内能从 35 u 扫描至 270 u,具有 NIST 质谱图库、手动/自动调谐、数据采集、定量分析及谱库检索等功能。

(3) 毛细管柱:30 m × 0.25 mm,1.4 μm 膜厚(6%腈丙基苯基、94%二甲基聚硅氧烷固定液),也可使用其他等效的毛细管柱。

(4) 热脱附装置:热脱附装置应具有二级脱附功能,聚焦管部分应能迅速加热(至少 40 ℃/s)。热脱附装置与气相色谱仪相连部分和仪器内气体管路均应使用硅烷化不锈钢管,并至少能在 50~150 ℃ 之间均匀加热。

注:采用具有冷聚焦功能的热脱附装置,能够减小极易挥发目标物的损失,提高灵敏度。

(5) 老化装置:老化装置的最高温度应达到 400 ℃ 以上,最大载气流量至少能达到 100 mL/min,流量可调。

(6) 采样器:双通道无油采样泵,双通道能独立调节流量并能在 10~500 mL/min 内精确保持流量,流量误差应在±5% 内。

(7) 校准流量计:能在 10~500 mL/min 内精确测定流量,流量精度为 2%,宜采用电子质量流量计。

(8) 微量注射器:5.0 μL、25.0 μL、50.0 μL、100 μL、250 μL 和 500 μL。

(9) 实验室其他常用仪器设备和玻璃器皿。

四、实验试剂与材料

(1) 甲醇(CH_3OH):农药残留分析纯级。

（2）标准储备液（2000 mg/L）：有证标准溶液。

（3）4-溴氟苯（BFB）溶液（25 mg/L）：有证标准溶液，或用高浓度标准溶液配制。

（4）吸附剂：Carbopack C，比表面积 10 m²/g，40～60 目；Carbopack B，比表面积 100 m²/g，40～60 目；Carboxen 1000，比表面积 800 m²/g，45～60 目或其他等效吸附剂。

（5）吸附管：不锈钢或玻璃材质，内径 6 mm，内填装 Carbopack C、Carbopack B、Carboxen 1000，长度分别为 13 mm、25 mm、13 mm，或使用其他具有相同功能的产品。

（6）聚焦管：不锈钢或玻璃材质，内径在 0.9 mm 以下，内部填装的吸附剂种类及长度与吸附管相同，或使用其他具有相同功能的产品。

（7）吸附管的老化和保存：新购的吸附管或采集高浓度样品后的吸附管需进行老化。老化温度为 350 ℃，老化流量为 40 mL/min，老化时间为 10～15 min。吸附管老化后，立即密封两端或放入专用的套管内，外面包裹一层铝箔纸。包裹好的吸附管置于装有活性炭或活性炭硅胶混合物的干燥器内，并将干燥器放在无有机试剂的冰箱中，4 ℃保存，可保存 7 天。

注：聚焦管老化和保存方法同吸附管。

（8）载气：氦气，纯度 99.999%。

五、实验步骤

1. 样品采集

（1）采样前进行气密性检查：把一根与采样所用吸附管同规格的吸附管连接到采样泵，打开采样泵，堵住吸附管进气端，若流量计流量归零，则采样装置气路连接气密性良好，否则应检查气路气密性。

（2）预设采样流量：调节流量到设定值（10～200 mL/min）。

（3）取下检查气密性用的吸附管，将两根新吸附管串联连接到采样泵上，按吸附管上标明的气流方向进行采样。在采集样品过程中要注意随时检查调整采样流量，保持流量恒定。采样结束后，记录采样点位、时间、环境温度、大气压、流量和吸附管编号等信息。采样体积为 2 L，当相对湿度大于 90% 时，应减小采样体积，但不应小于 300 mL。第 2 根吸附管用于监视采样是否穿透。

（4）样品采集完成后，应迅速取下吸附管，密封吸附管两端或放入专用的套管内，外面包裹一层铝箔纸，运输到实验室进行分析。不能立即分析的样品按吸附管的保存方法保存，7 天内分析。

（5）现场空白样品的采集：将吸附管运输到采样现场，打开密封帽或从专用套管中取出，立即密封吸附管两端或放入专用的套管内，外面包裹一层铝箔纸。与已采集样品的吸附管一同存放并带回实验室分析。每次采集样品时，都应至少带一个现场空白样品。

2. 样品分析步骤

1）仪器参考条件

热脱附装置参考条件：传输线温度为 130 ℃，吸附管初始温度为 35 ℃，聚焦管初始温度为 35 ℃，吸附管脱附温度为 325 ℃，吸附管脱附时间为 3 min，聚焦管脱附温度为 325 ℃，聚焦管脱附时间为 5 min，一级脱附流量为 40 mL/min，聚焦管老化温度为 350 ℃，干吹流量为 40 mL/min，干吹时间为 2 min。

气相色谱仪参考条件：进样口温度为 200 ℃；载气为氦气；分流比为 5∶1；柱流量（恒流模式）为 1.2 mL/min；升温程序为初始温度 30 ℃，保持 3.2 min，以 11 ℃/min 升温到 200 ℃并保持 3 min。

　　注:为消除水分的干扰和检测器的过载,可根据情况设定分流比。某些热脱附装置具有样品分流功能,可按厂商建议或具体情况进行设定。

　　质谱仪参考条件:扫描方式为全扫描,扫描范围在 35~270 u 之间,离子化能量为 70 eV,接口温度为 280 ℃,其余参数参照仪器使用说明书进行设定。

　　注:为提高灵敏度,也可选用选择离子扫描方式进行分析,其特征离子选择参照表 3.35.1。

　　表 3.35.1 为与图 3.35.1 中 34 种目标物的出峰顺序相对应的定量离子和辅助离子信息。

表 3.35.1　34 种目标物的出峰顺序、定量离子和辅助离子信息

序号	化合物中文名称	化合物英文名称	CAS	定量离子	辅助离子
1	1,1-二氯乙烯	1,1-Dichloroethene	75-35-4	61	96,63
2	1,1,2-三氯-1,2,2-三氟乙烷	1,1,2-Trichloro-1,2,2-trichloroethane	76-13-1	151	101,103
3	氯丙烯	Allyl chloride	107-05-1	41	39,76
4	二氯甲烷	Methylene chloride	75-09-2	49	84,86
5	1,1-二氯乙烷	1,1-Dichloroethane	75-34-3	63	65
6	顺式-1,2-二氯乙烯	cis-1,2-Dichloroethene	156-59-2	61	96,98
7	三氯甲烷	Trichloromethane	67-66-3	83	85,47
8	1,1,1-三氯乙烷	1,1,1-Trichloroethane	71-55-6	97	99,61
9	四氯甲烷	Carbon tetrachloride	56-23-5	117	119
10	1,2-二氯乙烷	1,2-Dichloroethane	107-06-2	62	64
11	苯	Benzene	71-43-2	78	77,50
12	三氯乙烯	Trichloroethylene	79-01-6	130	132,95
13	1,2-二氯丙烷	1,2-Dichloropropane	78-87-5	63	41,62
14	顺式-1,3-二氯丙烯	cis-1,3-Dichloropropene	542-75-6	75	39,77
15	甲苯	Toluene	108-88-3	91	92
16	反式-1,3-二氯丙烯	trans-1,3-Dichloropropene	542-75-6	75	39,77
17	1,1,2-三氯乙烷	1,1,2-Trichloroethane	79-00-5	97	83,61
18	四氯乙烯	Tetrachloroethylene	127-18-4	166	164,131
19	1,2-二溴乙烷	1,2-Dibromoethane	106-93-4	107	109
20	氯苯	Chlorobenzene	108-90-7	112	77,114
21	乙苯	Ethylbenzene	100-41-4	91	106
22	间-二甲苯	m-Xylene	108-38-3	91	106
	对-二甲苯	p-Xylene	106-42-3		
23	邻-二甲苯	o-Xylene	95-47-6	91	106
24	苯乙烯	Styrene	100-42-5	104	78,103
25	1,1,2,2-四氯乙烷	1,1,2,2-Tetrachloroethane	630-20-6	83	85

序号	化合物中文名称	化合物英文名称	CAS	定量离子	辅助离子
26	4-乙基甲苯	4-Ethyltoluene	622-96-8	105	120
27	1,3,5-三甲基苯	1,3,5-Trimethylbenzene	108-67-8	105	120
28	1,2,4-三甲基苯	1,2,4-Trimethylbenzene	95-63-6	105	120
29	1,3-二氯苯	1,3-Dichlorobenzene	541-73-1	146	148,111
30	1,4-二氯苯	1,4-Dichlorobenzene	106-46-7	146	148,111
31	苄基氯	Benzyl chloride	100-44-7	91	126
32	1,2-二氯苯	1,2-Dichlorobenzene	95-50-1	146	148,111
33	1,2,4-三氯苯	1,2,4-Trichlorobenzene	120-82-1	180	182,184
34	六氯丁二烯	Hexachlorobutadiene	87-68-3	225	227,223

2）仪器性能检查

用微量注射器移取 1.0 μL BFB 溶液，直接注入气相色谱仪进行分析，用四级杆质谱得到的 BFB 关键离子丰度应符合规定的标准（表 3.35.2），否则需对质谱仪的参数进行调整或者考虑清洗离子源。

表 3.35.2　BFB 关键离子丰度标准

质量	离子丰度标准	质量	离子丰度标准	质量	离子丰度标准
50	质量 95 的 8%～40%	96	质量 95 的 5%～9%	175	质量 174 的 5%～9%
75	质量 95 的 30%～80%	173	小于质量 174 的 2%	176	质量 174 的 93%～101%
95	基峰，100%相对丰度	174	大于质量 95 的 50%	177	质量 176 的 5%～9%

3）标准曲线的绘制

用微量注射器分别移取 25.0 μL、50.0 μL、125.0 μL、250.0 μL 和 500.0 μL 的标准储备液至 10 mL 容量瓶中，用甲醇定容，配制目标物浓度分别为 5.0 mg/L、10.0 mg/L、25.0 mg/L、50.0 mg/L 和 100.0 mg/L 的标准系列。用微量注射器移取 1.0 μL 标准系列溶液注入热脱附装置中，按照仪器参考条件，依次从低浓度到高浓度进行测定，绘制标准曲线。

注：如所用热脱附装置没有"液体进样制备标准系列"的功能，可用如下方式制备。把老化好的吸附管连接于气相色谱仪填充柱进样口上，设定进样口温度为 50 ℃，用微量注射器移取 1.0 μL 标准系列溶液注射到气相色谱仪进样口，用 100 mL/min 的流量通载气 5 min，迅速取下吸附管，制备成目标物含量分别为 5.0 ng、10.0 ng、25.0 ng、50.0 ng 和 100.0 ng 的标准系列管。也可直接购买商品化的标准样品管制备标准曲线。

用最小二乘法绘制标准曲线：以目标物质量（ng）为横坐标，对应的响应值为纵坐标，绘制标准曲线，标准曲线的相关系数应不小于 0.99。

用平均相对响应因子绘制标准曲线。

标准系列第 i 点中目标物的相对响应因子（RRF_i），按照公式（3.35.1）计算：

$$RRF_i = \frac{A_i \times m_{IS}}{m_i \times A_{IS}} \tag{3.35.1}$$

式中：RRF_i——标准系列中第 i 点目标物的相对响应因子；

A_i——标准系列中第 i 点目标物定量离子的响应值；

m_i——标准系列中第 i 点目标物的质量,ng；

A_{IS}——内标物定量离子的响应值；

m_{IS}——内标物的质量,ng。

目标物的平均相对响应因子 $\overline{RRF}$,按照公式(3.35.2)计算：

$$\overline{RRF} = \frac{\sum_{i=1}^{n} RRF_i}{n} \tag{3.35.2}$$

式中：$\overline{RRF}$——目标物的平均相对响应因子；

RRF_i——标准系列中第 i 点目标物的相对响应因子；

n——标准系列点数。

目标物参考色谱图见图 3.35.1。

4）样品的测定

将采完样的吸附管迅速放入热脱附装置中,按照仪器参考条件进行热脱附,载气流经吸附管的方向应与采样时气体进入吸附管的方向相反。样品中目标物随脱附气进入质谱仪进行测定。分析完成后,取下吸附管进行老化和保存,若样品浓度较低,吸附管可不必老化。

5）空白测定

按与样品测定相同的步骤分析现场空白样品。

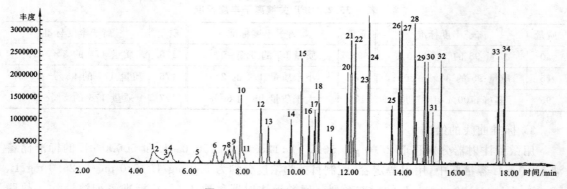

图 3.35.1　目标物参考色谱图

1—1,1-二氯乙烯；2—1,1,2-三氯-1,2,2-三氟乙烷；3—氯丙烯；4—二氯甲烷；5—1,1-二氯乙烷；6—顺式-1,2-二氯乙烯；
7—三氯甲烷；8—1,1,1-三氯乙烷；9—四氯甲烷；10—1,2-二氯乙烷；11—苯；12—三氯乙烯；13—1,2-二氯丙烯；
14—顺式-1,3-二氯丙烯；15—甲苯；16—反式-1,3-二氯丙烯；17—1,1,2-三氯乙烷；18—四氯乙烯；19—1,2-二溴乙烷；
20—氯苯；21—乙苯；22—间-二甲苯、对-二甲苯；23—邻-二甲苯；24—苯乙烯；25—1,1,2,2-四氯乙烷；26—4-乙基甲苯；
27—1,3,5-三甲基苯；28—1,2,4-三甲基苯；29—1,3-二氯苯；30—1,4-二氯苯；31—苄基氯；
32—1,2-二氯苯；33—1,2,4-三氯苯；34—六氯丁二烯

六、数据记录与处理

1．定性分析

以保留时间和质谱图比较进行定性。

2．定量分析

根据目标物第一特征离子的响应值进行计算。当样品中目标物的第一特征离子有干扰时,可以使用第二特征离子定量,具体见表 3.35.1。

（1）吸附管中目标物质量的计算：

①外标法：当采用最小二乘法绘制标准曲线时，样品中目标物质量 m（ng）通过相应的标准曲线计算。

②内标法：当采用平均相对响应因子进行校准时，样品中目标物的质量 m（ng）按照公式（3.35.3）计算：

$$m = \frac{A_x \times m_{IS}}{A_{IS} \times \overline{RRF}}$$
　　　　　　　　　　　　　　　　　　　　　　　　　　　　　　　（3.35.3）

式中：m——样品中目标物的质量，ng；

　　　A_x——目标物定量离子的响应值；

　　　A_{IS}——与目标物相对应内标定量离子的响应值；

　　　m_{IS}——内标物的质量，ng；

　　　$\overline{RRF}$——目标物的平均相对响应因子。

（2）环境空气中待测目标物的质量浓度，按式（3.35.4）计算：

$$\rho = \frac{m}{V_{nd}}$$
　　　　　　　　　　　　　　　　　　　　　　　　　　　　　　　（3.35.4）

式中：ρ——环境空气中目标物的质量浓度，$\mu g/m^3$；

　　　m——样品中目标物的质量，ng；

　　　V_{nd}——标准状态下（101.325 kPa，273.15 K）的采样体积，L。

3. 结果表示

当测定结果小于 100 $\mu g/m^3$ 时，保留到小数点后一位；当测定结果不小于 100 $\mu g/m^3$ 时，保留三位有效数字。

当使用本方法中规定的毛细管柱时，峰序号为 22 的目标物测定结果为间-二甲苯和对-二甲苯两者之和。

七、注意事项

（1）吸附管中残留的 VOCs 对测定的干扰较大，严格执行老化和保存程序能使此干扰降到最低。

（2）新购吸附管都应标记唯一性代码和表示样品气流方向的箭头，并建立吸附管信息卡片，记录包括吸附管填装或购买日期、最高允许使用温度和使用次数等信息。

（3）实际工作中，采集样品前，应抽取 20% 的吸附管进行空白检验，当采样数量少于 10 个时，应至少抽取 2 根。空白管中相当于 2 L 采样量的目标物浓度应小于检出限，否则应重新老化。

（4）每次分析样品前应用一根空白吸附管代替样品吸附管，用于测定系统空白，系统空白小于检出限后才能分析样品。

（5）每 12 h 应做一个标准曲线中间浓度校核点，中间浓度校核点测定值与标准曲线相应点浓度的相对误差应不超过 30%。

（6）现场空白样品中单个目标物的检出量应小于样品中相应检出量的 10% 或与空白吸附管检出量相当。

（7）本实验参考国家环境保护标准 HJ 644—2013。

实验36　室内空气中苯系物的测定（活性炭吸附/二硫化碳解吸-气相色谱法）

一、实验目的

（1）了解空气中的主要苯系物及其危害。

（2）掌握空气中苯系物的活性炭吸附/二硫化碳解吸-气相色谱法测定的原理及适用范围。

（3）进一步熟悉气相色谱仪的操作方法。

二、方法原理

空气中的苯系物主要包括苯、甲苯、乙苯、邻-二甲苯、间-二甲苯、对-二甲苯、异丙苯和苯乙烯。用活性炭采样管富集环境空气和室内空气中苯系物，用二硫化碳（CS_2）解吸，使用带有氢火焰离子化检测器（FID）的气相色谱仪测定分析。

当采样体积为 10 L 时，苯、甲苯、乙苯、邻-二甲苯、间-二甲苯、对-二甲苯、异丙苯和苯乙烯的方法检出限均为 1.5×10^{-3} mg/m³，测定下限均为 6.0×10^{-3} mg/m³。

三、实验仪器设备

（1）气相色谱仪：配有 FID 检测器。

（2）色谱柱：色谱柱包括以下两部分。

①填充柱：材质为硬质玻璃或不锈钢，长 2 m，内径 3～4 mm，内填充涂附 2.5％邻苯二甲酸二壬酯（DNP）和 2.5％有机皂土-34（bentone）的 Chromosorb G · DMCS（80～100 目）。填充柱制备方法：称取有机皂土 0.525 g 和 DNP 0.378 g，置于圆底烧瓶中，加入 60 mL 苯，于 90 ℃水浴中回流 3 h，再加入 Chromosorb G · DMCS 载体 15 g，继续回流 2 h 后，将固定相转移至培养皿中，在红外灯下边烘烤边摇动至松散状态，再静置烘烤 2 h 后即可装柱。将色谱柱的尾端（接检测器一端）用石英棉塞住，接真空泵，柱的另一端通过软管接一漏斗，开动真空泵后，使固定相慢慢通过漏斗装入色谱柱内，边装边轻敲色谱柱使其填充均匀，填充完毕后，用石英棉塞住色谱柱另一端。填充好的色谱柱需在 150 ℃下，以 20～30 mL/min 的流速通载气，连续老化 24 h。

②毛细管柱：固定液为聚乙二醇（PEG-20M），30 m×0.32 mm，膜厚 1.00 μm 或等效毛细管柱。

（3）采样装置：无油采样泵，能在 0～1.5 L/min 内精确保持流量。

（4）活性炭采样管：采样管内装有两段特制的活性炭，A 段 100 mg，B 段 50 mg。A 段为采样段，B 段为指示段，详见图 3.36.1。

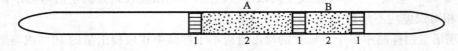

图 3.36.1　活性炭采样管示意图

1—玻璃棉；2—活性炭；A—100 mg 活性炭；B—50 mg 活性炭

（5）温度计：精度 0.1 ℃。

（6）气压计：精度 0.01 kPa。

（7）微量进样器：1～5 μL，精度为 0.1 μL。

（8）移液管：1.00 mL。

（9）磨口具塞试管：5 mL。

（10）实验室其他常用仪器设备。

四、实验试剂和材料

本实验所用试剂除另有说明外，均为分析纯试剂，实验用水均为蒸馏水。

（1）二硫化碳：分析纯，经色谱鉴定无干扰峰（纯化方法见注意事项）。

（2）标准储备液：取适量色谱纯的苯、甲苯、乙苯、邻-二甲苯、间-二甲苯、对-二甲苯、异丙苯和苯乙烯溶于一定体积的二硫化碳中，也可使用有证标准溶液。

（3）载气：氮气，纯度 99.999%，用净化管净化。

（4）燃烧气：氢气，纯度 99.99%。

（5）助燃气：空气，用净化管净化。

五、实验步骤

1. 样品采集

（1）采样前应对采样装置进行流量校准，在采样现场，将一只活性炭采样管与空气采样装置相连，调整采样装置流量，此活性炭采样管仅作为调节流量用，不用作采样分析。

（2）敲开活性炭采样管的两端，与采样装置相连（A 段为气体入口），检查采样系统的气密性。以 0.2～0.6 L/min 的流量采气 1～2 h（废气采样时间为 5～10 min）。若现场大气中含有较多颗粒物，可在活性炭采样管前连接过滤头，同时记录采样装置流量、当前温度、气压及采样时间和地点。

（3）采样完毕前，再次记录采样流量，取下活性炭采样管，立即用聚四氟乙烯帽密封。

2. 现场空白样品的采集

将活性炭采样管运输到采样现场，敲开两端后立即用聚四氟乙烯帽密封，并同已采集样品的活性炭采样管一同存放并带回实验室分析。每次采集样品，都应至少带一个现场空白样品。

3. 样品的保存

采集好的样品，立即用聚四氟乙烯帽将活性炭采样管的两端密封，避光密闭保存，室温下 8 h 内测定。否则放入密闭容器中，保存于 -20 ℃冰箱中，保存期限为 1 天。

4. 样品的解吸

将活性炭采样管中 A 段和 B 段的活性炭分开取出，分别放入磨口具塞试管中，每个试管中各加入 1.00 mL 二硫化碳密闭，轻轻振动，在室温下解吸 1 h 后，待测。

5. 测定

1）开启气相色谱仪，设置测定参数条件

填充柱气相色谱法参考条件：载气流速为 50 mL/min，进样口温度为 150 ℃，检测器温度为 150 ℃，柱温为 65 ℃，氢气流量为 40 mL/min，空气流量为 400 mL/min。

毛细管柱气相色谱法参考条件：柱箱温度为 65 ℃保持 10 min，以 5 ℃/min 速率升温到

90 ℃保持 2 min；柱流量为 2.6 mL/min；进样口温度为 150 ℃；检测器温度为 250 ℃；尾吹气流量为 30 mL/min；氢气流量为 40 mL/min；空气流量为 400 mL/min。

2）标准曲线的绘制

分别取适量的标准储备液，稀释到 1.00 mL 的二硫化碳中，配制质量浓度依次为 0.5 μg/mL、1.0 μg/mL、10.0 μg/mL、20.0 μg/mL 和 50.0 μg/mL 的标准系列。分别取标准系列溶液 1.0 μL 注射到气相色谱仪进样口，根据各目标组分质量和峰面积绘制标准曲线。

3）样品测定

取制备好的样品（段解吸后的二硫化碳溶液）1.0 μL，注射到气相色谱仪中，调整分析条件，目标组分经色谱柱分离后，由 FID 进行检测，记录色谱峰的保留时间和相应值。

根据样品各组分保留时间对照标准色谱图进行定性分析，根据标准曲线和各计算目标组分的峰面积计算其含量。

注：A、B 段分别测定。

4）空白试验

现场空白活性炭采样管与已采样的活性炭采样管同批测定，分析步骤相同。

毛细管柱参考色谱图见图 3.36.2。

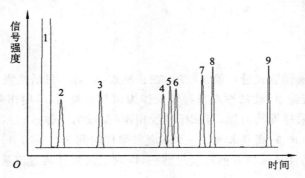

图 3.36.2　毛细管柱色谱图

1—二硫化碳；2—苯；3—甲苯；4—乙苯；5—对-二甲苯；
6—间-二甲苯；7—异丙苯；8—邻-二甲苯；9—苯乙烯

填充柱参考色谱图见图 3.36.3。

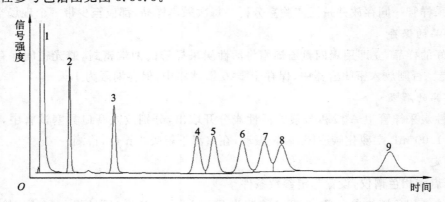

图 3.36.3　填充柱色谱图

1—二硫化碳；2—苯；3—甲苯；4—乙苯；5—对-二甲苯；
6—间-二甲苯；7—邻-二甲苯；8—异丙苯；9—苯乙烯

六、数据记录与处理

1. 结果的计算

气体中目标化合物浓度,按式(3.36.1)计算:

$$\rho=\frac{(w_A-w_0)\times V_A+(w_B-w_0)\times V_B}{V_{nd}} \tag{3.36.1}$$

式中:ρ——气体中被测组分质量浓度,mg/m^3;

w_A、w_B——分别为由标准曲线计算的 A、B 段解吸液的质量浓度,$\mu g/mL$;

w_0——由标准曲线计算的空白解吸液的质量浓度,$\mu g/mL$;

V_A、V_B——分别为 A、B 段解吸液体积,mL;

V_{nd}——标准状态下(101.325 kPa,273.15 K)的采样体积,L。

2. 结果的表示

当测定结果小于 0.1 mg/m³时,保留到小数点后四位;大于等于 0.1 mg/m³时,保留三位有效数字。

七、注意事项

(1) 当空气中水雾太大,造成在活性炭采样管中凝结时,影响活性炭采样管的穿透体积及采样效率,采样时空气湿度应小于 90%。

(2) 采样前后的流量相对偏差应在 10%以内。

(3) 活性炭采样管的吸附效率应在 80%以上,即 B 段活性炭所收集的组分应小于 A 段的 25%,否则应调整流量或采样时间,重新采样。按式(3.36.2)计算活性炭采样管的吸附效率(%):

$$K=\frac{M_1}{M_1+M_2}\times100\% \tag{3.36.2}$$

式中:K——采样吸附效率,%;

M_1——A 段采样量,ng;

M_2——B 段采样量,ng。

(4) 实际工作中每批样品分析时应带一个标准曲线中间浓度校核点,中间浓度校核点测定值与标准曲线相应点浓度的相对误差应不超过 20%。若超出允许范围,应重新配制中间浓度点标准溶液,若还不能满足要求,应重新绘制标准曲线。

(5) 二硫化碳的提纯:在 1000 mL 抽滤瓶中加入 200 mL 欲提纯的二硫化碳,加入 50 mL 浓硫酸。将一装有 50 mL 浓硝酸的分液漏斗置于抽滤瓶上方,紧密连接。上述抽滤瓶置于加热电磁搅拌器上,打开电磁搅拌器,抽真空升温,使硝化温度控制在(45±2) ℃,剧烈搅拌 5 min,搅拌时滴加硝酸到抽滤瓶中,静置 5 min,反复进行,共反应 0.5 h。然后将溶液全部转移至 500 mL 分液漏斗中,静置 0.5 h 左右,弃去酸层,水洗二硫化碳,加 10%碳酸钾溶液调 pH 值至 6~8,再水洗至中性,弃去水相,二硫化碳用无水硫酸钠干燥除水备用。

(6) 本实验参考国家环境保护标准 HJ 584—2010。

实验 37　室内空气中醛、酮类化合物的测定(高效液相色谱法)

一、实验目的

(1) 了解室内空气中常见的醛、酮类化合物有哪些。

(2) 掌握高效液相色谱法测定空气中醛、酮类化合物的原理。

(3) 学习高效液相色谱法测定空气中醛、酮类化合物的操作过程。

二、方法原理

空气中常见的醛、酮类化合物主要包括甲醛、乙醛、丙烯醛、丙酮、丙醛、丁烯醛、甲基丙烯醛、2-丁酮、正丁醛、苯甲醛、戊醛、间甲基苯甲醛和己醛等。使用填充了涂渍 2,4-二硝基苯肼(DNPH)的采样管采集一定体积的空气样品,样品中的醛、酮类化合物经强酸催化与涂渍于硅胶上的 DNPH 反应,生成稳定、有颜色的腙类衍生物,经乙腈洗脱后,使用高效液相色谱仪的紫外(360 nm)或二极管阵列检测器检测,根据保留时间定性分析醛、酮的种类,根据峰面积大小进行定量分析。

反应式如下:

$$(3.37.1)$$

醛、酮类　　　　　　2,4-二硝基苯肼　　　　　稳定、有颜色的腙类衍生物

注:其中 R 和 R_1 是烃基或氢原子。

当采样体积为 0.05 m^3 时,本方法的检出限为 0.28～1.69 $\mu g/m^3$,测定下限为 1.12～6.76 $\mu g/m^3$。

三、实验仪器设备

(1) 恒流气体采样器:恒流气体采样器的流量在 200～1000 mL/min 范围内可调,流量稳定。当用采样管调节气体流速并使用一级流量计(如一级皂膜流量计)校准流量时,流量应满足前后两次误差小于 5% 的要求。

(2) 高效液相色谱仪(HPLC):具有紫外检测器或二极管阵列检测器和梯度洗脱功能。

(3) 色谱柱:C_{18} 柱,4.60 mm×250 mm,粒径为 5.0 μm,或其他等效色谱柱。

(4) 实验室其他常用仪器设备和玻璃器皿。

四、实验试剂与材料

本实验所用试剂除另有说明外,其他均为分析纯试剂,实验用水均为去离子水。

(1) 乙腈(CH_3CN):液相色谱纯,甲醛的浓度应小于 1.5 $\mu g/L$,避光保存。

(2) 空白试剂水:去离子水,经检验,醛、酮含量低于方法检出限方能使用。

(3) 标准储备液($\rho=100\ \mu g/mL$):直接购买有证的醛、酮类,2,4-二硝基苯腙衍生物标准

溶液,或用有证固体标样配制,质量浓度以醛、酮类化合物计。避光保存,开封后密闭低温(4 ℃)保存,可保存 2 个月。

(4) 标准使用液($\rho=10\ \mu g/mL$):量取 1.0 mL 标准储备液于 10 mL 容量瓶中,用乙腈稀释至刻度,混匀。

(5) DNPH 采样管:涂渍 DNPH 的填充柱采样管,市售商品化产品,一次性使用。填料:1000 mg,粒径 10 μm。DNPH 采样管应避光低温(4 ℃以下)保存,并尽量减少保存时间以免空白值过高。

(6) 臭氧去除柱:市售商品化产品,一次性使用。填充粒状碘化钾,当含臭氧的空气通过该装置时,碘离子被氧化成碘,同时消耗其中的臭氧。

(7) 一次性注射器:5 mL 医用无菌注射器。

(8) 针头过滤器:0.45 μm 有机滤膜。

五、实验步骤

1. 样品采集

样品采集系统一般由恒流气体采样器、真空采样泵、采样导管、DNPH 采样管、臭氧去除柱等组成。示意图见图3.37.1,采样流量为 0.2~1.0 L/min,采气体积为 5~100 L。

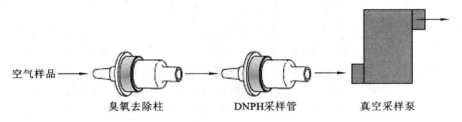

空气样品 →　臭氧去除柱　→　DNPH采样管　→　真空采样泵

图 3.37.1　采样示意图

2. 样品的运输和保存

DNPH 采样管应使用密封帽将两端管口封闭,并用锡纸或铝箔将 DNPH 采样管包严,低温(4 ℃以下)保存与运输。如果不能及时分析,应保存于低温(4 ℃以下)下,时间不超过 30 天。

3. 样品的制备

加入乙腈洗脱 DNPH 采样管,让乙腈自然流过 DNPH 采样管,流向应与采样时气流方向相反。将洗脱液收集于 5 mL 容量瓶中用乙腈定容,用注射器吸取洗脱液,经针头过滤器过滤,转移至 2 mL 棕色样品瓶中,待测。过滤后的洗脱液如不能及时分析,可在 4 ℃条件下避光保存 30 天。

4. 空白样品的制备

(1) 全程空白:每次采样时应至少带一个全程空白,即将 DNPH 采样管带到现场,打开其两端,不进行采样,持续一个采样周期,然后同采样的 DNPH 采样管一样密封,带到实验室,按照样品的制备步骤制备空白样品。

(2) 空白 DNPH 采样管:在实验室内取同批 DNPH 采样管(未带到现场)按照样品的制备步骤制备空白样品。

5. 标准曲线绘制

1) 色谱条件

流动相:乙腈/水。梯度洗脱,60%乙腈保持 20 min,20~30 min 内乙腈从 60%线性增至

100％,30～32 min 内乙腈再减至 60％,并保持 8 min。检测波长:360 nm。流速:1.0 mL/min。进样量:20 μL。

2）标准系列的制备

分别量取 100 μL、200 μL、500 μL、1000 μL 和 2000 μL 的标准使用液于 10 mL 容量瓶中,用乙腈定容,混匀。配制成浓度为 0.1 μg/mL、0.2 μg/mL、0.5 μg/mL、1.0 μg/mL、2.0 μg/mL 的标准系列。

3）标准曲线的绘制

通过自动进样器或样品定量环量取 20.0 μL 标准系列,注入高效液相色谱仪,按照参考色谱条件进行测定,以色谱响应值为纵坐标,浓度为横坐标,绘制标准曲线。标准曲线的相关系数≥0.995,否则重新绘制标准曲线,十三种醛酮腙标样的标准色谱图见图 3.37.2。

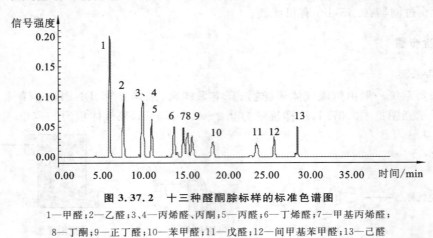

图 3.37.2　十三种醛酮腙标样的标准色谱图

1—甲醛;2—乙醛;3、4—丙烯醛、丙酮;5—丙醛;6—丁烯醛;7—甲基丙烯醛;
8—丁酮;9—正丁醛;10—苯甲醛;11—戊醛;12—间甲基苯甲醛;13—己醛

6. 样品测定

按照标准曲线绘制的测定条件,通过自动进样器或样品定量环量取 20.0 μL 样品,注入高液液相色谱仪进行测定,对照标准色谱图各组分的保留时间定性。用作定性的保留时间窗口宽度以当天测定标样的实际保留时间变化为基准。若使用二极管阵列检测器检测,还可用光谱图特征峰来辅助定性。采用色谱峰面积外标法定量。

7. 空白测定

按测定样品的相同条件,相同操作,量取 20.0 μL 空白样品进行测定。

六、结果计算与表示

1. 结果计算

环境空气样品中的醛、酮类化合物的质量浓度 ρ(mg/m³),按式(3.37.2)计算:

$$\rho = \frac{(\rho_1 - \rho_0) \times V_1}{V_S} \tag{3.37.2}$$

式中:ρ——样品中醛、酮类化合物的质量浓度,mg/m³;

ρ_1——从标准曲线上查得样品溶液中醛、酮类化合物的质量浓度,μg/mL;

ρ_0——从标准曲线上查得空白溶液中醛、酮类化合物的质量浓度,μg/mL;

V_1——洗脱液定容体积(样品洗脱液定容体积和空白洗脱液定容体积相同),mL;

V_S——标准状态下(101.3 kPa,273.2 K)的采样体积,L。

2. 结果表示

当测定值小于 10.0 $\mu g/m^3$ 时,结果保留至小数点后两位;当测定值大于等于 10.0 $\mu g/m^3$ 时,结果保留三位有效数字。

七、注意事项

(1) 空白值应满足以下要求:甲醛小于 0.15 $\mu g/$管,乙醛小于 0.10 $\mu g/$管,丙酮小于 0.30 $\mu g/$管,其他物质小于 0.10 $\mu g/$管。每批样品至少测定一个全程空白,测定结果应低于方法检出限。

(2) 平行双样测定结果的相对偏差应不超过 25%。

(3) 采样流量:采样期间应不时地观察恒流气体采样器流量是否稳定,采样结束时的流量与开始时流量相差应不超过 15%。

(4) 本实验所使用乙腈和醛、酮类化合物属于有毒、有害有机物,对人体健康有害,操作时应按规定要求佩带防护器具,避免接触皮肤和衣服。所有药品均应完全密封独立存放,并放置于低温阴凉处,以免外漏污染。实验过程中所有使用过的标准物质和有机溶剂废液不能随意倾倒,应专门留存,交由有处理资质的有机废物处理机构进行处理。

(5) 本实验参考国家环境保护标准 HJ 683—2014。

第4章 土壤污染与固体废物监测实验

实验 38 土壤中六六六和滴滴涕的测定（气相色谱法）

一、实验目的

(1) 了解六六六和滴滴涕的化学性质和生态环境危害。

(2) 进一步掌握气相色谱仪的结构组成和操作方法。

(3) 学习并掌握气相色谱法测定土壤中六六六和滴滴涕的样品前处理方法。

(4) 掌握气相色谱法测定六六六和滴滴涕的操作及数据处理方法。

二、方法原理

用丙酮-石油醚提取土壤中的六六六和滴滴涕（DDT），以浓硫酸净化，用带电子捕获检测器的气相色谱仪测定，以保留时间进行定性分析，以峰面积进行定量分析。

本方法的最低检测浓度为 $0.00005 \sim 0.00487$ mg/kg。

三、实验仪器设备

(1) 带电子捕获检测器的气相色谱仪（检测器：电子捕获检测器，可采用 ^{63}Ni 放射源或高温 ^{3}H 放射源。检测器极化电压可采用直流电源或脉冲电源）。

(2) 控制载气的压力表及流量计。

(3) 进样器：全玻璃系统进样器。

(4) 记录仪：与仪器相匹配的记录仪。

(5) 色谱柱：$2 \sim 3$ 支（硬质玻璃，长 $1.8 \sim 2.0$ m，内径 $2 \sim 3$ mm，螺旋状填充柱）。

(6) 样品瓶：适宜的玻璃磨口瓶。

(7) 旋转蒸发器。

(8) 索氏提取器。

(9) 水浴锅。

(10) 振荡器。

(11) 玻璃器皿（300 mL 分液漏斗、300 mL 具塞锥形瓶、250 mL 平底烧瓶等）。

(12) 微量注射器：5 μL、10 μL。

(13) 离心机。

(14) 滤纸筒。

(15) 实验室其他常用仪器设备和玻璃器皿。

四、实验试剂与材料

本实验所用试剂除另有说明外，其他均为分析纯试剂，实验用水均为蒸馏水。

（1）氮气，纯度为 99.99%，经去氧管过滤，氧的含量（摩尔分数）小于 5×10^{-6}，氢的含量（摩尔分数）小于 1.0×10^{-6}。

（2）色谱标准样品：α-六六六、β-六六六、γ-六六六、δ-六六六、p,p'-DDE、o,p'-DDT、p,p'-DDD、p,p'-DDT，含量 98%～99%，色谱纯。

（3）标准储备液：准确称取色谱纯标准样品每种 100 mg，分别溶于异辛烷（β-六六六先用少量苯溶解），在容量瓶中定容至 100 mL，配成八种标准储备液，在 4 ℃下储存。

（4）标准中间溶液：用移液管量取八种标准储备液，移至 100 mL 容量瓶中，用异辛烷稀释至刻度。八种标准储备液的体积比为 α-六六六∶β-六六六∶γ-六六六∶δ-六六六∶p,p'-DDE∶o,p'-DDT∶p,p'-DDD∶p,p'-DDT=1∶1∶3.5∶1∶3.5∶5∶3∶8。

（5）标准溶液：根据检测器的灵敏度及线性要求，用石油醚稀释标准中间溶液，配制成几种浓度的标准工作液，在 4 ℃下储存。

（6）石油醚，沸程 60～90 ℃。

（7）丙酮（CH_3COCH_3）。

（8）异辛烷（C_8H_{18}）。

（9）苯（C_6H_6），优级纯。

（10）浓硫酸，$\rho=1.84$ g/mL。

（11）无水硫酸钠（Na_2SO_4）：在 300 ℃烘箱中烘烤 4 h，备用。

（12）硫酸钠溶液（20 g/L）：称取 20 g 无水硫酸钠（Na_2SO_4），溶于 1 L 水中。

（13）硅藻土：试剂级。

（14）三氯甲烷（$CHCl_3$）。

（15）脱脂棉（或玻璃棉）：用丙酮回流 16 h，取出晾干后备用。

（16）色谱柱填充物：载体为 Chromosorb WAW-DMCS 或 Chromosorb WAW-DMCS-HP，80～100 目。固定液为 OV-17（甲基硅酮），最高使用温度为 350 ℃；QF-1 或 OV-210（三氯丙基甲基硅酮），最高使用温度为 250 ℃或 275 ℃。

五、实验步骤

1. 色谱柱的准备

（1）色谱柱预处理：色谱柱经水冲洗后，在玻璃柱管内注满热洗液（60～70 ℃），浸泡 4 h，然后用水冲洗至中性，烘干后进行硅烷化处理。将 6%～10% 的二氯二甲基硅烷甲醇溶液注满玻璃柱管，浸泡 2 h，然后用甲醇清洗至中性，烘干备用。

（2）涂渍固定液：按液相负荷 OV-17 为 1.5%；QF-1 或 OV-210 为 1.95%，根据担体的重量称取一定量的固定液，溶在三氯甲烷中，待完全溶解后，倒入盛有担体的烧杯中，再向其中加入三氯甲烷至液面高出 1～2 cm，摇匀后浸 2 h。然后在红外灯下将溶剂挥发干或在旋转蒸发器上慢速蒸干，再置于 120 ℃烘箱中，放置 4 h 后备用。

（3）色谱柱填充：将色谱柱接检测器的一端用硅烷化玻璃棉塞住，接真空泵，另一端接一漏斗，开动真空泵后将固定相徐徐倾入色谱柱内，并轻轻拍打色谱柱，使固定相在色谱柱内填充紧密，至固定相不再抽入柱内为止，装填完毕后，用硅烷化玻璃棉塞住色谱柱另一端。

（4）色谱柱的老化：将填充好的色谱柱进口按正常接在汽化室上，出口空着不接检测器，先用较低载气流速，在略高于实际使用温度而不超过固定液的使用温度下处理 4～6 h。然后逐渐提高温度和载气流速老化 24～48 h。再降低至使用温度，接上检测器后，如基线稳定即可使用。

注:色谱柱的准备工作应在实验之前提前准备,在给定条件下,色谱柱的柱效能即总分离效能,分离度要求不小于90%。

2. 样品的采集与保存

在田间根据不同的分析目的多点采集,风干去杂物,研碎过60目筛,充分混匀,取500 g装入样品瓶备用。土壤样品采集后应尽快分析,如暂不分析应保存在−18 ℃冷冻箱中。

3. 样品的预处理

(1)提取:准确称取20 g土壤样品置于小烧杯中,加水2 mL,硅藻土4 g,充分混匀,无损地移入滤纸筒内,上部盖一片滤纸,将滤纸筒装入索氏提取器中,加100 mL石油醚-丙酮(1:1)溶液,用30 mL浸泡土样12 h后在75~95 ℃恒温水浴锅上加热提取4 h,待冷却后,将提取液移入300 mL的分液漏斗中,用10 mL石油醚分三次冲洗索氏提取器及烧杯,将洗液并入分液漏斗中,加入100 mL硫酸钠溶液,振摇1 min,静置分层后,弃去下层丙酮水溶液,留下石油醚提取液待净化。

(2)净化:在分液漏斗中加入石油醚提取液十分之一体积的浓硫酸,振摇1 min,静置分层后,弃去硫酸层,按上述步骤重复数次,直至石油醚提取液二相界面清晰均呈无色透明时止,弃去硫酸层。然后向石油醚提取液中加入其体积量一半左右的硫酸钠溶液,振摇十余次,待其静置分层后弃去水层。如此重复至提取液呈中性时止(一般2~4次),石油醚提取液再经装有少量无水硫酸钠的筒型漏斗脱水,滤入适当规格的容量瓶中,定容,供气相色谱仪测定。

4. 色谱测定操作步骤

1)设置仪器测定参数

汽化室温度:220 ℃。柱温度:195 ℃。检测器温度:245 ℃。载气流速:40~70 mL/min(根据仪器的情况选用)。记录仪纸速:5 mm/min。衰减:根据样品中被测组分含量适当调节记录器衰减。

2)校准

定量方法:外标法。

使用标准溶液周期性地重复校准。视仪器的稳定性决定周期长短,若仪器稳定,可每测定4~5个样品校准一次。

气相色谱仪测定标准溶液的条件:标准溶液的进样体积与样品进样体积相同,标准溶液的响应值接近样品的响应值。

调节仪器重复性条件:一个样品连续注射进样两次,其峰高相对偏差不大于7%,即认为仪器处于稳定状态。

标准溶液与样品尽可能同时进样分析。

校准数据的表示需要经过计算,样品中组分按式(4.38.1)校准:

$$X_i = \frac{A_i}{A_E} E_i \qquad (4.38.1)$$

式中:X_i——样品中组分i的含量,mg/kg;

E_i——标准溶液中组分i的含量,mg/kg;

A_i——样品中组分i的峰高,cm(或峰面积,cm²);

A_E——标准溶液中组分i的峰高,cm(或峰面积,cm²)。

3）样品分析

用清洁注射器在待测样品中抽吸几次，排除所有气泡后，抽取所需进样体积（一次进样量 3～6 μL）。迅速注射入色相色谱仪中，并立即拔出注射器。

5. 色谱图的考察

六六六、滴滴涕气相色谱图见图 4.38.1。

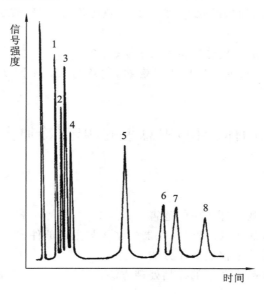

图 4.38.1　六六六、滴滴涕气相色谱图

1—α-六六六；2—γ-六六六；3—β-六六六；4—δ-六六六；
5—p,p′-DDE；6—o,p′-DDT；7—p,p′-DDD；8—p,p′-DDT

六、数据记录与处理

1. 定性分析

将样品气相色谱图与标准色谱图对照，以各组分出峰顺序和保留时间作定性分析，确定被测样品中出现的组分数目和组分名称。

检验可能存在的干扰，采用双柱定性：用另一根色谱柱（1.5% OV-17＋1.95% QF-l/Chromosorb WAW-DMCS，80～100 目）进行准确检验色谱分析，可确定各组分及有无干扰。

2. 定量分析

色谱峰的测量：以峰的起点和终点的连线作为峰底，以峰高极大值对时间轴作垂线，对应的时间即为保留时间，此线从峰顶至峰底间的线段即为峰高。

以峰高（或峰面积）作为定量分析依据，按式（4.38.2）计算土壤中农药的含量（mg/kg）：

$$R_i = \frac{h_i W_{is} V}{h_{is} V_i m} \tag{4.38.2}$$

式中：R_i——样品中 i 组分农药的含量，mg/kg；

　　　h_i——样品中 i 组分农药的峰高，cm（或峰面积，cm²）；

　　　W_{is}——标准溶液中 i 组分农药的绝对量，ng；

　　　V——m(g)样品定容体积，mL；

　　　h_{is}——标准溶液中 i 组分农药的峰高，cm（或峰面积，cm²）；

V_i——样品的进样量，μL；

m——样品的质量，g。

七、注意事项

（1）在提取、净化过程中要注意防止样品的损失，以免造成测定误差。

（2）净化过程中，用浓硫酸净化时，要防止发热爆炸，加浓硫酸后，开始要慢慢振摇，不断放气，然后再剧烈振摇。

（3）标准溶液和样品的上机分析条件要完全一致。

（4）实验使用的丙酮、石油醚等属于易燃物，注意防火。不同实验废液要用专门容器收集，不得随意倾倒。

实验 39　土壤（或固体废物）中总汞的测定（冷原子吸收分光光度法）

一、实验目的

（1）了解汞及其化合物在环境中的危害。

（2）了解冷原子吸收测汞仪的原理、仪器的结构与主要部件。

（3）掌握冷原子吸收测汞仪的操作方法。

（4）掌握测定固体样品中总汞的样品处理方法。

二、方法原理

汞原子蒸气对波长为 253.7 nm 的紫外光有强烈的吸收作用，汞蒸气浓度与吸光度成正比。通过氧化分解样品中以各种形式存在的汞，使之转化为可溶态汞离子进入溶液，用盐酸羟胺还原过剩的氧化剂，用氯化亚锡将汞离子还原成汞原子，用净化空气做载气将汞原子载入冷原子吸收测汞仪的吸收池进行测定。

易挥发的有机物和水蒸气在 253.7 nm 处有吸收而产生干扰，易挥发的有机物在样品消解时可除去，水蒸气用无水氯化钙、过氯酸镁除去。

三、实验仪器设备

（1）冷原子吸收测汞仪及其配套装置如下。

①冷原子吸收测汞仪及配套记录仪。

②汞还原器：总容积分别为 50 mL、75 mL、100 mL、250 mL、500 mL，具有磨口，带莲蓬形多孔吹气头的玻璃翻泡瓶。

③U 形管（ϕ15 mm×110 mm）：内装变色硅胶（粒径 60～80 mm）。

④三通阀。

⑤汞吸收塔：250 mL 玻璃干燥塔，内装经碘处理的活性炭。

可根据不同测汞仪特点及具体要求，参考图 4.39.1 连接冷原子吸收测汞仪及其配套装置。

（2）可调温电热板。

（3）实验室其他常用仪器设备和玻璃器皿。

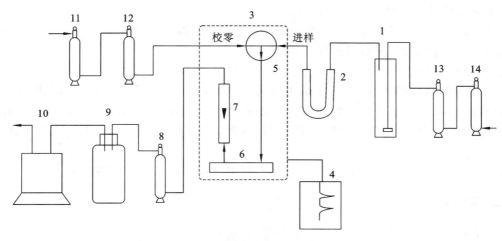

图 4.39.1　冷原子吸收测汞装置气路连接示意图

1—汞还原瓶；2—U 形管；3—测汞仪；4—记录仪；5—三通阀；6—吸收池；7—流量计；
8、12、13—汞吸收塔；9—气体缓冲瓶；10—真空泵；11、14—空气干燥塔（内装变色硅胶）

注：所有玻璃仪器及样品瓶，均用洗液浸泡过夜，用蒸馏水冲洗干净。

四、实验试剂与材料

本实验所用试剂除另有说明外，均为优级纯试剂，实验用水均为无汞蒸馏水。

（1）无汞蒸馏水：二次蒸馏水或电渗析去离子水通常可达到此纯度，也可将蒸馏水加盐酸酸化至 pH 值为 3，然后通过巯基棉纤维管除汞。

（2）浓硫酸，$\rho = 1.84$ g/mL。

（3）浓盐酸，$\rho = 1.19$ g/mL。

（4）浓硝酸，$\rho = 1.42$ g/mL。

（5）硫酸-硝酸（1∶1）混合液：1 体积浓硫酸与 1 体积浓硝酸混合。

（6）重铬酸钾（$K_2Cr_2O_7$）。

（7）高锰酸钾溶液：将 20 g 的高锰酸钾（$KMnO_4$，必要时重结晶精制）用水溶解，稀释至 1000 mL。

（8）盐酸羟胺溶液：将 20 g 的盐酸羟胺（$NH_2OH \cdot HCl$）用水溶解，释释至 100 mL。

（9）五氧化二钒（V_2O_5）。

（10）氯化亚锡溶液：将 20 g 氯化亚锡（$Sn_2Cl \cdot H_2O$）置于烧杯中，加入 20 mL 浓盐酸，微微加热，待完全溶解后，冷却，再用水稀释至 100 mL。若有汞，可通入氮气鼓泡除汞，临用前现配。

（11）汞标准固定液：将 0.5 g 重铬酸钾（$K_2Cr_2O_7$）溶于 950 mL 水中，再加 50 mL 浓硝酸。

（12）稀释液：将 0.2 g 重铬酸钾（$K_2Cr_2O_7$）溶于 972.2 mL 水中，再加 27.8 mL 浓硫酸。

（13）汞标准储备液（$\rho_{Hg} = 100$ mg/L）：称取放置在硅胶干燥器中充分干燥过的氯化汞（$HgCl_2$）0.1354 g，用汞标准固定液溶解后，转移到 1000 mL 容量瓶中，再用汞标准固定液稀释至标线，摇匀。也可以使用购置的有证汞标准溶液。

（14）汞标准中间溶液（$\rho_{Hg} = 10.0$ mg/L）：吸取汞标准储备液 10.00 mL 于 100 mL 容量

瓶中,加汞标准固定液稀释至标线,摇匀。

（15）汞标准使用溶液（ρ_{Hg}＝0.100 mg/L）：吸取汞标准中间溶液 1.00 mL 于 100 mL 容量瓶中,加汞标准固定液稀释至标线,摇匀。

（16）变色硅胶：ϕ3～4 mm,干燥用。

（17）经碘处理的活性炭：按重量取 1 份碘（I_2）、2 份碘化钾（KI）和 20 份水,在玻璃烧杯中配制成溶液,然后向溶液中加入约 10 份柱状活性炭（工业用,ϕ3 mm,长 3～7 mm）。用力搅拌至溶液脱色后,从烧杯中取出活性炭,用玻璃纤维把溶液滤出,活性炭在 100 ℃ 左右干燥 1～2 h 即可。

（18）洗液：将 10 g 重铬酸钾溶于 900 mL 水中,加入 100 mL 浓硝酸。

五、实验步骤

1. 样品

将采集的土壤样品（或固体废物样品）（一般不少于 500 g）混匀后用四分法缩分至约 100 g。缩分后的样品经风干（自然风干或冷冻干燥）后,除去土样中石子和动植物残体等异物,用木棒（或玛瑙棒）研压,通过 2 mm 尼龙筛（除去 2 mm 以上的砂砾）,混匀。用玛瑙研钵将通过 2 mm 尼龙筛的土样研磨至全部通过 100 目（孔径 0.149 mm）尼龙筛,混匀后备用。

2. 样品消解（实验时选取下列方法之一消解样品）

1）硫酸-硝酸-高锰酸钾消解法

称取 100 目土壤（或固体废物）样品 0.5～2 g（准确至 0.0002 g）于 150 mL 锥形瓶中,用少量水润湿样品,加硫酸-硝酸混合液 3～10 mL,待剧烈反应停止后,加水 10 mL、高锰酸钾溶液 10 mL,在瓶口插一小漏斗,置于低温电热板上加热至近沸,保持 30～60 min。分解过程中若紫色退去,应随时补加高锰酸钾溶液,以保持有过量的高锰酸钾存在,取下冷却。在临测定前,边摇边滴加盐酸羟胺溶液,直至刚好使过剩的高锰酸钾及器壁上的水合二氧化锰全部退色为止。

注：对有机质含量较多的样品,可预先用浓硝酸加热回流消解,然后再加浓硫酸和高锰酸钾溶液继续消解。

2）硝酸-硫酸-五氧化二钒消解法

称取 100 目土壤（或固体废物）样品 0.5～2 g（准确至 0.0002 g）于 150 mL 锥形瓶中,用少量水润湿样品,加入五氧化二钒约 50 mg、浓硝酸 10～20 mL、浓硫酸 5 mL、玻璃珠 3～5 粒,摇匀。在瓶口插一小漏斗,置于低温电热板上加热至近沸,保持 30～60 min。取下稍冷,加水 15 mL,继续加热煮沸 15 min,此时样品为浅灰白色（若样品色深,应适当补加浓硝酸再进行分解）。取下冷却,滴加高锰酸钾溶液至紫色不退,在临测定前,边摇边滴加盐酸羟胺溶液,直至刚好使过剩的高锰酸钾及器壁上水合二氧化锰全部退色为止。

3. 空白试验

按选定的消解方法,每批样品至少做两份空白。

4. 测定

（1）连接好仪器,更换 U 形管中的变色硅胶,按说明书调试好冷原子吸收测汞仪及记录仪,选择好灵敏度挡及载气流速,将三通阀旋至“校零”端,调节仪器零点。

（2）取出汞还原器吹气头,将样品（含残渣）全部移入汞还原瓶,用水洗涤锥形瓶 3～5 次,洗涤液并入汞还原瓶,加水至 100 mL。加入 1 mL 氯化亚锡溶液,迅速插入吹气头,然后将三通阀旋至"进样"端,使载气通入汞还原器。此时样品中汞被还原并汽化成汞蒸气,随载气流入测汞仪的吸收池,表头指针(或数字显示)和记录笔迅速上升,记录最高读数或峰高。待指针和记录笔重新回零后,将三通阀旋至"校零"端,取出吹气头,弃去废液,用水清洗汞还原器两次,再用稀释液洗一次,以氧化可能残留的二价锡,然后进行另一样品的测定。

(3) 按照上述测定条件和操作过程测定空白样品。

样品的吸光度减去空白试验的吸光度,从标准曲线上查出样品中的含汞量。

(4) 标准曲线绘制

分别准确移取汞标准使用溶液 0.00 mL、0.50 mL、1.00 mL、2.00 mL、3.00 mL 和 4.00 mL 于 6 个 150 mL 锥形瓶中,加硫酸-硝酸混合液 4 mL、高锰酸钾溶液 5 滴,加水 20 mL,摇匀。测定前滴加盐酸羟胺溶液还原至紫色刚好消失,按步骤 4 中(2)所述步骤进行测定。

以测得的吸光度为纵坐标,对应的汞含量(μg)为横坐标,绘制标准曲线。

六、数据记录与处理

土壤样品中总汞的含量 c(Hg,mg/kg)按式(4.39.1)计算:

$$c = \frac{m}{m_0(1-f)} \tag{4.39.1}$$

式中:m——测得样品中总汞质量,μg;

　　　m_0——称取的样品质量,g;

　　　f——土壤样品水分含量,%。

七、注意事项

(1) 土壤样品水分含量的测定:称取 100 目风干土壤样品 5~10 g(准确至 0.01 g)于烘干至恒重的铝盒或称量瓶中,105 ℃烘箱中烘干 4~5 h,至恒重。土壤样品水分含量(%)按式(4.39.2)计算:

$$f = \frac{m_1 - m_2}{m_1} \times 100\% \tag{4.39.2}$$

式中:f——土壤样品水分含量,%;

　　　m_1——土壤样品烘干前质量,g;

　　　m_2——土壤样品烘干后质量,g。

(2) 盐酸羟胺试剂中常含汞,必须提纯。当汞含量较低时,可采用巯基棉纤维管除汞法;汞含量高时,先用萃取法除去大量汞后再用巯基棉纤维管除汞。

①巯基棉纤维管除汞法:在 ϕ6~8 mm、长 100 mm 左右,一端拉细的玻璃管(或 500 mL 分液漏斗的放液管)中填充 0.1~0.2 g 巯基棉纤维,待净化试剂以 10 mL/min 的速度流过巯基棉纤维 1~2 次即可除汞。

注:巯基棉纤维的制备:于棕色磨口广口瓶中,依次加入 100 mL 硫代乙醇酸($CH_2SHCOOH$)、60 mL 乙酸酐(($CH_3CO)_2O$)、40 mL 36%的乙酸(CH_3COOH)、0.3 mL 浓硫酸,充分混匀后冷却至室温,加入 30 g 长纤维脱脂棉,完全浸入上述混合液中,充分浸透,冷水浴冷却散去反应热后,置于(40±2)℃的烘箱中 2~4 天,取出后用耐酸过滤漏斗抽滤,用无汞蒸馏水充分洗涤至中性,摊开,在 30~35 ℃的烘箱中烘干。成品于棕色广口瓶中避光、较低温度保存。

②萃取法除汞：取 250 mL 盐酸羟胺溶液于 500 mL 分液漏斗中，每次加入含双硫腙（$C_{13}H_{12}N_4S$）0.1 g/L 的四氯化碳（CCl_4）溶液，反复萃取，直至含双硫腙的四氯化碳溶液保持绿色不变为止。然后用四氯化碳萃取，以除去多余的双硫腙。

实验 40　土壤（或固体废物）中总砷的测定（硼氢化钾-硝酸银分光光度法）

一、实验目的

(1) 了解砷及其化合物的性质及在环境中的危害。

(2) 掌握硼氢化钾-硝酸银分光光度法测定砷的原理。

(3) 掌握分光光度法测定固体样品总砷的样品处理方法。

二、方法原理

固体样品通过消解，使样品中各种形态的砷转化为可溶态的砷进入溶液。在酸性条件下，用硼氢化钾（或硼氢化钠）产生新生态的氢，将五价砷还原为三价砷，三价砷进一步被还原为气态砷化氢（胂），产生的砷化氢用硝酸-硝酸银-聚乙烯醇-乙醇溶液吸收，其中银离子被砷化氢还原成单质银，溶液呈黄色，在波长 400 nm 处测定吸光度可定量测定。

当称样量为 0.5 g 时，本方法的检出限为 0.2 mg/kg。

能形成共价氢化物的锑、铋、锡、硒和碲的含量为砷的 20 倍以上时可产生干扰，必须用二甲基甲酰胺-乙醇胺浸渍的脱脂棉除去；硫化物对测定有正干扰，在样品氧化分解时，硫化物已被硝酸氧化，不再有影响；样品中可能存在的少量硫化物可用乙酸铅脱脂棉吸收除去。

三、实验仪器设备

(1) 分光光度计，10 mm 比色皿。

(2) 砷化氢发生与吸收装置，如图 4.40.1 所示。

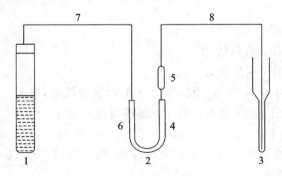

图 4.40.1　砷化氢发生与吸收装置示意图

1—砷化氢发生器，管径 30 mm，液面为管高的 2/3 为宜；2—U 形管（消除干扰用），管径 10 mm；

3—吸收管，液面高约 90 mm；4—内装 0.3 g 脱脂棉（吸附 2.5 mL DMF 混合液）；

5—内装吸附硫酸钠-硫酸氢钾混合粉末脱脂棉的聚乙烯管；6—乙酸铅脱脂棉 0.3 g；7、8—导气管，内径 2 mm

(3) 可控温电热板。

(4) 实验室其他常用仪器设备和玻璃器皿。

四、实验试剂与材料

本实验所用试剂除另有说明外,其他均为分析纯试剂,实验用水均为蒸馏水或同等纯度的水。

(1) 浓盐酸,$\rho = 1.19$ g/mL。

(2) 浓硝酸,$\rho = 1.42$ g/mL。

(3) 高氯酸,$\rho = 1.67$ g/mL。

(4) 浓氨水,$\rho = 0.88 \sim 0.90$ g/mL,含 NH_3 25%~28%。

(5) 盐酸($c(HCl) = 0.5$ mol/L):10.5 mL 浓盐酸稀释至 250 mL。

(6) 乙醇(95% 或无水)。

(7) 二甲基甲酰胺($HCON(CH_3)_2$)。

(8) 乙醇胺($NH_2CH_2CH_2OH$)。

(9) 无水硫酸钠(Na_2SO_4)。

(10) 硫酸氢钾($KHSO_4$)。

(11) 硫酸钠-硫酸氢钾混合粉:无水硫酸钠(Na_2SO_4)和硫酸氢钾($KHSO_4$)按 9:1 的比例混合,并用研钵研成细粉。

(12) 抗坏血酸($C_6H_8O_5$)。

(13) 氨水溶液(1:1):1 体积浓氨水($NH_3 \cdot H_2O$)加入 1 体积蒸馏水中。

(14) 氢氧化钠溶液($c(NaOH) = 2$ mol/L):8 g 氢氧化钠(NaOH)溶于 100 mL 蒸馏水中。

(15) 聚乙烯醇溶液:称取 0.2 g 聚乙烯醇$[(C_2H_4O)_x]$(平均聚合度 1750±50)于 150 mL 烧杯中,加入 100 mL 蒸馏水,在不断搅拌下加热至完全溶解,盖上表面皿微沸 10 min,冷却后,储存于玻璃瓶中,此溶液可稳定一周。

(16) 酒石酸溶液(200 g/L):称取酒石酸($C_4H_6O_5$)20 g,溶于 100 mL 蒸馏水中。

(17) 硝酸银溶液:称取 2.04 g 硝酸银($AgNO_3$)于 400 mL 烧杯中,用 50 mL 蒸馏水溶解,加入 5 mL 浓硝酸,用蒸馏水稀释至 250 mL,保存于棕色玻璃瓶中。

(18) 砷化氢吸收液:取硝酸银溶液、聚乙烯醇溶液、乙醇按 1:1:2 的体积比混合,充分摇匀后使用,用时现配。如果出现浑浊,将此溶液放入约 70 ℃ 的水中,待透明后取出,冷却后使用。

(19) 二甲酰胺混合液(DMF 混合液):取二甲基甲酰胺($HCON(CH_3)_2$)、乙醇胺($NH_2CH_2CH_2OH$)按 9:1 的体积比混合,储于棕色玻璃瓶中,在 2~5 ℃ 冰箱中可保存 30 天左右。

(20) 乙酸铅溶液:将 8 g 乙酸铅($Pb(CH_3COO)_2 \cdot 5H_2O$)溶于蒸馏水中并稀释至 100 mL。

(21) 乙酸铅脱脂棉:将 10 g 脱脂棉浸入 100 mL 乙酸铅溶液中,浸透后取出风干。

(22) 硼氢化钾片:硼氢化钾与氯化钠按 1:5 质量比混合,充分混匀后,在压片机上以 2~5 t/cm² 的压力压成直径约为 1.2 cm,重约为 1.5 g 的片剂。

(23) 浓硫酸,$\rho = 1.84$ g/mL。

(24) 硫酸溶液(1:1):1 体积浓硫酸徐徐加入 1 体积蒸馏水中,边加边搅拌。

(25) 砷标准储备液($\rho_{As} = 1.00$ mg/mL):称取放置在硅胶干燥器中充分干燥后的优级纯三氧化二砷(As_2O_3)0.1329 g,溶于 2 mL 2 mol/L 的氢氧化钠溶液中,溶解后加入 10 mL 硫酸溶液(1∶1),转移到 100 mL 容量瓶中,用蒸馏水稀释至标线,摇匀。也可使用购置的有证砷标准溶液。

(26) 砷标准中间液(ρ_{As}＝100 mg/L):取 10.00 mL 砷标准储备液于 100 mL 容量瓶中,用蒸馏水稀释至标线,摇匀。

(27) 砷标准使用液(ρ_{As}＝1.00 mg/L):取 1.00 mL 砷标准中间液于 100 mL 容量瓶中,用蒸馏水稀释至标线,摇匀。

(28) 甲基橙指示剂:称取 0.1 g 甲基橙($C_{14}H_{14}N_3NaO_3S$)溶于蒸馏水,稀释至 100 mL。

五、实验步骤

1. 样品

将采集的土壤样品(或固体废物样品)(一般不少于 500 g)混匀后用四分法缩分至约 100 g。缩分后的样品经风干(自然风干或冷冻干燥)后,除去土样中石子和动植物残体等异物,用木棒(或玛瑙棒)研压,通过 2 mm 尼龙筛(除去 2 mm 以上的砂砾),混匀。用玛瑙研钵将通过 2 mm 尼龙筛的土样研磨至全部通过 100 目(孔径 0.149 mm)尼龙筛,混匀后备用。

2. 样品消解

称取 0.1～0.5 g 过 100 目筛的样品于 100 mL 锥形瓶中,用少量蒸馏水湿润后,加 6 mL 浓盐酸、2 mL 浓硝酸、2 mL 高氯酸,在瓶口插一小漏斗,在电热板上加热分解,待剧烈反应停止后,用少量蒸馏水冲洗小漏斗,然后取下小漏斗,小心蒸至近干。冷却后,加入 20 mL 0.5 mol/L 盐酸,加热 3～5 min,冷却后,加 0.2 g 抗坏血酸,使三价铁还原为二价铁。将样品试液移至 100 mL 砷化氢发生器中,加入甲基橙指示剂 2 滴,用氨水溶液(1∶1)调至溶液转黄,加蒸馏水至 50 mL,供测试。

3. 空白试验

同时,按步骤 2 不加样品,做空白试验,每批样品至少做两个空白。

4. 样品和空白测定

(1) 在盛有样品试液(或空白试液)的砷化氢发生器中,加入 5 mL 酒石酸溶液,摇匀。

(2) 取 4 mL 砷化氢吸收液于吸收管中,插入导管。

(3) 按图 4.40.1 连接装置,加一片硼氢化钾片于盛有样品试液的砷化氢发生瓶中,立即盖好橡皮塞,保证反应器密闭。

(4) 待反应完毕后(3～5 min),用 10 mm 比色皿,以砷化氢吸收液为参比溶液,在 400 nm 波长处测定样品(或空白)吸收液的吸光度,样品吸收液吸光度减去空白试验所测得的吸光度,从标准曲线上查出样品试液中的含砷量。

5. 标准曲线的绘制

分别加入 0.00 mL、0.50 mL、1.00 mL、1.50 mL、2.00 mL、2.50 mL、3.00 mL 砷标准使用液于七支砷化氢发生器中,并用蒸馏水稀释至 50 mL,以下按步骤 4 进行测定。

以测得的吸光度为纵坐标,对应的砷含量(μg)为横坐标,绘制标准曲线。

六、数据记录与处理

样品中总砷的含量 c(As,mg/kg)按式(4.40.1)计算:

$$c=\frac{m}{m_0(1-f)} \tag{4.40.1}$$

式中：m——测得样品试液中砷含量，μg；

　m_0——称取的样品质量，g；

　f——样品水分含量，%。

七、注意事项

（1）样品的消解应在通风橱内进行。

（2）砷化氢有剧毒，整个反应也应在通风橱内或有抽风管道的抽风口下进行。

（3）样品水分含量的测定参见本章实验 39 注意事项（1）。

实验 41　固体废物浸出液中铜、锌、铅、镉的测定（原子吸收分光光度法）

一、实验目的

（1）掌握固体废物浸出液提取的操作方法。

（2）掌握固体废物浸出液消解方法。

（3）进一步熟悉火焰原子化原子吸收分光光度计的使用。

二、方法原理

按照固体废物浸出液浸出方法提取浸出液，并将浸出液消解制成试液，将试液直接喷入火焰，在空气-乙炔火焰中，铜、锌、铅、镉的化合物解离为基态原子，并对空心阴极灯的特征辐射谱线产生选择性吸收。在给定条件下，测定铜、锌、铅、镉的吸光度，以标准曲线法定量测定。

本方法测定各元素的浓度范围为：Cu，$0.08\sim4.0$ mg/L；Zn，$0.05\sim1.0$ mg/L；Pb，$0.30\sim10$ mg/L；Cd，$0.03\sim1.0$ mg/L。

三、实验仪器设备

（1）原子吸收分光光度计。

（2）铜、锌、铅、镉空心阴极灯。

（3）乙炔钢瓶或乙炔发生器。

（4）空气压缩机，应具有除水、除油和除尘装置。

（5）振荡设备：频率可调的往复式水平振荡装置。

（6）提取瓶：2 L 具旋盖和内盖的广口瓶，由不能浸出或吸附样品待测成分的惰性材料（如玻璃或聚乙烯等）制成。

（7）过滤器：加压过滤装置或真空过滤装置，对难过滤的样品也可采用离心分离装置，$0.45\ \mu m$ 微孔滤膜。

（8）筛：涂 Teflon 的筛网，孔径 3 mm。

（9）实验室常用其他仪器设备和玻璃器皿。

四、实验试剂与材料

本实验所用试剂除另有说明外，其他均为分析纯试剂，实验用水均为去离子水或同等纯度的水。

　（1）浓硝酸，ρ＝1.42 g/mL，优级纯。

　（2）硝酸溶液（1∶1）：取 1 体积优级纯浓硝酸加入到 1 体积水中，混匀。

　（3）硝酸溶液（0.2％）：取 2 mL 优级纯浓硝酸加入 1000 mL 水中，混匀。

　（4）硝酸溶液（0.4％）：取 4 mL 优级纯浓硝酸加入 1000 mL 水中，混匀。

　（5）金属标准储备液（ρ＝1.000 g/L）：分别称取 1.0000 g 光谱纯金属铜、锌、铅、镉于 4 只小烧杯中，分别用 20 mL 硝酸溶液（1∶1）溶解后，转移至 4 个 1000 mL 容量瓶中，用水定容至 1000 mL，配制成各金属元素标准储备液（或购买有证标准溶液）。

　（6）金属混合标准溶液：用铜、锌、铅、镉的标准储备液和 0.2％硝酸溶液配制成含铜 20.0 mg/L、锌 10.0 mg/L、铅 40.0 mg/L、镉 10.0 mg/L 的混合标准溶液。

　（7）工作标准溶液：参考表 4.41.1，在 50 mL 容量瓶中，用 0.2％硝酸溶液稀释混合标准溶液，配制标准系列溶液。

表 4.41.1　标准系列配制和浓度

容量瓶编号	0	1	2	3	4	5
取混合标准溶液体积/mL	0.00	0.50	1.00	2.00	3.00	5.00
Cu 的浓度/（mg/L）	0.00	0.20	0.40	0.80	1.20	2.00
Zn 的浓度/（mg/L）	0.00	0.10	0.20	0.40	0.60	1.00
Pb 的浓度/（mg/L）	0.00	0.40	0.80	1.60	2.40	4.00
Cd 的浓度/（mg/L）	0.00	0.10	0.20	0.40	0.60	1.00

　（8）抗坏血酸溶液（1％）：用时现配。

五、实验步骤

　1. 样品的制备

挑除样品中的杂物，将采集的所有样品破碎，使样品颗粒全部通过 3 mm 孔径的筛。

　2. 含水率测定

根据固体废物的含水量，称取 20～100 g 样品，于预先干燥恒重的具盖容器中，在 105 ℃下烘干，恒重至±0.01 g，计算样品含水率。

固体废物样品中含有初始液相时，应将样品进行压力过滤，再测定滤渣的含水率，实验步骤与上面相同。并根据总样品量（初始液相与滤渣质量之和）计算样品的含水率和干固体百分率。

注 1：容器的材料必须与废物不发生反应。

注 2：进行含水率测定后的样品，不得用于浸出毒性检测。

　3. 浸出液提取

样品中含有初始液相时，应用压力过滤器和 0.45 μm 孔径滤膜对样品进行过滤。干固体百分率小于或等于 9％的，所得到的初始液相即为浸出液，消解后进行分析测定。

干固体百分率大于 9％的，将滤渣按下面方法浸出，初始液相与全部浸出液混合后进行消解分析。称取干基质量为 100 g 的样品，置于 2 L 提取瓶中，根据样品的含水率，按液固比为 10∶1 计算出所需浸提剂（蒸馏水）的体积，加入浸提剂，盖紧瓶盖后垂直固定在水平振荡设备上，调节振荡频率为每分钟（110±10）次、振幅为 40 mm，在室温下振荡 8 h 后取下提取瓶，静置 16 h。在振荡过程中有气体产生时，应定时在通风橱中打开提取瓶，释放过度的压力。

在压力过滤器上装好滤膜,过滤并收集浸出液,按照各待测物分析方法的要求进行保存。

注:原则上用于金属分析的浸出液应按分析方法的要求进行消解,除非消解会造成待测金属的损失。

4. 样品消解

取 100 mL 浸出液放入 200 mL 烧杯中,加入浓硝酸 5 mL,在电热板上加热消解(不要沸腾)。蒸发至 10 mL 左右,再加入 5 mL 浓硝酸和 2 mL 高氯酸,继续消解,直至溶液剩下 1 mL 左右。如果消解不完全,再加入浓硝酸 5 mL 和高氯酸 2 mL,再次蒸至 1 mL 左右。取下冷却,加水溶解残渣,用水定容至 100 mL。

5. 空白试验

按上述浸出和消解两步相同程序(不加固体废物样品)操作,做空白试验。

6. 测定

1)仪器调试

按仪器说明书,打开仪器设备,进行调试,选择测定元素,安装相应的空心阴极灯,调整分析波长、输入分析参数。按表 4.41.2 所列参数选择分析线波长和调节火焰类型,仪器用 0.2% 硝酸溶液调零。

表 4.41.2　各元素分析线波长和火焰类型

元　　素	分析线波长/nm	通带宽度/nm	火　焰　类　型
镉	228.8	1.3	乙炔-空气,氧化型
铜	324.7	1.0	乙炔-空气,氧化型
铅	283.3	2.0	乙炔-空气,氧化型
锌	213.8	1.0	乙炔-空气,氧化型

2)标准曲线的绘制

按由低浓度到高浓度的顺序测定每份标准工作溶液的吸光度,用测得的吸光度与相对的浓度绘制标准曲线。

3)样品的测定

以测定标准工作溶液同样测定条件测定样品和空白溶液,根据扣除空白后样品的吸光度,从标准曲线查出样品中铜、铅、锌、镉的浓度。在测定样品的过程中,要定时复测空白和工作标准溶液,以检查基线的稳定性和仪器灵敏线是否发生了变化。

六、结果计算

浸出液中(Cu,Zn,Pb,Cd)浓度 c(mg/L)按式(4.41.1)计算:

$$c = c_1 \frac{V_0}{V} \qquad (4.41.1)$$

式中:c_1——被测样品中金属离子的浓度,mg/L;

V_0——浸出液消解后定容体积,mL;

V——消解时取浸出液的体积,mL。

七、注意事项

(1)测定钙渣浸出液,为减少钙的干扰,须将浸出液适当稀释。测定铬渣浸出液中铅的含量时,除适当稀释浸出液外,为避免铅的测定结果偏低,在 50 mL 的样品中入抗坏血酸溶液 5 mL,将六价铬还原为三价铬,以免生成铬酸铅沉淀。当样品中硅的浓度大于 20 mg/L 时,加入钙 200 mg/L,以免锌的测定结果偏低。

(2) 当样品组成复杂或成分不明时,应制作标准加入法曲线,用以考查样品是否宜用标准曲线法,具体做法如下。

在 5 支 50 mL 容量瓶中分别加入 5～10 mL(视铜、铅、锌、镉的含量而定)浸出液,并加入 0.00 mL、0.50 mL、1.00 mL、1.50 mL、3.00 mL 混合标准溶液,用 0.2% 硝酸溶液稀释至 50 mL。用测得的吸光度和相应的加入标准溶液的浓度在与原标准曲线同一坐标上绘制标准加入法的工作曲线。

如果两条工作曲线平行,则说明可用标准曲线法直接测定样品;如果两条线相交,说明样品基体存在干扰。应采用标准加入法、萃取火焰原子吸收法,或者将样品适当稀释后再进行测定。

(3) 本实验主要参考国家环境标准 HJ 557—2010 和 GB/T 15555.2—1995。

实验 42　土壤和沉积物汞、砷、硒、铋、锑的测定(微波消解/原子荧光法)

一、实验目的

(1) 了解原子荧光光度计的结构、组成和基本原理。

(2) 学会原子荧光光度计的基本操作。

(3) 学习用微波消解土壤样品的操作。

二、方法原理

样品经微波消解后,样品进入原子荧光光度计,在硼氢化钾溶液还原作用下,汞直接被还原成元素态的汞;砷、硒、铋、锑则生成砷化氢、硒化氢、铋化氢和锑化氢气体。在氩氢火焰中形成基态原子,在空心阴极灯(汞、砷、硒、铋、锑)发射出的相应特征谱线光的激发下产生原子荧光,原子荧光强度与样品中该元素含量成正比。

当取样品量为 0.5 g 时,本方法测定汞的检出限为 0.002 mg/kg,测定下限为 0.008 mg/kg;测定砷、硒、铋和锑的检出限为 0.01 mg/kg,测定下限为 0.04 mg/kg。

三、实验仪器设备

(1) 具有温度控制和程序升温功能的微波消解仪,温度精度可达 ±2.5 ℃。

(2) 原子荧光光度计,具汞、砷、硒、铋、锑的空心阴极灯。

(3) 恒温水浴装置。

(4) 实验室其他常用仪器设备和玻璃器皿。

四、实验试剂与材料

本实验所用试剂除另有说明外,其他均为优级纯试剂,实验用水均为新制备的蒸馏水或同等纯度的水。

(1) 浓盐酸,$\rho = 1.19$ g/mL。

（2）浓硝酸，$\rho = 1.42$ g/mL。

（3）氢氧化钾（KOH）。

（4）硼氢化钾（KBH_4）。

（5）盐酸（5%）：移取 25 mL 浓盐酸，用蒸馏水稀释至 500 mL。

（6）盐酸（1∶1）：移取 500 mL 浓盐酸，用蒸馏水稀释至 1000 mL。

（7）硼氢化钾溶液 A（10 g/L）：称取 0.5 g 氢氧化钾，放入盛有 100 mL 蒸馏水的烧杯中，用玻璃棒搅拌，待完全溶解后，再加入称好的 1.0 g 硼氢化钾，搅拌溶解。此溶液当日配制，用于测定汞。

（8）硼氢化钾溶液 B（20 g/L）：称取 0.5 g 氢氧化钾，放入盛有 100 mL 蒸馏水的烧杯中，用玻璃棒搅拌，待完全溶解后，再加入称好的 2.0 g 硼氢化钾，搅拌溶解。此溶液当日配制，用于测定砷、硒、铋、锑。

（9）硫脲和抗坏血酸混合溶液：称取分析纯硫脲（CH_4N_2S）、分析纯抗坏血酸（$C_6H_8O_6$）各 10 g，用 100 mL 蒸馏水溶解，混匀，使用当日配制。

（10）酚酞指示剂：0.5 g 酚酞溶于 50 mL 95% 的乙醇中。

（11）汞标准固定液：将 0.5 g 重铬酸钾溶于 950 mL 蒸馏水中，再加入 50 mL 优级纯浓硝酸，混匀。

（12）汞标准储备液（$\rho_{Hg} = 100.0$ mg/L）：称取在硅胶干燥器中放置过夜的优级纯氯化汞（$HgCl_2$）0.1354 g，用适量蒸馏水溶解后移至 1000 mL 容量瓶中，最后用汞标准固定液定容至标线，混匀。

（13）汞标准中间液（$\rho_{Hg} = 1.00$ mg/L）：移取汞标准储备液 5.00 mL，置于 500 mL 容量瓶中，用汞标准固定液定容至标线，混匀。

（14）汞标准使用液（$\rho_{Hg} = 10.0$ μg/L）：移取汞标准中间液 5.00 mL，置于 500 mL 容量瓶中，用汞标准固定液定容至标线，混匀，用时现配。

（15）砷标准储备液（$\rho_{As} = 100.0$ mg/L）：称取 0.1320 g 经过 105 ℃ 干燥 2 h 的优级纯三氧化二砷（As_2O_3），溶解于 5 mL 1 mol/L 氢氧化钠溶液中，用 1 mol/L 的盐酸中和至酚酞红色退去，用蒸馏水定容至 1000 mL，混匀。

（16）砷标准中间液（$\rho_{As} = 1.00$ mg/L）：移取砷标准储备液 5.00 mL，置于 500 mL 的容量瓶中，加入 100 mL 盐酸（1∶1），用蒸馏水定容至标线，混匀。

（17）砷标准使用液（$\rho_{As} = 100.0$ μg/L）：移取砷标准中间液 10.00 mL，置于 100 mL 容量瓶中，加入 20 mL 盐酸（1∶1），用蒸馏水定容至标线，混匀，用时现配。

（18）硒标准储备液（$\rho_{Se} = 100.0$ mg/L）：称取 0.1000 g 高纯硒粉，置于 100 mL 烧杯中，加入 20 mL 浓硝酸，低温加热溶解后冷却至温室，移入 1000 mL 容量瓶中，用蒸馏水定容至标线，混匀。

（19）硒标准中间液（$\rho_{Se} = 1.00$ mg/L）：移取硒标准储备液 5.00 mL，置于 500 mL 的容量瓶中，用蒸馏水定容至标线，混匀。或者购买有证标准溶液。

（20）硒标准使用液（$\rho_{Se} = 100.0$ μg/L）：移取硒标准中间液 10.00 mL，置于 100 mL 容量瓶中，用蒸馏水定容至标线，混匀，用时现配。

（21）铋标准储备液（$\rho_{Bi} = 100.0$ mg/L）：称取高纯金属铋 0.1000 g，置于 100 mL 烧杯中，加 20 mL 浓硝酸，低温加热至溶解完全，冷却，移入 1000 mL 容量瓶中，用蒸馏水定容至标线，混匀。

（22）铋标准中间液（$\rho_{Bi}=1.00$ mg/L）：移取铋标准储备液 5.00 mL，置于 500 mL 的容量瓶中，加入 100 mL 盐酸（1：1），用蒸馏水定容至标线，混匀。

（23）铋标准使用液（$\rho_{Bi}=100.0$ μg/L）：移取铋标准中间液 10.00 mL，置于 100 mL 容量瓶中，加入 20 mL 盐酸（1：1），用蒸馏水定容至标线，混匀，用时现配。

（24）锑标准储备液（$\rho_{Sb}=100.0$ mg/L）：称取 0.1197 g 经过 105 ℃干燥 2 h 的优级纯三氧化二锑（Sb_2O_3），溶于 80 mL 浓盐酸中，转入 1000 mL 容量瓶中，补加 120 mL 浓盐酸，用蒸馏水定容至标线，混匀。

（25）锑标准中间液（$\rho_{Sb}=1.00$ mg/L）：移取锑标准储备液 5.00 mL，置于 500 mL 的容量瓶中，加入 100 mL 盐酸（1：1），用蒸馏水定容至标线，混匀。

（26）锑标准使用液（$\rho_{Sb}=100.0$ μg/L）：移取 10.00 mL 锑标准中间液，置于 100 mL 容量瓶中，加入 20 mL 盐酸（1：1），用蒸馏水定容至标线，混匀，用时现配。

（27）载气和屏蔽气：氩气（纯度≥99.99％）。

（28）慢速定量滤纸。

五、实验步骤

1. 样品采集

按照相关技术规范采集样品，将采集后样品在实验室中风干、破碎、过 100 目筛、保存。样品采集、运输、制备和保存过程应避免沾污和待测元素损失。

2. 样品的制备

称取风干、过 100 目筛的样品 0.1～0.5 g（精确至 0.0001 g，样品中元素含量低时，可将样品称取量提高至 1.0 g），置于溶样杯中，用少量蒸馏水润湿。在通风橱中，先加入 6 mL 浓盐酸，再慢慢加入 2 mL 浓硝酸，混匀，使样品与消解液充分接触。若有剧烈化学反应，待反应结束后再将溶样杯置于消解罐中密封。将消解罐装入消解罐支架后放入微波消解仪的炉腔中，确认主控消解罐上的温度传感器及压力传感器均已与系统连接好。按照推荐的升温程序进行微波消解（表 4.42.1），程序结束后冷却。待罐内温度降至室温后在通风橱中取出，缓慢泄压放气，打开消解罐盖。

表 4.42.1　微波消解升温程序

步　　骤	升温时间/min	目标温度/℃	保持时间/min
1	5	100	2
2	5	150	3
3	5	180	25

把玻璃小漏斗插于 50 mL 容量瓶的瓶口，用慢速定量滤纸将消解后溶液过滤、转移入容量瓶中，蒸馏水洗涤溶样杯及沉淀，将所有洗涤液并入容量瓶中，最后用蒸馏水定容至标线，混匀。

在微波消解样品时同时做空白试验。

3. 样品的制备

分取 10.00 mL 样品试液（样品消解后的溶液和空白溶液），置于 50 mL 容量瓶中，按照表 4.42.2 加入浓盐酸、硫脲和抗坏血酸混合溶液，混匀。室温放置 30 min，用蒸馏水定容至标线,混匀待测。

表 4.42.2　定容至 50 mL 时试剂加入量　　　　　　　　单位:mL

试　剂	汞	砷、锑、铋	硒
浓盐酸	2.5	5.0	10.0
硫脲和抗坏血酸混合溶液	—	10.0	—

注:室温低于 15 ℃时,置于 30 ℃恒温水浴装置中保温 20 min。

4. 样品干物质含量和含水率的测定

(1) 风干土壤样品水分的测定:具盖容器于(105±5) ℃的烘箱中至少烘干 1 h,然后在干燥器中冷却至室温,在分析天平上称带盖容器的质量 m_0,精确至 0.01 g。用样品勺将 10～15 g 风干土壤样品转移至已称重的容器中,盖上容器盖,称其质量为 m_1,精确至 0.01 g。然后将盛有土壤样品的容器半开盖放入(105±5) ℃的烘箱中烘至恒重。取出,盖上盖,置于干燥器中冷却至室温,取出并立即称带盖容器和烘干土壤样品的总质量 m_2,精确至 0.01 g。

注:恒重是指样品烘干后,再以 4 h 烘干时间间隔对冷却后的样品进行连续两次称重,前后差值不超过最终测定质量的 0.1%。

(2) 沉积物样品含水率的测定:将带盖聚四氟乙烯容器于(105±1) ℃的烘箱中干燥 40 min,取出冷却至 40～50 ℃,然后在干燥器中冷却至室温,在分析天平上称重,重复以上操作,直至恒重,质量为 m_0,精确至 0.01 g。用有机玻璃分样刀取沉积物湿样品 20 g 左右于 100 mL 干燥的烧杯中,搅拌均匀,立即分装于两个聚四氟乙烯容器内,每个 5 g 左右,注意不要将样品沾在容器口处,盖上盖,称重,质量为 m_1,精确至 0.01 g。然后将盛有样品的容器半开盖放入(105±1) ℃的烘箱中烘 6～8 h(每 2 h 开启排气扇一次,排除箱内水分),取出冷却至 40～50 ℃,盖上盖,置于干燥器中冷却至室温,称重。将容器半开盖再次放入(105±1) ℃的烘箱中烘 2 h,取出冷却至 40～50 ℃,盖上盖,置于干燥器中冷却至室温,称重。如此反复操作,直至恒重。带盖容器和烘干样品的总质量为 m_2,精确至 0.01 g。

注:风干沉积物样品可按测定风干土壤样品的水分的方法测定水分。

(3) 样品中干物质含量按式(4.42.1)计算(以每 100 g 干样品计算):

$$w_{\mathrm{dm}}=\frac{(m_2-m_0)}{(m_1-m_0)}\times 100 \tag{4.42.1}$$

(4) 水分含量按式(4.42.2)计算(以每 100 g 干样品计算):

$$w_{\mathrm{H_2O}}=\frac{(m_1-m_2)}{(m_2-m_0)}\times 100 \tag{4.42.2}$$

(5) 水分百分率(%)按式(4.42.3)计算(以湿样品计算):

$$f=\frac{(m_1-m_2)}{(m_1-m_0)}\times 100\% \tag{4.42.3}$$

5. 分析测定

1) 原子荧光光度计的调试

原子荧光光度计开机预热,按照仪器使用说明书设定灯电流、负高压、载气流量、屏蔽气流量等工作参数,参考条件见表 4.42.3。

表 4.42.3　原子荧光光度计的工作参数

元素名称	灯电流 /mA	负高压 /V	原子化器温度 /℃	载气流量 /(mL/min)	屏蔽气流量 /(mL/min)	灵敏线波长 /nm
汞	15～40	230～300	200	400	800～1000	253.7
砷	40～80	230～300	200	300～400	800	193.7
硒	40～80	230～300	200	350～400	600～1000	196.0
锑	40～80	230～300	200	300～400	800～1000	306.8
铋	40～80	230～300	200	200～400	400～700	217.6

2）标准曲线的标准系列溶液的配制

汞的标准系列溶液：分别移取 0.50 mL、1.00 mL、2.00 mL、3.00 mL、4.00 mL、5.00 mL 汞标准使用液于 50 mL 容量瓶中，分别加入 2.5 mL 浓盐酸，用蒸馏水定容至标线，混匀。

砷的标准系列溶液：分别移取 0.50 mL、1.00 mL、2.00 mL、3.00 mL、4.00 mL、5.00 mL 砷标准使用液于 50 mL 容量瓶中，分别加入 5.0 mL 浓盐酸、10.0 mL 硫脲和抗坏血酸混合溶液，室温放置 30 min（室温低于 15 ℃时，置于 30 ℃恒温水浴装置中保温 20 min），用蒸馏水定容至标线，混匀。

硒的标准系列溶液：分别移取 0.50 mL、1.00 mL、2.00 mL、3.00 mL、4.00 mL、5.00 mL 硒标准使用液于 50 mL 容量瓶中，分别加入 10.0 mL 浓盐酸，室温放置 30 min（室温低于 15 ℃时，置于 30 ℃恒温水浴装置中保温 20 min），用蒸馏水定容至标线，混匀。

铋的标准系列溶液：分别移取 0.50 mL、1.00 mL、2.00 mL、3.00 mL、4.00 mL、5.00 mL 铋标准使用液于 50 mL 容量瓶中，分别加入 5.0 mL 浓盐酸、10.0 mL 硫脲和抗坏血酸混合溶液，用蒸馏水定容至标线，混匀。

锑的标准系列溶液：分别移取 0.50 mL、1.00 mL、2.00 mL、3.00 mL、4.00 mL、5.00 mL 锑标准使用液于 50 mL 容量瓶中，分别加入 5.0 mL 浓盐酸、10.0 mL 硫脲和抗坏血酸混合溶液，室温放置 30 min（室温低于 15 ℃时，置于 30 ℃恒温水浴装置中保温 20 min），用蒸馏水定容至标线，混匀。

汞、砷、硒、铋、锑的标准系列溶液浓度见表 4.42.4。

表 4.42.4　汞、砷、硒、铋、锑的标准系列溶液浓度（μg/L）

元素	系列溶液浓度						
汞	0.00	0.10	0.20	0.40	0.60	0.80	1.00
砷	0.00	1.00	2.00	4.00	6.00	8.00	10.00
硒	0.00	1.00	2.00	4.00	6.00	8.00	10.00
铋	0.00	1.00	2.00	4.00	6.00	8.00	10.00
锑	0.00	1.00	2.00	4.00	6.00	8.00	10.00

3）标准曲线的绘制

以硼氢化钾溶液为还原剂、盐酸（5%）为载流，按由低浓度到高浓度的顺序依次测定标准系列标准溶液的原子荧光强度。以扣除零浓度空白的标准系列原子荧光强度为纵坐标，溶液中相对应的元素浓度（μg/L）为横坐标，绘制标准曲线。

4）测定

将制备好的样品和空白溶液导入原子荧光光度计中,按照与绘制标准曲线相同仪器工作条件进行测定。如果被测元素浓度超过标准曲线浓度范围,应稀释后重新进行测定。

六、数据记录与处理

1. 结果计算

土壤(或沉积物)中元素(汞、砷、硒、铋、锑)含量 W(mg/kg)按式(4.42.4)计算:

$$W = \frac{(\rho - \rho_0) \times V_0 \times V_2}{m \times w_{dm} \times V_1} \times 10^{-3} \tag{4.42.4}$$

式中:W——土壤中元素的含量,mg/kg;

ρ——由标准曲线查得测定样品中元素的浓度,$\mu g/L$;

ρ_0——空白溶液中元素的测定浓度,$\mu g/L$;

V_0——微波消解后样品的定容体积,mL;

V_1——分取样品的体积,mL;

V_2——分取后测定样品的定容体积,mL;

m——称取样品的质量,g;

w_{dm}——样品的干物质百分含量,%。

2. 结果表示

当测定结果小于 1 mg/kg 时,小数点后数字最多保留至三位;当测定结果大于 1 mg/kg 时,保留三位有效数字。

七、注意事项

(1) 浓硝酸和浓盐酸具有强腐蚀性,样品消解过程应在通风橱内进行,操作人员应注意佩戴防护器具。

(2) 实验所用的玻璃器皿均需用硝酸溶液(1:1)浸泡 24 h 后,依次用自来水、实验用水洗净。

(3) 所有元素的标准储备液均可用购置的有证标准溶液。

(4) 消解罐的日常清洗和维护步骤:先进行一次空白消解(加入 6 mL 浓盐酸,再慢慢加入 2 mL 浓硝酸,混匀),以去除内衬管和密封盖上的残留;用水和软刷仔细清洗内衬管和压力套管;将内衬管和陶瓷外套管放入烘箱,在 200~250 ℃温度下加热至少 4 h,然后在室温下自然冷却。

(5) 本实验主要参考国家环境标准 HJ 680—2013 和 GB 17378.5—2007。

(6) 实验时根据实际情况选择土壤样品或者沉积物样品中一种元素或几种元素测定。

实验 43　土壤中铅、镉的测定(石墨炉原子吸收分光光度法)

一、实验目的

(1) 进一步学习石墨炉原子吸收分光光度计的使用。

(2) 掌握土壤样品氢氟酸消解方法及注意事项。

二、方法原理

采用盐酸-硝酸-氢氟酸-高氯酸消解的方法,彻底破坏土壤的矿物晶格,使样品中的待测元素全部进入试液中,然后,将试液注入石墨炉中,经过预先设定的干燥、灰化、原子化等升温程序使共存的基体成分蒸发除去,同时在原子化阶段的高温下,铅、镉的化合物离解为基态原子蒸气,并对空心阴极灯发射的特征谱线产生选择性吸收,在选择的最佳测定条件下,通过背景扣除,测定试液中铅、镉的吸光度。

按称取 0.5 g 样品,消解定容 50 mL 计算,本方法的检出限铅为 0.1 mg/kg、镉为 0.01 mg/kg。

使用塞曼法、自吸收法和氘灯法扣除背景,并在磷酸氢二铵或氯化铵等基体改进剂存在下,直接测定试液中的铅、镉,未见干扰。

三、实验仪器设备

(1) 石墨炉原子吸收分光光度计(带背景扣除装置)。

(2) 铅空心阴极灯,镉空心阴极灯。

(3) 氩气钢瓶。

(4) 进样器(10 μL)(或自动进样装置)。

(5) 尼龙筛:孔径 2 mm(20 目)和 0.149 mm(100 目)。

(6) 玛瑙研钵。

(7) 控温电热板。

(8) 聚四氟乙烯坩埚(50 mL)。

(9) 实验室其他常用仪器设备和玻璃器皿。

四、实验试剂与材料

本实验所用试剂除另有说明外,其他均为分析纯试剂,实验用水均为去离子水或同等纯度的水。

(1) 浓硝酸,$\rho = 1.42$ g/mL,优级纯。

(2) 硝酸溶液(1:5):1 体积浓硝酸加入到 5 体积水中。

(3) 硝酸溶液(0.2%):取 2 mL 浓硝酸加入 1000 mL 水中,混匀。

(4) 浓盐酸,$\rho = 1.19$ g/mL,优级纯。

(5) 氢氟酸,$\rho = 1.49$ g/mL,优级纯。

(6) 高氯酸,$\rho = 1.68$ g/mL,优级纯。

(7) 磷酸氢二铵溶液(5%):称取 5 g 磷酸氢二铵($(NH_4)_2HPO_4$),溶于 100 mL 水中。

(8) 金属标准储备液($\rho = 1.000$ g/L):称取光谱纯金属铅、镉各 1.0000 g,分别用 20 mL 硝酸溶液(1:5)溶解后,用水定容至 1000 mL。或购买有证标准溶液。

(9) 金属混合标准使用液($\rho_{Pb} = 250$ μg/L、$\rho_{Cd} = 50$ μg/L):临用前用标准储备液和 0.2% 硝酸溶液逐级稀释配制。

五、实验步骤

1. 样品处理

将采集的土壤样品风干(一般不少于 500 g),去除石子、动植物残体和其他侵入体。混匀后用四分法缩分至约 200 g,用木棒碾压,用玛瑙研钵研磨,过 2 mm（20 目）尼龙筛,去除 2 mm 以上砂砾,混匀。将过 2 mm 筛的土壤样品继续用玛瑙研钵研磨,全部过 100 目尼龙筛,混匀,制成待测样品储存于聚乙烯瓶中备用。

2. 土壤样品消解

称取过 100 目尼龙筛的土壤样品 0.1～0.3 g(精确至 0.0002 g)于 50 mL 聚四氟乙烯坩埚中,用少量水湿润,加入 5 mL 浓盐酸,在通风橱内于控温电热板上低温加热,使样品初步分解,当蒸发至 2～3 mL 时,取下稍冷后加入 5 mL 浓硝酸、2 mL 氢氟酸和 2 mL 高氯酸,加盖后中温加热约 1 h,打开盖,继续加热除硅,加热过程中要用坩埚钳常轻轻摇动坩埚,加热至冒浓厚白烟时,加盖,使黑色有机碳化物充分分解,待黑色有机物消失后,开盖,继续加热,驱赶白烟,直至内容物呈白色或淡黄色黏稠状。否则,需再加 2 mL 浓硝酸、2 mL 氢氟酸和 1 mL 高氯酸,重复上述消解过程,直至消解物呈白色(或淡黄色)黏稠状,取下稍冷,用水冲洗坩埚盖和坩埚内壁,加入 1 mL 硝酸溶液(1∶5),温热溶解残渣。冷却后将溶液完全转移到 25 mL 容量瓶中,加入 3 mL 磷酸氢二铵溶液,用水定容,摇匀待测。

3. 空白试验

按照土壤样品的消解方法,在土壤样品消解的同时做空白试样(除不加土壤样品外,其他操作与土壤样品的消解过程完全相同)。

4. 仪器调试

按照仪器使用说明书,接通电源,输入测定条件(表 4.43.1),调节仪器至最佳工作条件。

表 4.43.1　测定条件

元　素	铅	镉
测定波长/nm	283.3	228.8
通带宽度/nm	1.3	1.3
等电流/mA	7.5	7.5
干燥温度/时间/(℃/s)	(80～100)/20	(80～100)/20
灰化温度/时间/(℃/s)	700/20	500/20
原子化温度/时间/(℃/s)	2000/5	1500/5
清洁温度/时间/(℃/s)	2700/3	2600/3
氩气流量/(L/min)	200	200
原子化阶段是否停气	是	是
样量/μL	10	10

5. 标准曲线的绘制

分别取混合标准使用液 0.00 mL、0.50 mL、1.00 mL、2.00 mL、3.00 mL、5.00 mL 于 6 个 25 mL 的容量瓶中,各加入磷酸二氢铵溶液 3.0 mL,用 0.2% 的硝酸溶液定容,摇匀,按从低到高的顺序依次进样,测定吸光度。

用各浓度标液吸光度减去零浓度标液的吸光度,与对应的元素浓度分别绘制铅、镉的标准曲线。

6. 样品试液与空白试验试液的测定

按测定标准溶液的同样条件,分别测定样品试液和空白试验试液的吸光度,以样品试液的吸光度减去空白试验试液的吸光度,在标准曲线上查出样品试液中的铅或镉的浓度。

六、数据记录与处理

1. 标准曲线

将标准曲线数据记入表 4.43.2。

表 4.43.2　标准曲线数据(混合标液中铅的浓度为 250 μg/L、镉的浓度为 50 μg/L)

混合标液体积/mL	0.00	0.50	1.00	2.00	3.00	5.00
铅的浓度/(μg/L)	0.0	5.0	10.0	20.0	30.0	50.0
吸光度						
镉的浓度/(μg/L)	0.0	1.0	2.0	4.0	6.0	10.0
吸光度						

用各浓度混合标液吸光度减去零浓度标液的吸光度与对应的元素浓度,以最小二乘法分别计算铅、镉的回归方程(标准曲线)。

2. 结果计算

土壤样品中铅或镉含量(ρ_{Pb} 或 ρ_{Cd},mg/kg)的计算:

$$\rho = \frac{c \times V}{m \times (1-f)} \tag{4.43.1}$$

式中:c——样品试液的吸光度减去空白试验试液的吸光度,在标准曲线上查出样品试液中的铅或镉的浓度,mg/L;

　　　V——样品消解后定容体积,mL;

　　　m——土壤样品质量,g;

　　　f——土壤样品水分含量,%。

七、注意事项

(1) 土壤样品消解应在通风橱内进行。

(2) 使用氢氟酸时,要戴橡皮手套,用塑料管(或塑料量杯(筒))量取,不能用玻璃器皿。

(3) 使用高氯酸时,不要蒸干。

(4) 一批样品至少要做 2 个空白(消解空白)。

(5) 土壤样品含水量的测定参考本章实验 42。

(6) 本实验主要参考国家环境标准 GB/T 17141—1997。

实验 44　土壤和沉积物中多氯联苯的测定(气相色谱-质谱法)

一、实验目的

(1) 了解多氯联苯的种类和性质。

(2) 了解气相色谱-质谱仪的原理和基本结构。

(3) 学习气相色谱-质谱仪的操作。

二、方法原理

采用合适的萃取方法(如微波萃取、超声波萃取等)提取土壤或沉积物中的多氯联苯,根据样品基体干扰情况选择合适的净化方法(如浓硫酸磺化、铜粉脱硫、弗罗里硅土柱、硅胶柱等凝胶渗透净化小柱),对提取液净化、浓缩、定容后,用气相色谱-质谱仪分离、检测,用内标法定量。

三、实验仪器设备

(1) 气相色谱-质谱仪:具有毛细管分流/不分流进样口,具有恒流或恒压功能;柱温箱可程序升温;具 EI 源。

(2) 色谱柱:石英毛细管柱,长 30 m,内径 0.25 mm,膜厚 0.25 μm,固定相为 5% 苯基-甲基聚硅氧烷,或等效的色谱柱。

(3) 提取装置:微波萃取装置、索氏提取装置、探头式超声提取装置或具有相当功能的设备,所有接口处严禁使用油脂润滑剂。

(4) 浓缩装置:氮吹浓缩仪、旋转蒸发仪、K-D 浓缩器或具有相当功能的设备。

(5) 采样瓶:广口棕色玻璃瓶或聚四氟乙烯衬垫螺口玻璃瓶。

(6) 实验室其他常用仪器设备和玻璃器皿。

四、实验试剂与材料

本实验所用试剂除另有说明外,其他均为分析纯试剂,实验用水均为超纯水。

(1) 甲苯(C_7H_8):色谱纯。

(2) 正己烷(C_6H_{14}):色谱纯。

(3) 丙酮(CH_3COCH_3):色谱纯。

(4) 无水硫酸钠(Na_2SO_4):优级纯。在马弗炉中高温(450 ℃)烘烤 4 h 后冷却,置于干燥器内玻璃瓶中备用。

(5) 碳酸钾(K_2CO_3):优级纯。

(6) 浓硝酸,$\rho=1.42$ g/mL。

(7) 硝酸溶液(1∶9):1 体积浓硝酸加入到 9 体积水中。

(8) 浓硫酸:$\rho=1.84$ g/mL。

(9) 正己烷-丙酮混合溶剂(1∶1):用优级纯正己烷和优级纯丙酮按 1∶1 的体积比混合。

(10) 正己烷-丙酮混合溶剂(9∶1):用优级纯正己烷和优级纯丙酮按 9∶1 的体积比混合。

(11) 碳酸钾溶液(0.1 g/mL):称取 1.0 g 碳酸钾溶于水中,定容至 10.0 mL。

(12) 铜粉(Cu),99.5%:使用前用硝酸溶液(1∶9)去除铜粉表面的氧化物,用蒸馏水洗去残留酸,再用丙酮清洗,并在氮气流下干燥铜粉,使铜粉具光亮的表面,临用前处理。

(13) 多氯联苯标准储备液(10～100 mg/L):用正己烷稀释纯标准物质制备,该标准溶液在 4 ℃下避光密闭冷藏,可保存半年。也可直接购买有证标准溶液(多氯联苯混合标准溶液或单个组分多氯联苯标准溶液)。

(14) 多氯联苯标准使用液($\rho=1.0$ mg/L):用正己烷稀释多氯联苯标准储备液。

(15) 内标储备液($\rho=1000～5000$ mg/L):选择 2,2',4,4',5,5'-六溴联苯或邻硝基溴苯作为内标;当十氯联苯为非待测化合物时,也可选用十氯联苯作为内标。也可直接购买有证标准溶液。

(16) 内标使用液($\rho=10$ mg/L):用正己烷稀释内标储备液配制。

（17）替代物储备液（$\rho=1000\sim5000$ mg/L）：选择 2,2',4,4',5,5'-六溴联苯或四氯间-二甲苯作为替代物，当十氯联苯为非待测化合物时，也可选用十氯联苯作为替代物。也可直接购买有证标准溶液。

（18）替代物使用液（5.0 mg/L）：用丙酮稀释替代物储备液。

（19）十氟三苯基膦（$C_{18}H_5F_{10}P$）（DFTPP）储备液（$\rho=1000$ mg/L）：购置有证标准溶液（溶剂为甲醇）。

（20）十氟三苯基膦使用液（$\rho=50.0$ mg/L）：移取 500 μL 十氟三苯基膦储备液至 10 mL容量瓶中，用正己烷定容至标线，混匀。

（21）弗罗里硅土柱：1000 mg，6 mL。

（22）硅胶柱：1000 mg，6 mL。

（23）石墨炭柱：1000 mg，6 mL。

（24）石英砂（20～50 目）：在马弗炉中高温（450 ℃）烘烤 4 h 后冷却，置于玻璃瓶中干燥器内保存。

（25）硅藻土（100～400 目）：在马弗炉中高温（450 ℃）烘烤 4 h 后冷却，置于玻璃瓶中干燥器内保存。

五、实验步骤

1. 样品的采集与保存

土壤样品按照 HJ/T 166 的相关要求采集和保存，沉积物样品按照 GB 17378.3 的相关要求采集和保存。样品保存在事先清洗洁净的广口棕色玻璃瓶或聚四氟乙烯衬垫螺口玻璃瓶中，运输过程中应密封避光，尽快运回实验室分析。如暂不能分析，应在 4 ℃以下冷藏保存，保存时间为 14 天，样品提取溶液 4 ℃以下避光冷藏，保存时间为 40 天。

2. 样品的制备

去除样品中的异物（石子、叶片等），称取约 10 g（精确到 0.01 g）样品双份，土壤样品中一份用于测定干物质含量，另一份加入适量无水硫酸钠，研磨均化成流沙状，如使用加压流体萃取，则用硅藻土脱水。沉积物样品中一份用于测定含水率，另一份参照土壤样品脱水。

制备风干土壤及沉积物样品的操作过程中，采集样品风干及筛分时应避免日光直接照射及样品间的交叉污染。

3. 水分的测定

参考本章实验 42。

4. 样品的预处理

1）提取

采用微波萃取或超声萃取，也可采用索氏提取、加压流体萃取。如需用替代物指示样品全程回收效率，则可在称取好待萃取的样品中加入一定量的替代物使用液，使替代物浓度在标准曲线中间浓度点附近。

注：实验室可选取一种方法提取。

（1）微波萃取：称取样品 10.0 g（可根据样品中待测化合物浓度适当增加或减少取样量）于萃取罐中，加入 30 mL 正己烷-丙酮混合溶剂（1：1）。萃取温度为 110 ℃，微波萃取时间 10 min。收集提取溶液。

（2）超声波萃取：称取 5.0～15.0 g 样品（可根据样品中待测化合物浓度适当增加或减少

取样量),置于玻璃烧杯中,加入 30 mL 正己烷-丙酮混合溶剂(1:1),用探头式超声波萃取仪,连续超声萃取 5 min,收集萃取溶液。上述萃取过程重复三次,合并提取溶液。

(3)索氏提取:用纸质套筒称取制备好的样品约 10.0 g(可根据样品中待测化合物浓度适当增加或减少取样量),加入 100 mL 正己烷-丙酮混合溶剂(1:1),提取 16~18 h,回流速度约 10 次/h。收集提取溶液。

(4)加压流体萃取:称取 5.0~15.0 g 样品(可根据样品中待测化合物浓度适当增加或减少取样量),根据样品量选择体积合适的萃取池,装入样品,以正己烷-丙酮混合溶剂(1:1)为提取溶液,按以下参考条件进行萃取:萃取温度为 100 ℃,萃取压力为 10.3425 MPa,静态萃取时间为 5 min,淋洗用的提取溶液为萃取池体积的 60%,氮气吹扫时间为 60 s,萃取循环次数为 2 次。收集提取溶液。

2)过滤和脱水

如萃取液未能完全和固体样品分离,可采取离心后倾出上清液或过滤等方式分离。如萃取液存在明显水分,需进行脱水。在玻璃漏斗上垫一层玻璃棉或玻璃纤维滤膜,铺加约 5 g 无水硫酸钠,将萃取液经上述漏斗直接过滤到浓缩器皿中,用 5~10 mL 正己烷-丙酮混合溶剂(1:1)充分洗涤萃取容器,将洗涤液也经漏斗过滤到浓缩器皿中。最后再用少许上述混合溶剂冲洗无水硫酸钠。

3)浓缩和更换溶剂

采用氮吹浓缩法,也可采用旋转蒸发浓缩、K-D 浓缩等其他浓缩方法。

氮吹浓缩仪设置温度 30 ℃,小流量氮气将提取液浓缩到所需体积。如需更换溶剂体系,则将提取液浓缩至 1.5~2.0 mL,用 5~10 mL 溶剂洗涤浓缩器管壁,再用小流量氮气浓缩至所需体积。

4)净化(实验时选择下列方法之一进行净化处理)

如提取液颜色较深,可首先采用浓硫酸净化,可去除大部分有机化合物,包括部分有机氯农药。样品提取液中存在杀虫剂及多氯碳氢化合物干扰时,可采用弗罗里硅土柱或硅胶柱净化;存在明显色素干扰时,可用石墨炭柱净化。沉积物样品含有大量元素硫的干扰时,可采用活化铜粉去除。

(1)浓硫酸净化:浓硫酸净化前,须将萃取液的溶剂更换为正己烷。按 3)步骤,将萃取液的溶剂更换为正己烷,并浓缩至 10~50 mL。将上述溶液置于 150 mL 分液漏斗中,加入约十分之一萃取液体积的硫酸,振摇 1 min,静置分层,弃去硫酸层。按上述步骤重复数次,至两相层界面清晰并均呈无色透明为止。在上述正己烷萃取液中加入相当于其一半体积的碳酸钾溶液,振摇后,静置分层,弃去水相。可重复上述步骤 2~4 次直至水相呈中性,再按脱水步骤对正己烷萃取液进行脱水。

注:在浓硫酸净化过程中,须防止发热爆炸,加浓硫酸后先慢慢振摇,不断放气,再稍剧烈振摇。

(2)脱硫:将萃取液体积预浓缩至 10~50 mL,若浓缩时产生硫结晶,可用离心方式使晶体沉降在玻璃容器底部,再用滴管小心转移出全部溶液。在上述萃取浓缩液中加入大约 2 g 活化后的铜粉,振荡混合至少 1~2 min,将溶液吸出使其与铜粉分离,转移至干净的玻璃容器内,待进一步净化或浓缩。

(3)弗罗里硅土柱净化:弗罗里硅土柱用约 8 mL 正己烷洗涤,保持柱吸附剂表面浸润。萃取液按照浓缩步骤预浓缩至 1.5~2 mL,用吸管将其转移到弗罗里硅土柱上停留 1 min 后,让溶液流出小柱并弃去,保持柱吸附剂表面浸润。加入约 2 mL 正己烷-丙酮混合溶液(9∶1)并停留 1 min,用 10 mL 小型浓缩管接收洗脱液,继续用正己烷-丙酮混合溶液(9∶1)洗涤小柱,至接收的洗脱液体积到 10 mL 为止。

(4)硅胶柱净化:用约 10 mL 正己烷洗涤硅胶柱。萃取液浓缩并替换至正己烷,用硅胶柱对其进行净化,具体步骤参见弗罗里硅土柱净化。

(5)石墨炭柱净化:用约 10 mL 正己烷洗涤石墨炭柱。萃取液浓缩并替换至正己烷,分析多氯联苯时,用甲苯为洗脱液,具体洗脱步骤与弗罗里硅土柱净化相同,收集甲苯洗脱液体积为 12 mL;分析除 PCB81、PCB77、PCB126 和 PCB169 以外的多氯联苯时,也可采用正己烷-丙酮混合溶液(9∶1)为洗脱溶液,具体步骤与弗罗里硅土柱净化相同,收集的洗脱液体积为 12 mL。

5)浓缩定容和加内标

净化后的洗脱液按浓缩步骤浓缩并定容至 1.0 mL。取 20 μL 内标使用液,加入浓缩定容后的样品中,混匀后转移至 2 mL 样品瓶中,待分析。

5. 空白样品制备

用石英砂代替实际样品,按与样品的预处理相同步骤制备空白样品。

6. 分析步骤

1)设置仪器测定条件

气相色谱条件:进样口温度为 270 ℃,不分流进样;柱流量为 1.0 mL/min;柱箱温度为 40 ℃,以 20 ℃/min 升温至 280 ℃,保持 5 min;进样量为 1.0 μL。

质谱分析条件:四极杆温度为 150 ℃;离子源温度为 230 ℃;传输线温度为 280 ℃;扫描模式为选择离子扫描(SIM),多氯联苯的主要选择离子参见表 4.44.1;溶剂延迟时间为 5 min。

表 4.44.1　目标物的测定参考数据表

序号	目标物中文名称	CAS No	特征离子质荷比(m/z)
1	2,4,4'-三氯联苯*	7012-37-5	256/258/186/188
2	2,2',5'5'-四氯联苯*	35693-99-3	292/290/222/220
3	2,2',4,5,5'-五氯联苯*	37680-73-2	326/328/254/256
4	3,4,4',5-四氯联苯	70362-50-4	292/290/220/222
5	3,3',4,4'-四氯联苯	32598-13-3	292/290/220/222
6	2',3,4,4',5-五氯联苯	65510-44-3	326/328/254/256
7	2,3',4,4',5-五氯联苯**	31508-00-6	326/328/254/256
8	2,3,4,4',5-五氯联苯	74472-37-0	326/328/254/256
9	2,2',4,4',5,5'-六氯联苯*	35065-27-1	360/362/290/288
10	2,3,3',4,4'-五氯联苯	32598-14-4	326/328/254/256
11	2,2',3,4,4',5'-六氯联苯*	35065-28-2	360/362/290/288
12	3,3',4,4',5-五氯联苯	57465-28-8	326/328/254/256
13	2,3',4,4',5,5'-六氯联苯	52663-72-6	360/362/290/288
14	2,3,3',4,4',5-六氯联苯	38380-08-4	360/362/290/288
15	2,3,3',4,4',5'-六氯联苯	69782-90-7	360/362/290/288

序号	目标物中文名称	CAS No	特征离子质荷比(m/z)
16	2,2',3,4,4',5,5'-七氯联苯 *	35065-29-3	394/396/324/326
17	3,3',4,4',5,5'-六氯联苯	32774-16-6	360/362/290/288
18	2,3,3',4,4',5,5,-七氯联苯	39635-31-9	394/396/326/324

注:"*"为指示性多氯联苯;未标识为共平面多氯联苯;"＊＊"既为指示性多氯联苯,又为共平面多氯联苯。

2) 校准

仪器性能检查:样品分析前,用 1 μL 十氟三苯基膦(DFTPP)溶液对气相色谱-质谱系统进行仪器性能检查,所得质量离子的丰度应满足表 4.44.2 的要求。

表 4.44.2　DFTPP 关键离子及离子丰度评价表

离子质荷比/(m/z)	丰度评价	离子质荷比/(m/z)	丰度评价
51	强度为 198 碎片的 30%～60%	199	强度为 198 碎片的 5%～9%
70	强度小于 69 碎片的 2%	365	强度大于 198 碎片的 1%
127	强度为 198 碎片的 40%～60%	441	存在但不超过 443 碎片的强度
197	强度小于 198 碎片的 1%	442	强度大于 198 碎片的 40%
198	基峰,相对强度 100%	443	强度为 442 碎片的 17%～23%

3) 标准曲线的绘制

用多氯联苯标准使用液配制标准系列,如样品分析时采用了替代物指示全程回收效率,则同步加入替代物标准使用液,多氯联苯目标化合物及替代物标准系列浓度为 10.0 μg/L、20.0 μg/L、50.0 μg/L、100 μg/L、200 μg/L、500 μg/L;分别加入内标使用液,使其浓度均为 200 μg/L。

按照仪器测定条件进行分析,得到不同浓度各目标化合物的质谱图,记录各目标化合物的保留时间和定量离子质谱峰的峰面积(或峰高)。

4) 样品与空白试验测定

取待测样品和空白样品,分别按照与绘制标准曲线相同的分析步骤进行测定。

六、数据记录与处理

1. 定性分析

以样品中目标物的保留时间(RRT)、辅助定性离子和目标离子峰面积比(Q)与标准样品比较来定性。多氯联苯化合物的特征离子,见表 4.44.2。

样品中目标化合物的保留时间与期望保留时间(即标准样品中的平均相对保留时间)的相对标准偏差应控制在±3%以内,样品中目标化合物的辅助定性离子和目标离子峰面积比与期望值(即标准曲线中间点辅助定性离子和目标离子的峰面积比)的相对偏差应控制在±30%。

多氯联苯化合物标准物质的选择离子扫描总离子流图,见图 4.44.1。

2. 定量分析

以选择离子扫描方式采集数据,内标法定量。

3. 结果计算

平均相对响应因子 RF,按式(4.44.1)进行计算:

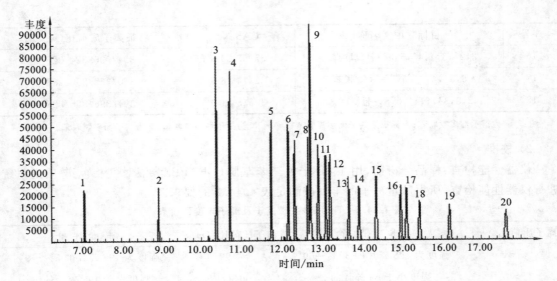

图 4.44.1　多氯联苯选择离子扫描总离子流图

1—邻硝基溴苯(内标);2—四溴间-二甲苯(替代物);3—2,4,4'-三氯联苯;4—2,2',5,5'-四氯联苯;
5—2,2',4,5,5'-五氯联苯;6—3,4,4',5-四氯联苯;7—3,3',4,4'-四氯联苯;8—2',3,4,4',5-五氯联苯;
9—2,3',4,4',5-五氯联苯;10—2,3,4,4',5-五氯联苯;11—2,2',4,4',5,5'-六氯联苯;12—2,3,3',4,4'-五氯联苯;
13—2,2',3,4,4',5'-六氯联苯;14—3,3',4,4',5-五氯联苯;15—2,3',4,4',5,5'-六氯联苯;
16—2,3,3',4,4',5-六氯联苯;17—2,3,3',4,4',5'-六氯联苯;18—2,2',3,4,4',5,5'-七氯联苯;
19—3,3',4,4',5,5'-六氯联苯;20—2,3,3',4,4',5,5'-七氯联苯

$$\mathrm{RF} = \frac{A_x}{A_{IS}} \times \frac{\rho_{IS}}{\rho_x} \qquad\qquad (4.44.1)$$

式中:A_x——目标化合物定量离子峰面积;

　　　A_{IS}——内标化合物特征离子峰面积;

　　　ρ_{IS}——内标化合物的质量浓度,mg/L;

　　　ρ_x——目标化合物的质量浓度,mg/L。

　　土壤中的目标化合物含量 $w_1(\mu g/kg)$,按式(4.44.2)进行计算:

$$w_1 = \frac{A_x \times \rho_{IS} \times V_x}{A_{IS} \times \overline{RF} \times m \times w_{dm}} \times 1000 \qquad\qquad (4.44.2)$$

式中:w_1——样品中的目标化合物含量,$\mu g/kg$;

　　　A_x——测试样品中目标化合物定量离子峰面积;

　　　A_{IS}——测试样品中内标化合物特征离子峰面积;

　　　ρ_{IS}——测试样品中内标化合物的质量浓度,mg/L;

　　　RF——标准曲线的平均相对响应因子;

　　　V_x——样品提取液的定容体积,mL;

　　　w_{dm}——样品中干物质百分含量,%;

　　　m——称取样品的质量,g。

　　沉积物中目标化合物含量 $w_2(\mu g/kg)$,按式(4.44.3)进行计算:

$$w_2 = \frac{A_x \times \rho_{IS} \times V_x}{A_{IS} \times \overline{RF} \times m \times (1-w)} \times 1000 \qquad\qquad (4.44.3)$$

式中:w_2——样品中的目标化合物含量,$\mu g/kg$;

A_x——测试样品中目标化合物定量离子峰面积；

A_{IS}——测试样品中内标化合物特征离子峰面积；

ρ_{IS}——测试样品中内标化合物的质量浓度，mg/L；

RF——标准曲线的平均相对响应因子；

V_x——样品提取液的定容体积，mL；

w——样品的含水率，%；

m——称取样品的质量，g。

4．结果表示

测定结果小于 100 μg/kg 时，结果保留小数点后一位；测定结果大于等于 100 μg/kg，结果保留三位有效数字。

七、注意事项

（1）每批次新购买的弗罗里硅土柱、硅胶柱、石墨炭柱等净化柱，均需做空白检验。确定其不含影响测定的杂质干扰时，方可使用。

（2）目标物的测定参考数据见表 4.44.1。

（3）本实验主要参考国家环境标准 HJ 743—2015。

实验 45　土壤中氰化物的测定（异烟酸-巴比妥酸分光光度法）

一、实验目的

（1）学习土壤中简单氰化物、总氰化物的蒸馏操作。

（2）掌握异烟酸-巴比妥酸分光光度法测定氰化物的原理和操作过程。

二、方法原理

样品中的氰离子在弱酸性条件下与氯胺 T 反应生成氯化氰，然后与异烟酸反应，经水解后生成戊烯二醛，最后与巴比妥酸反应生成紫蓝色化合物，该物质在 600 nm 波长处有最大吸收，可用标准曲线法定量测定。

当样品量为 10 g，异烟酸-巴比妥酸分光光度法的检出限为 0.01 mg/kg，测定下限为 0.04 mg/kg。

当样品微粒不能完全在水中均匀分散，而是积聚在试剂-空气表面或试剂-玻璃器壁界面时，将导致准确度和精密度降低，可在蒸馏前加 5 mL 乙醇以消除影响。

样品中存在硫化物会干扰测定，蒸馏时加入的硫酸铜可以抑制硫化物的干扰。

样品中酚的含量低于 500 mg/L 时不影响氰化物的测定。

油脂类的干扰可在显色前加入十二烷基硫酸钠消除。

三、实验仪器设备

（1）分光光度计。

（2）10 mm 比色皿。

（3）恒温水浴装置：控温精度为 ±1 ℃。

(4) 电炉：600 W 或 800 W，功率可调。

(5) 全玻璃蒸馏器：500 mL，仪器装置见第 2 章实验 17 图 2.17.1。

(6) 具塞比色管：25 mL。

(7) 实验室其他常用仪器设备和玻璃器皿。

四、实验试剂与材料

本实验所用试剂除另有说明外，其他均为分析纯试剂，实验用水均为新制备的蒸馏水或去离子水。

(1) 酒石酸溶液（150 g/L）：称取 15.0 g 酒石酸（$C_4H_6O_6$），溶于水中，稀释至 100 mL，摇匀。

(2) 硝酸锌溶液（100 g/L）：称取 10.0 g 硝酸锌[$Zn(NO_3)_2 \cdot 6H_2O$]，溶于水中，稀释至 100 mL，摇匀。

(3) 磷酸，$\rho = 1.69$ g/mL。

(4) 浓盐酸，$\rho = 1.19$ g/mL。

(5) 盐酸（$c(HCl) = 1$ mol/L）：量取 83 mL 浓盐酸缓慢注入水中，放冷后稀释至 1000 mL。

(6) 氧化亚锡溶液：称取 5.0 g 二水合氯化亚锡（$SnCl_2 \cdot 2H_2O$），溶于 40 mL 1 mol/L 的盐酸中，用水稀释至 100 mL，临用时现配。

(7) 硫酸铜溶液：称取 200 g 五水合硫酸铜（$CuSO_4 \cdot 5H_2O$），溶于水中，稀释至 1000 mL，摇匀。

(8) 氢氧化钠溶液（100 g/L）：称取 100 g 氢氧化钠（NaOH），溶于水中，稀释至 1000 mL，摇匀，储于聚乙烯容器中。

(9) 氢氧化钠溶液（10 g/L）：称取 10.0 g 氢氧化钠（NaOH），溶于水中，稀释至 1000 mL，摇匀，储于聚乙烯容器中。

(10) 氢氧化钠溶液（15 g/L）：称取 15.0 g 氢氧化钠（NaOH），溶于水中，稀释至 1000 mL，摇匀，储于聚乙烯容器中。

(11) 氯胺 T 溶液：称取 1.0 g 氯胺 T（$C_7H_7ClNNaO_2S \cdot 3H_2O$），溶于水中，稀释至 100 mL，摇匀，储存于棕色瓶中，临用时现配。

(12) 磷酸二氢钾溶液（pH=4）：称取 136.1 g 无水磷酸二氢钾（KH_2PO_4），溶于水中，加入 2.0 mL 冰乙酸（$C_2H_4O_2$），用水稀释至 1000 mL，摇匀。

(13) 异烟酸-巴比妥酸显色剂：称取 2.50 g 异烟酸（$C_6H_6NO_2$）和 1.25 g 巴比妥酸（$C_4H_4N_2O_3$），溶于 100 mL 15 g/L 的氢氧化钠溶液中，摇匀，临用时现配。

(14) 氢氧化钠溶液（20 g/L）：称取 20.0 g 氢氧化钠（NaOH），溶于水中，稀释至 1000 mL，摇匀，储于聚乙烯容器中。

(15) 磷酸盐缓冲溶液（pH=7）：称取 34.0 g 无水磷酸二氢钾（KH_2PO_4）和 35.5 g 无水磷酸氢二钠（Na_2HPO_4），溶于水中，稀释至 1000 mL，摇匀。

(16) 氰化钾标准储备液（$\rho(CN^-) = 50$ μg/mL）：参照第 2 章实验 17 试剂（10）配制并标定，或购买市售有证标准物质。

(17) 氰化钾标准使用溶液（$\rho(CN^-) = 0.500$ μg/mL）：吸取 10.00 mL 氰化钾标准储备液于 1000 mL 棕色容量瓶中，用 10 g/L 氢氧化钠溶液稀释至标线，摇匀，临用时现配。

五、实验步骤

1. 样品的采集与保存

样品采集后用可密封的聚乙烯或玻璃容器在 4 ℃ 左右冷藏保存,样品要充满容器,并在采集后 48 h 内完成样品分析。

2. 样品称量

称取约 10 g 干重的样品于称量纸上(精确到 0.01 g),移入蒸馏瓶。

注:如样品中氰化物含量较高,可适当减少样品称量或对吸收液稀释后进行测定。

3. 简单氰化物蒸馏

参照图 2.17.1 连接蒸馏装置,打开冷凝水,在接收瓶中加入 10 mL 10 g/L 氢氧化钠溶液作为吸收液。在加入样品后的蒸馏瓶中依次加 200 mL 水、3.0 mL 100 g/L 氢氧化钠溶液和 10 mL 硝酸锌溶液,摇匀,迅速加入 5.0 mL 酒石酸溶液,立即盖塞。打开电炉,电压逐渐调高,馏出液以 2～4 mL/min 的速度进行加热蒸馏。接收瓶内样品近 100 mL 时,停止蒸馏,用少量水冲洗馏出液导管后取出接收瓶,用水定容(V_1),此为样品 A。

4. 总氰化物样品制备

参照图 2.17.1 连接蒸馏装置,打开冷凝水,在接收瓶中加入 10 mL 10 g/L 氢氧化钠溶液作为吸收液。在加入样品后的蒸馏瓶中依次加 200 mL 水、3.0 mL 100 g/L 氢氧化钠溶液、2.0 mL 氯化亚锡溶液和 10 mL 硫酸铜溶液,摇匀,迅速加入 10 mL 磷酸,立即盖塞。打开电炉,电压逐渐调高,馏出液以 2～4 mL/min 的速度进行加热蒸馏。接收瓶内样品近 100 mL 时,停止蒸馏,用少量水冲洗馏出液导管后取出接收瓶,用水定容(V_1),此为样品 A。

5. 空白样品制备

在蒸馏瓶中不加土壤样品,其他按步骤 3 或 4 操作,得到空白试验样品 B。

6. 标准曲线绘制

取 6 支 25 mL 具塞比色管,分别加入氰化钾标准使用溶液 0.00 mL、0.10 mL、0.50 mL、1.50 mL、4.00 mL 和 10.00 mL,再加入 10 g/L 氢氧化钠溶液至 10 mL。标准系列中氰离子的含量分别为 0.00 μg、0.05 μg、0.25 μg、0.75 μg、2.00 μg 和 5.00 μg。向各管中加入 5.0 mL 磷酸二氢钾溶液,混匀,迅速加入 0.30 mL 氯胺 T 溶液,立即盖塞,混匀,放置 1～2 min。向各管中加入 6.0 mL 异烟酸-巴比妥酸显色剂,加水稀释至标线,摇匀,于 25 ℃ 显色 15 min(15 ℃ 显色 25 min、30 ℃ 显色 10 min)。用分光光度计在 600 nm 波长下,用 10 mm 比色皿,以水为参比,测定吸光度。以氰离子的含量(μg)为横坐标,以扣除空白样品的吸光度为纵坐标,绘制标准曲线。

7. 样品和空白的测定

吸取 10.00 mL 样品 A 和样品 B 分别于 2 支 25 mL 具塞比色管中,向各管中加入 5.0 mL 磷酸二氢钾溶液,混匀,迅速加入 0.30 mL 氯胺 T 溶液,立即盖塞,混匀,放置 1～2 min。然后向各管中加入 6.0 mL 异烟酸-巴比妥酸显色剂,加水稀释至标线,摇匀,于 25 ℃ 显色 15 min(15 ℃ 显色 25 min、30 ℃ 显色 10 min)。用分光光度计在 600 nm 波长下,用 10 mm 比色皿,以水为参比,测定吸光度。

六、结果计算与表示

1. 结果计算

氰化物或总氰化物含量 $W(\mathrm{mg/kg})$，以氰离子（CN^-）计，按式（4.45.1）计算：

$$W = \frac{(A - A_0 - a) \times V_1}{b \times m \times w_{\mathrm{dm}} \times V_2} \tag{4.45.1}$$

式中：W——氰化物或总氰化物（105 ℃干重）的含量，$\mathrm{mg/kg}$；

　　　A——样品 A 的吸光度；

　　　A_0——空白样品 B 的吸光度；

　　　a——标准曲线截距；

　　　b——标准曲线斜率；

　　　V_1——样品 A 的体积（蒸馏液定容体积），mL；

　　　V_2——样品 A 的体积（显色时所取蒸馏液体积），mL；

　　　m——称取的样品质量，g；

　　　w_{dm}——样品中干物质的百分含量，％。

2. 结果表示

当测定结果小于 1 mg/kg，保留小数点后两位；当测定结果大于等于 1 mg/kg，保留三位有效数字。

七、注意事项

（1）在蒸馏吸收过程中，蒸馏或吸收装置发生漏气导致氰化氢挥发，将使氰化物分析产生误差且污染实验室环境，所以在蒸馏过程中一定要时刻检查蒸馏装置的气密性。蒸馏时，馏出液导管下端务必要插入吸收液液面下，使氰化氢吸收完全。

（2）标准系列溶液和样品溶液显色过程中，氰化氢易挥发，因此操作过程中每一步都要迅速，并随时盖紧瓶塞。

（3）氰化物是剧毒物质，使用时应严格按照实验室有毒物质管理规定操作，并妥善保存。

（4）本实验主要参考国家环境标准 HJ 745—2015。

第5章 生物及生物样品监测实验

实验 46 农产品中有机磷农药的测定（气相色谱法）

一、实验目的

（1）了解有机磷农药的种类。

（2）学习农产品中有机磷农药的提取、净化、浓缩等样品处理技术。

（3）学习用气相色谱法测定有机磷农药的操作。

二、方法原理

采用丙酮加水提取、二氯甲烷萃取、凝结法净化、气相色谱氮磷检测器测定。本法的最低检测浓度为 $0.0002\sim0.0029$ mg/kg。

本方法适用于粮食（稻米、小麦、玉米等）、水果（苹果、梨、桃等）、蔬菜（黄瓜、大白菜、西红柿等）中的速灭磷（mevinphos）、甲拌磷（phorate）、二嗪磷（diazinon）、异稻瘟净（IBP）、甲基对硫磷（methyl parathion）、杀螟硫磷（fenitrothion）、溴硫磷（bromophos）、水胺硫磷（isocarbophos）、稻丰散（phenthoate）、杀扑磷（methidathion）多组分残留量的测定。

三、实验仪器设备

（1）气相色谱仪（带氮磷检测器）。

（2）控制载气的压力表及流量计。

（3）全玻璃系统进样器。

（4）与仪器相匹配的记录仪。

（5）色谱柱：硬质玻璃螺旋状填充色谱柱（长 $1\sim1.5$ m，内径 $2\sim3$ mm），$1\sim2$ 支。色谱柱经水冲洗后，在玻璃柱管内注满热洗液（$60\sim70$ ℃），浸泡 4 h，然后用水冲洗至中性，再用蒸馏水冲洗，烘干后进行硅烷化处理；将 6%～10%的二氯二甲基硅烷甲醇溶液注满玻璃柱管，浸泡 2 h，然后用甲醇清洗至中性，烘干备用。

载体：Chrom Q，$80\sim100$ 目。

固定液：OV-17（苯基甲基硅酮），最高使用温度为 $300\sim350$ ℃，液相载荷量为 5%或 3%。涂渍固定液的方法：根据担体的质量称取一定量的固定液，溶在三氯甲烷中，待完全溶解后倒入盛有担体的烧杯中，再向其中加入三氯甲烷至液面高出 $1\sim2$ cm，摇匀后浸 2 h，然后在红外灯下将溶剂挥发干或在旋转蒸发器上慢速蒸发干，再置于 120 ℃烘箱中，放置 4 h 备用。

色谱柱的填充方法：将色谱柱的一端用硅烷化玻璃棉塞住，接真空泵，另一端接一漏斗，开动真空泵后，将固定相徐徐倾入色谱柱内，并轻轻拍打色谱柱，使固定相在色谱柱内填充紧密，至固定相不再抽入柱内为止。装柱完毕后，用硅烷化玻璃棉塞住色谱柱另一端。

色谱柱老化：将填充好的色谱柱进口按正常接在汽化室上，出口空着不接检测器，先用较低载气流速和略高于实际使用温度而不超过固定液的使用温度下处理 4~6 h,然后逐渐提高载气流速,老化 24~48 h,再降低至使用温度,接上检测器后,如基线稳定即可使用。

柱效能和分离度:在给定条件下,色谱柱总的分离效能要求大于 0.8。

(6) 样品瓶:适宜的玻璃磨口瓶。

(7) K-D 浓缩器。

(8) 振荡器。

(9) 万能粉碎机。

(10) 组织捣碎机。

(11) 真空泵。

(12) 玻璃器皿:500 mL 分液漏斗,300 mL 具塞锥形瓶,500 mL 抽滤瓶,直径 9 cm 布氏漏斗,250 mL 平底烧瓶。

(13) 水浴锅。

(14) 微量注射器:5 μL,10 μL。

(15) 玻璃棉。

(16) 实验室其他仪器设备和玻璃器皿。

四、实验试剂与材料

本实验所用试剂除另有说明外,其他均为分析纯试剂;有机溶剂经重蒸,浓缩 20 倍,用气相色谱仪测定无干扰峰;实验用水均为蒸馏水或去离子水。

(1) 载气:氮气,纯度 99.99%,经去氧管过滤,氧的含量(摩尔分数)小于 5×10^{-6}。

(2) 燃烧气:氢气。

(3) 助燃气:空气。

(4) 农药标准样品:速灭磷、甲拌磷、二嗪磷、异稻瘟净、甲基对硫磷、杀螟硫磷、溴硫磷、水胺硫磷、稻丰散、杀扑磷,含量 95%~99%。

①标准样品储备液的制备:准确称取一定量的农药标准样品,以丙酮为溶剂,分别配制浓度为 0.5 mg/mL 的速灭磷、甲拌磷、二嗪磷、水胺硫磷、甲基对硫磷、稻丰散;浓度为 0.7 mg/mL 的杀螟硫磷、异稻瘟净、溴硫磷、杀扑磷储备液,在 4 ℃下可存放 6~12 个月。

②标准样品中间溶液:用移液管准确量取一定量的上述标准样品储备液于 50 mL 容量瓶中,用丙酮定容至刻度,则配制成浓度为 50.0 μg/mL 的速灭磷、甲拌磷、二嗪磷、水胺硫磷、甲基对硫磷、稻丰散和 100 μg/mL 的杀螟硫磷、异稻瘟净、溴硫磷、杀扑磷中间溶液。

③标准样品工作液:分别用移液管吸取上述中间溶液 10 mL 于 100 mL 容量瓶中,用丙酮定容,得混合标准工作溶液。标准工作液在 4 ℃下可存放 3~6 个月。

(5) 二氯甲烷(CH_2Cl_2)。

(6) 三氯甲烷($CHCl_3$)。

(7) 丙酮(CH_3COCH_3)。

(8) 石油醚:沸程 60~90 ℃。

(9) 乙酸乙酯($CH_3COOC_2H_5$)。

(10) 浓磷酸,$\rho=1.69$ g/mL。

(11) 氯化铵(NH_4Cl)。

(12) 氯化钠(NaCl)。

（13）无水硫酸钠（Na_2SO_4）：300 ℃烘 4 h 备用。

（14）助滤剂 Celite 545。

（15）凝结液：20 g 氯化铵（NH_4Cl）和浓磷酸（H_3PO_4）40 mL，溶于 400 mL 水中，用水定容至 2000 mL，备用。

（16）氢氧化钾溶液（0.5 mol/L）：称取 2.8 g 氢氧化钾（KOH），溶于 100 mL 水中。

五、实验步骤

1. 样品的采集

（1）粮食样品的采集：采取 500 g 具代表性的（小麦、稻米、玉米等）样品，粉碎过 40 目筛，混匀，装入样品瓶备用，另取 20 g 测定含水量。

（2）果蔬样品的采集：取具代表性的新鲜水果和蔬菜的可食部位 1000 g，切碎，取 200 g 测水分含量，其余供试验用。

2. 样品的保存

粮食和果蔬样品：通常能在−18 ℃冷冻箱中保存 3 天。

3. 样品的预处理

（1）果蔬样品的提取及净化：准确称取果蔬样品 50 g 于组织捣碎缸中，根据样品水分含量加水，使加入的水量与 50 g 样品中的水分含量之和为 50 mL，再加 100 mL 丙酮，捣碎 2 min，浆液经铺有两层滤纸及一薄层助滤剂的布氏漏斗减压抽滤，取 100 mL 滤液（相当于2/3样品），倒入 500 mL 分液漏斗中，加入 10～15 mL 凝结液（先用 0.5 mol/L 的氢氧化钾溶液调节凝结液的 pH 值至 4.5～5.0）、1 g 助滤剂，振摇 20 次，静置 3 min，过滤至另一 500 mL 分液漏斗中，按上述步骤再凝结 2～3 次，在滤液中加 3 g 氯化钠，用 50 mL、50 mL、30 mL 二氯甲烷萃取 3 次，合并有机相，过一装有 1 g 无水硫酸钠和 1 g 助滤剂的筒形漏斗干燥，收集滤液于 250 mL 平底烧瓶中，加 0.5 mL 乙酸乙酯，先用旋转蒸发器浓缩至 10 mL，移入 K-D 浓缩器浓缩到 1 mL，在室温下用氮气或空气吹至近干，用丙酮定容至 5 mL，供色谱测定。

（2）粮食样品的提取及净化：准确称取过 40 目筛的粉状粮食样品 20 g，置于 300 mL 具塞锥形瓶中，加水，使加入的水量与 20 g 样品中水分含量之和为 20 mL，摇匀后静置 10 min，加 100 mL 含 20% 水分的丙酮，浸泡 6～8 h 后振荡 1 h。下述步骤除取滤液为 80 mL 外，其余与果蔬样品处理方法相同。

4. 色谱测定操作步骤

（1）仪器测定参数设定：汽化室温度为 230 ℃。柱温度为 200 ℃。检测器温度为 250 ℃。载气流速为 36～40 mL/min。氢气流速为 4.5～6.0 mL/min。空气流速为 60～80 mL/min。记录仪纸速为 5 mm/min。需根据样品中被测组分含量调节记录仪衰减。

（2）仪器校准：定量方法为外标法。

用清洁注射器，在标准工作液中抽吸几次后，抽取所需进样体积（进样量 3～6 μL），迅速注射入色谱仪中，并立即拔出注射器。

（3）样品分析：用清洁注射器，在待测样品中抽吸几次后，抽取所需进样体积（与标准工作液进样量相同），迅速注射入色谱仪中，并立即拔出注射器。

六、数据记录与处理

1. 定性分析

参考 10 种有机磷气相色谱图中各组分的出峰次序及停留时间进行定性分析。

10 种有机磷气相色谱图见图 5.46.1(柱填充剂:5％ OV-17/Chrom Q,80～100 目。载气流速:36～40 mL/min。氢气流速:4.5～6.0 mL/min。空气流速:60～80 mL/min)。

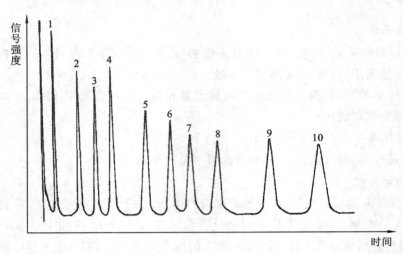

图 5.46.1　10 种有机磷气相色谱图

1—速灭磷;2—甲拌磷;3—二嗪磷;4—异稻瘟净;5—甲基对硫磷;

6—杀螟硫磷;7—溴硫磷;8—水胺硫磷;9—稻丰散;10—杀扑磷

检验可能存在的干扰:用 5％ OV-17/Chrom Q,80～100 目色谱柱测定后,再用 5％ OV-101/Chromosorb WHP,100～120 目色谱柱在相同条件下进行确证检验色谱分析,可确定各组分并判断有无干扰。

2. 定量分析

以峰的起点和终点的连线作为峰底,从峰高极大值对时间轴作垂线,对应的时间即为保留时间,此线以峰顶至峰底间的线段即为峰高。

计算公式:

$$R_i = \frac{h_i \times w_{is} \times V}{h_{is} \times V_i \times m} \tag{5.46.1}$$

式中:R_i——样品中 i 组分农药的含量,mg/kg;

h_i——样品中 i 组分农药的峰高,cm(或峰面积,cm^2);

w_{is}——标样中 i 组分农药的绝对量,ng;

V——样品的定容体积,mL;

h_{is}——标样中 i 组分农药的峰高,cm(或峰面积,cm^2);

V_i——样品的进样量,μL;

m——样品的质量,g(这里只用提取液的 2/3,应乘 2/3)。

3. 结果表示

(1)定性结果:根据 10 种有机磷气相色谱图各组分的保留时间来确定被测试样中出现的

组分数目和组分名称。

（2）定量结果：根据计算出的各组分的含量，结果以 mg/kg 表示。

七、注意事项

（1）仪器需使用标准样品周期性校准，视仪器的稳定性决定周期长短，若仪器稳定，可每测定 3～4 个样品校准一次。

样品中组分按式（5.46.2）校准：

$$X_i = \frac{A_i}{A_E} \times E_i \tag{5.46.2}$$

式中：X_i——样品中组分 i 的含量，mg/kg；

A_i——样品中组分 i 的峰高，cm（或峰面积，cm^2）；

E_i——标样中组分 i 的含量，mg/kg；

A_E——标样中组分 i 的峰高，cm（或峰面积，cm^2）。

（2）标准样品与样品尽可能同时进样分析，标准样品进样体积与样品进样体积相同，标准样品的响应值接近样品的响应值。

（3）一个样品连续注射进样两次，其峰高相对偏差不大于 7%，即认为仪器处于稳定状态。

（4）实验时可以选择一种或几种果蔬、粮食样品来测定，农药也可以根据使用情况选择其中的几种来测定。

（5）本实验主要参考国家标准 GB/T 14553—2003。

实验 47　生物样品中六六六和滴滴涕的测定（气相色谱法）

一、实验目的

（1）学习生物样品中六六六、滴滴涕（DDT）的提取、净化和浓缩操作。

（2）进一步熟悉气相色谱仪的使用。

二、方法原理

用丙酮-石油醚提取生物样品中的六六六和 DDT，以浓硫酸净化，用带电子捕获检测器的气相色谱仪测定，以色谱峰的保留时间进行定性分析，以色谱峰的峰面积进行定量分析。

本方法适用于生物（动物，如禽、畜、鱼、蚯蚓；植物，如粮食、水果、蔬菜、茶）中六六六、滴滴涕的分析测定。

本方法的最低检测浓度为 0.00004～0.00487 mg/kg。

三、实验仪器设备

（1）气相色谱仪。

（2）检测器：电子捕获检测器，可采用 ^{63}Ni 放射源或高温 ^{3}H 放射源，检测器极化电压可采用直流电源或脉冲电源。

（3）控制载气的压力表及流量计。

（4）全玻璃系统进样器。

(5) 与气相色谱仪匹配的记录仪。

(6) 色谱柱:2～3 支(硬质玻璃,长 1.8～2.0 m,内径 2～3 mm,螺旋状填充柱)。色谱柱预处理经水冲洗后,在玻璃柱管内注满热洗液(60～70 ℃),浸泡 4 h,然后用水冲洗至中性,再用蒸馏水冲洗,烘干后进行硅烷化处理,将 6%～10% 的二氯二甲基硅烷甲醇溶液注满玻璃柱管,浸泡 2 h,然后用甲醇清洗至中性,烘干备用。

色谱柱和填充物:载体(Chromosorb WAW-DMCS 或者 Chromosorb WAW-DMCS-HP,80～100 目)。固定液(OV-17(甲基硅酮),最高使用温度 350 ℃;QF-1 或 OV-210(三氯丙基甲基硅酮),最高使用温度 250 ℃ 或 275 ℃)。

液相载荷:OV-17 为 1.5%;OV-210 或 QF-1 为 1.95%。

涂渍固定液的方法:根据担体的质量称取一定量的固定液,溶在三氯甲烷中,待完全溶解后,倒入盛有担体的烧杯中,再向其中加入三氯甲烷至液面高出 1～2 cm,摇匀后浸泡 2 h。然后在红外灯下将溶剂挥发干或在旋转蒸发器上慢速蒸干,再置于 120 ℃ 烘箱中,放置 4 h 后备用。

色谱柱的填充方法:将色谱柱的一端(接检测器)用硅烷化玻璃棉塞住,接真空泵,另一端接一漏斗,开动真空泵后,将固定相徐徐倾入色谱柱内,并轻轻拍打色谱柱,使固定相在色谱柱内填充紧密,至固定相不再抽入柱内为止,装填完毕后,用硅烷化玻璃棉塞住色谱柱另一端。

色谱柱的老化:将填充好的色谱柱进口按正常接在汽化室上,出口空着不接检测器,先用较低载气流速,在略高于实际使用温度而不超过固定液的使用温度下处理 4～6 h。然后逐渐提高载气流速,老化 24～48 h,再降低至使用温度,接上检测器后,如基线稳定即可使用。

柱效能:在给定条件下,色谱柱总分离效能即分离度要求不小于 90%。

(7) 样品瓶:适宜的玻璃磨口瓶。

(8) 旋转蒸发器。

(9) 索氏提取器。

(10) 水浴锅。

(11) 振荡器。

(12) 万能粉碎机。

(13) 组织捣碎机。

(14) 真空泵。

(15) 玻璃器皿:250 mL、500 mL 分液漏斗;100 mL、250 mL、300 mL 具塞锥形瓶;500 mL 抽滤瓶;50 mL、100 mL 量筒,250 mL 平底烧瓶,10 mL、20 mL 刻度试管(经标定);直径 7～9 cm 布氏漏斗;直径 0.5～1.0 cm,长 20 cm 玻璃层析柱;研钵。

(16) 微量注射器:5 μL、10 μL。

(17) 离心机。

(18) 实验室其他常见仪器设备和玻璃器皿。

四、实验试剂与材料

(1) 氮气:纯度不小于 99.99%,经去氧管过滤,氧的含量(摩尔分数)小于 5×10^{-6},氢的含量(摩尔分数)小于 1.0×10^{-6}。

(2) 色谱标准品:α-六六六、β-六六六、γ-六六六、δ-六六六、p,p'-DDE、o,p'-DDT、p,p'-DDD、p,p'-DDT,含量为 98%～99%,色谱纯。

①标准储备液:准确称取一定量的色谱标准品每种 100 mg(精确到±0.0001 g),溶于异辛烷(β-六六六先用少量苯溶解),在容量瓶中定容至 100 mL,在 4 ℃下储存。

②标准中间溶液:用移液管量取八种标准储备液,移至 100 mL 容量瓶中,用异辛烷稀释至刻度。八种标准储备液取的体积比为 α-六六六∶β-六六六∶γ-六六六∶δ-六六六∶p,p′-DDE∶o,p′-DDT∶p,p′-DDD∶p,p′-DDT=1∶1∶3.5∶1∶3.5∶5∶3∶8。

③标准工作液:根据检测器的灵敏度及线性要求,用石油醚稀释标准中间溶液,配制成几种浓度的标准工作液,在 4 ℃下储存。

(3) 石油醚,沸程 60～90 ℃。

(4) 丙酮(CH_3COCH_3)。

(5) 异辛烷(C_8H_{18})。

(6) 苯(C_6H_6)优级纯。

(7) 浓硫酸,$\rho=1.84$ g/mL。

(8) 发烟硫酸($H_2SO_4 \cdot xSO_3$)。

(9) 高氯酸,$\rho=1.68$ g/mL,优级纯。

(10) 冰乙酸,$\rho=1.05$ g/mL。

(11) 无水硫酸钠(Na_2SO_4):在 300 ℃烘箱中烘烤 4 h,备用。

(12) 硫酸钠溶液(20 g/L):称取 20 g 硫酸钠(Na_2SO_4)溶于 1000 mL 水中。

(13) 硅藻土:试剂级。

(14) 三氯甲烷($CHCl_3$)。

(15) 助滤剂:Celite 545。

(16) 高氯酸-冰乙酸混合溶液(1∶1):高氯酸与冰乙酸等体积混合。

(17) 脱脂棉(或玻璃棉):用丙酮回流 16 h,取出晾干后备用。

(18) 正己烷(C_6H_{14})。

五、实验步骤

1. 样品的采集与保存

(1) 禽畜(包括鸟兽)样品:家禽取 1～3 只杀好的,从脊背切开,取其整体一半,去骨骼,然后捣碎,混匀,备用。家畜,根据测试目的,取具有代表性的样品 0.5～1.0 kg,捣碎,混匀,备用。

(2) 鱼样品:去鳞、鳍、内脏,沿脊背纵剖后取其二分之一或几分之一(50 g 以下者取整体),剔刺,用滤纸吸干表面水,切碎,混匀,备用。

(3) 蚯蚓样品:从田间采集蚯蚓 20～50 条,在玻璃器皿中自然排泥 2 天(皿底垫滤纸加水湿润),然后洗净,用滤纸吸干表面水,取 20 条切碎,混匀,备用。

(4) 粮食样品:采取 500 g 具代表性的(小麦、稻米、玉米等)样品,粉碎,过 40 目筛混匀,装入样品瓶备用。

(5) 果蔬样品:取其代表性的新鲜果蔬的可食部位 1.0 kg,切碎,取 200 g 测水分含量,其余供试验用。

(6) 茶叶样品:鲜样同果蔬,干样同粮食。

生物样品采集后应尽快分析,如暂不分析可保存在－18 ℃冷冻箱中。

2. 样品的提取

1) 粮食样品的提取(实验时选取方法之一)

(1) a 法:称取 10.0 g 样品,置于 250 mL 具塞锥形瓶中,加入 60 mL 石油醚浸泡过夜,将上清液转入 250 mL 分液漏斗中,再用 40 mL 石油醚分两次洗涤锥形瓶及样品,合并洗涤液于分液漏斗中,待净化。

(2) b 法:准确称取 10.0 g 样品置于 250 mL 具塞锥形瓶中,加 100 mL 石油醚,于电动振荡器上振荡 1 h,提取液转移入 250 mL 离心杯中(每次用 20 mL 石油醚洗涤锥形瓶后,倒入离心杯中离心 10 min),上清液合并于分液漏斗中,待净化。

2) 果蔬、水生植物样品(藕)的提取(实验时选取方法之一)

(1) a 法:称取 200 g 样品置于组织捣碎机缸内,快速捣碎 1～2 min,称取匀浆 50 g,置于 250 mL 锥形瓶中,加丙酮 100 mL,振摇 1 min,浸泡 1 h 后过滤入 500 mL 分液漏斗中,残渣用 30 mL 丙酮分三次洗涤,洗涤液合并于分液漏斗中,然后加入 10 mL 石油醚,振摇 1 min,静止分层后,将下层丙酮水溶液移入另一 500 mL 分液漏斗中,用 50 mL 石油醚再提取一次,用 20 mL 石油醚洗涤分液漏斗,并加入提取液中,而后加 200 mL 20 g/L 硫酸钠溶液,振摇 1 min,静置分层,弃去下层丙酮水溶液,留下石油醚提取液合并待净化。

(2) b 法:准确称取鲜样 50 g,加 25 g 无水硫酸钠,于组织捣碎机缸中,加入丙酮 80 mL,石油醚 20 mL,快速捣碎 2 min,浆液经装有助滤剂的布氏漏斗抽滤,然后用丙酮 30 mL 分 3 次冲洗残渣直至滤液近无色为止。滤液移入 500 mL 分液漏斗中,加 100 mL 20 g/L 的硫酸钠溶液振摇 1 min,静置分层后,弃去水层,石油醚提取液待净化。

3) 茶叶样品的提取

准确称取 5.00 g 茶叶样(干样),放入 100 mL 具塞锥形瓶中,加入 22 mL 正己烷,3 mL 丙酮,振摇 0.5 h 后浸泡过夜,而后用装有玻璃棉的漏斗过滤,下接 25 mL 容量瓶,用正己烷定容,然后取 5 mL(相当于 1 g 茶叶样),待净化。

4) 禽、畜(包括鸟兽)、鱼、蚯蚓样品的提取(实验时选取方法之一)

(1) 消煮法:准确称取样品 2～5 g,置于 150 mL 具塞锥形瓶中,加入高氯酸-冰乙酸混合溶液(1:1)40 mL,盖好玻璃塞,静置 12 h 以上。然后在 85～90 ℃水浴中热消解 3 h;待冷却后加石油醚 10 mL,振摇 2 min,静置分层后用细嘴滴管将石油醚层移入 250 mL 分液漏斗中。再以 20 mL 石油醚分两次重复提取(最后一次在锥形瓶中缓缓加入蒸馏水至瓶颈)。吸尽石油醚浮层,合并三次提取液于分液漏斗中,待净化。

(2) 索氏提取法:适用于样品量不大又易碎的动物内脏,昆虫、蚯蚓等小动物。准确称取样品 2～5 g 放入研钵中,加入 10～25 g 无水硫酸钠研成粉状,装入滤纸筒内,放入索氏提取器中,用 80 mL 石油醚浸泡过夜后,抽提 4～5 h,冷却后将提取液转入 100 mL 容量瓶中,在室温下用石油醚定容至刻度。

3. 提取液净化

(1) 浓硫酸净化法:适用于土壤、粮食、果蔬、水生植物及动物肉类样品。在盛有石油醚提取液的分液漏斗中,按提取液体积的十分之一数量加入浓硫酸,振摇 1 min,静置分层后,弃去硫酸层(注意:用浓硫酸净化过程中,要防止发热爆炸,加浓硫酸后,开始要慢慢振摇,不断放气,然后剧烈振摇),按上述步骤重复数次,直至加入的石油醚提取液二相界面清晰均呈无色透明时止,然后向石油醚提取液中加入其体积量一半左右的硫酸钠溶液,振摇十余次,将其静置分层后弃去水层,如此重复至提取液呈中性时止(一般 2～4 次)。石油醚提取液再经过装有

2～3 g 无水硫酸钠的筒形漏斗脱水,滤入适当规格的容量瓶中,定容,供气相色谱测定。

（2）酸性硅藻土柱层析法:适用于茶叶、蚯蚓等小动物及动物内脏样品。取内径 0.8～1.0 cm,长 18～20 cm 干燥的层析柱,柱底端塞上少量玻璃棉。加约 2 cm 厚的无水硫酸钠,再装入 3～4 g 新调制的酸性硅藻土(10 g 硅藻土加 3 mL 发烟硫酸,拌匀后,再加 3 mL 浓硫酸拌匀,即可),上面再装 2 cm 厚无水硫酸钠,用橡皮锤子轻轻敲打柱子,使其松紧适度。取待净化的提取液置于旋转蒸发器中浓缩到 1～2 mL,倾入装好的层析柱中,用适当规格的容量瓶收集淋洗液。待层析柱中提取液进入无水硫酸钠层后,用与提取液相同的溶剂(石油醚或正己烷)反复淋洗层析柱,直到容量瓶收集到定容体积为止,供气相色谱测定。

4. 色谱测定操作步骤

1) 设置仪器测定参数

汽化室温度:220 ℃。柱温度:195 ℃。检测器温度:245 ℃。载气流速:40～70 mL/min (根据仪器的情况选用)。记录仪纸速:5 mm/min。衰减:根据样品中被测组分含量适当调节记录器衰减。

2) 校准

定量方法:外标法。用清洁注射器,在标准工作液中抽吸几次后,抽取所需进样体积(进样量 3～5 μL),迅速注射入色谱仪中,并立即拔出注射器。

3) 样品分析

用清洁注射器,在待测样品中抽吸几次后,抽取所需进样体积(与标准工作液进样量相同),迅速注射入色谱仪中,并立即拔出注射器。

六、数据记录与处理

1. 定性分析

将样品色谱图与标准色谱图对照,以各组分出峰顺序和保留时间做定性分析,确定被测样品中出现的组分数目和组分名称。

实验条件下的六六六、滴滴涕气相色谱图,如图 5.47.1 所示。

检验可能存在的干扰,采用双柱定性。用另一根色谱柱(1.5% OV-17＋1.95% QF-1/Chromosorb WAW-DMCS,80～100 目)进行准确检验色谱分析,可确定各组分及有无干扰。

2. 定量分析

色谱峰的测量

以峰的起点和终点的连线作为峰底,以峰高极大值对时间轴做垂线,对应的时间即为保留时间,此线从峰顶至峰底间的线段即为峰高。

以峰高(或峰面积)作为定量分析依据,按式(5.47.1)计算样品农药的含量:

$$R_i = \frac{h_i w_{is} V}{h_{is} V_i m} \tag{5.47.1}$$

式中:R_i——样品中 i 组分农药的含量,mg/kg;

h_i——样品中 i 组分农药的峰高,cm(或峰面积,cm^2);

w_{is}——标样中 i 组分农药的绝对量,ng;

V——m(g)样品定容体积,mL;

h_{is}——标样中 i 组分农药的峰高,cm(或峰面积,cm^2);

V_i——样品的进样量,μL;

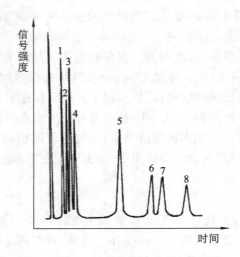

图 5.47.1　六六六、滴滴涕气相色谱图

1—α-六六六；2—γ-六六六；3—β-六六六；4—δ-六六六；
5—p,p′-DDE；6—o,p′-DDT；7—p,p′-DDD；8—p,p′-DDT

m——样品的质量，g。

七、注意事项

(1) 使用标准样品周期性地重复校准，视仪器的稳定性决定周期长短，若仪器稳定，可测定 4～5 个样品校准一次。

(2) 标准样品的进样体积与样品进样体积相同，标准样品的响应值接近样品的响应值。

(3) 一个样品连续注射进样两次，其峰高相对偏差不大于 7%，即认为仪器处于稳定状态。

(4) 标准样品与样品尽可能同时进样分析。

样品中组分按式(5.47.2)校准：

$$X_i = \frac{A_i}{A_E} E_i \tag{5.47.2}$$

式中：X_i——样品中组分 i 的含量，mg/kg；

　E_i——标准溶液中组分 i 的含量，mg/kg；

　A_i——样品中组分 i 的峰高，cm(或峰面积，cm²)；

　A_E——标准溶液中组分 i 的峰高，cm(或峰面积，cm²)。

(5) 实验时，视具体情况可选择一两种生物样品测定，凡提取、净化有几种方法的，实验时可以选择其中一种方法。

(6) 本实验主要参考国家标准 GB/T 14551—2003。

实验 48　石墨炉原子吸收光谱测定法测定食品中镉、铅

一、实验目的

(1) 进一步掌握石墨炉原子吸收光谱仪的原理和操作。

(2) 掌握植物样品的灰化和酸消解操作。

二、方法原理

样品经灰化或酸消解后,注入一定量样品消化液于原子吸收分光光度计石墨炉中,电热原子化后吸收由阴极灯发射出的待测元素原子的特征谱线,在一定浓度范围内,其吸光度值与待测元素含量成正比,采用标准曲线法定量。

镉(Cd)空心阴极灯,特征谱线波长 228.8 nm;铅(Pb)空心阴极灯,特征谱线波长 283.3 nm。

三、实验仪器设备

(1) 原子吸收分光光度计,附石墨炉。

(2) 镉空心阴极灯,铅空心阴极灯。

(3) 可调温式电热板、可调温式电炉。

(4) 马弗炉。

(5) 恒温干燥箱。

(6) 压力消解器、压力消解罐。

(7) 微波消解系统:配聚四氟乙烯或其他合适的压力罐。

(8) 实验室其他常用仪器设备和玻璃器皿。

四、实验试剂和材料

本实验所用试剂除另有说明外,其他均为分析纯试剂,实验用水均为双蒸水或去离子水(测定镉含量时,符合 GB/T 6682—2008 二级水的要求;测定铅含量时,符合 GB/T 6682—2008 一级水的要求。)。

(1) 浓硝酸,$\rho = 1.42$ g/mL,优级纯。

(2) 浓盐酸,$\rho = 1.19$ g/mL,优级纯。

(3) 高氯酸,$\rho = 1.68$ g/mL,优级纯。

(4) 过氧化氢(H_2O_2),30%,优级纯。

(5) 过硫酸铵((NH_4)$_2S_2O_8$)。

(6) 磷酸二氢铵($NH_4H_2PO_4$)。

(7) 硝酸溶液(1%):取 10.0 mL 优级纯浓硝酸加入 100 mL 水中,稀释至 1000 mL。

(8) 硝酸溶液(1∶1):取 50 mL 优级纯浓硝酸慢慢加入 50 mL 水中。

(9) 硝酸溶液($c(HNO_3) = 0.5$ mol/L):取 3.2 mL 优级纯浓硝酸加入 50 mL 水中,稀释至 100 mL。

(10) 硝酸溶液($c(HNO_3) = 1$ mol/L):取 6.4 mL 优级纯浓硝酸加入 50 mL 水中,稀释至 100 mL。

(11) 盐酸(1∶1):取 50 mL 优级纯浓盐酸慢慢加入 50 mL 水中。

(12) 硝酸-高氯酸混合溶液(9∶1):取 9 份浓硝酸与 1 份高氯酸混合。

(13) 磷酸二氢铵溶液(10 g/L):称取 10.0 g 磷酸二氢铵($NH_4H_2PO_4$),用 100 mL 1% 的硝酸溶液溶解后定量移入 1000 mL 容量瓶中,用 1% 的硝酸溶液定容至刻度。

(14) 金属镉标准品:纯度为 99.99% 或有证标准物质。

(15) 镉标准储备液($\rho_{Cd}=1000$ mg/L)：准确称取 1 g 金属镉标准品(精确至 0.0001 g)于小烧杯中，分次加 20 mL 盐酸(1∶1)溶解，加 2 滴浓硝酸，移入 1000 mL 容量瓶中，用水定容，混匀；或购买有证标准溶液。

(16) 镉标准中间液($\rho_{Cd}=10$ mg/L)：吸取镉标准储备液 2.50 mL 于 250 mL 容量瓶中，用 1％的硝酸溶液定容。

(17) 镉标准使用液($\rho_{Cd}=100$ ng/mL)：吸取镉标准中间液 2.50 mL 于 250 mL 容量瓶中，用 1％的硝酸溶液定容，此溶液含镉 100 ng/mL。

(18) 镉标准曲线系列溶液：准确吸取镉标准使用液 0.00 mL、0.50 mL、1.00 mL、1.50 mL、2.00 mL 和 3.00 mL 于 6 个 100 mL 容量瓶中，用 1％的硝酸溶液定容，即得到含镉量分别为 0.0 ng/mL、0.5 ng/mL、1.0 ng/mL、1.5 ng/mL、2.0 ng/mL 和 3.0 ng/mL 的标准系列溶液。

(19) 铅标准储备液($\rho_{Pb}=1000$ mg/L)：准确称取 1.000 g 金属铅(99.99％)，分次加少量硝酸溶液(1∶1)，加热溶解，总量不超过 37 mL，移入 1000 mL 容量瓶，加水至刻度，混匀。或购买有证标准溶液。

(20) 铅标准中间液($\rho_{Pb}=10$ mg/L)：吸取铅标准储备液 2.50 mL 于 250 mL 容量瓶中，用 1％的硝酸溶液定容。

(21) 铅标准使用液($\rho_{Pb}=1$ μg/mL)：吸取铅标准中间液 25.0 mL 于 250 mL 容量瓶中，用硝酸溶液(1％)定容，配制成 $\rho_{Pb}=1$ μg/mL 的标准使用液。

(22) 铅标准曲线系列溶液：准确吸取铅标准使用液 0.00 mL、1.00 mL、2.00 mL、4.00 mL、6.00 mL、8.00 mL 于 6 个 100 mL 容量瓶中，用 1％的硝酸溶液定容，即得到含铅分别为 0.0 ng/mL、10.0 ng/mL、20.0 ng/mL、40.0 ng/mL、60.0 ng/mL、80.0 ng/mL 的标准系列溶液。

(23) 硝酸溶液(1∶4)：取 50 mL 浓硝酸慢慢加入 200 mL 水中。

五、实验步骤

1. 样品制备

(1) 干样品：粮食、豆类，去除杂质；坚果类去杂质、去壳；磨碎成均匀的样品，颗粒度不大于 0.425 mm(过 40 目筛)。储于洁净的塑料瓶中，并贴上标签，于室温下或按样品保存条件保存备用。

(2) 鲜(湿)样品：蔬菜、水果、肉类、鱼类及蛋类等，用食品加工机打成匀浆或碾磨成匀浆，储于洁净的塑料瓶中，并贴上标签，于 −18～−16 ℃冰箱中保存备用。

(3) 液态样品：按样品保存条件保存备用，含气样品使用前应除气。

2. 样品消解

可根据实验室条件选用以下任何一种方法消解，称量时应保证样品的均匀性。

(1) 压力消解罐消解法：称取干样品 0.3～0.5 g(精确至 0.0001 g)、鲜(湿)样品 1～2 g(精确到 0.001 g)于聚四氟乙烯内罐，加浓硝酸 5 mL 浸泡过夜。再加 30％的过氧化氢溶液 2～3 mL(总量不能超过罐容积的 1/3)，盖好内盖，旋紧不锈钢外套，放入恒温干燥箱，120～160 ℃保持 4～6 h，在箱内自然冷却至室温，打开后加热赶酸至近干，将消化液洗入 10 mL 或 25 mL 容量瓶中，用少量 1％的硝酸溶液洗涤内罐和内盖 3 次，洗液合并于容量瓶中并用 1％

的硝酸溶液定容,混匀备用;同时做试剂空白试验。

(2) 微波消解:称取干样品 0.3～0.5 g(精确至 0.0001 g)、鲜(湿)样品 1～2 g(精确到 0.001 g)置于微波消解罐中,加 5 mL 浓硝酸和 2 mL 30%的过氧化氢。微波消解程序可以根据仪器型号调至最佳条件。消解完毕,待消解罐冷却后打开,消化液呈无色或淡黄色,加热赶酸至近干,用少量 1%的硝酸溶液冲洗消解罐 3 次,将溶液转移至 10 mL 或 25 mL 容量瓶中,并用 1%的硝酸溶液定容,混匀备用;同时做试剂空白试验。

(3) 湿式消解法:称取干样品 0.3 ～0.5 g(精确至 0.0001 g)、鲜(湿)样品 1～2 g(精确到 0.001 g)于锥形瓶中,放数粒玻璃珠,加 10 mL 硝酸-高氯酸混合溶液(9:1),加盖浸泡过夜,加一小漏斗在电热板上消化,若变棕黑色,再加浓硝酸,直至冒白烟,消化液呈无色透明或略带微黄色,放冷后将消化液洗入 10 mL 或 25 mL 容量瓶中,用少量 1%的硝酸溶液洗涤锥形瓶 3 次,洗液合并于容量瓶中并用 1%的硝酸溶液定容,混匀备用;同时做试剂空白试验。

(4) 干法灰化:称取 0.3～0.5 g 干样品(精确至 0.0001 g)、鲜(湿)样品 1～2 g(精确到 0.001 g)、液态样品 1～2 g(精确到 0.001 g)于瓷坩埚中,先小火在可调式电炉上炭化至无烟,移入马弗炉 500 ℃灰化 6～8 h,冷却。若个别样品灰化不彻底,加 1 mL 硝酸-高氯酸混合溶液(9:1)在可调式电炉上小火加热,将硝酸-高氯酸混合溶液(9:1)蒸干后,再转入马弗炉中 500 ℃继续灰化 1～2 h,直至样品消化完全,呈灰白色或浅灰色。放冷,用 1%的硝酸溶液将灰分溶解,将样品消化液移入 10 mL 或 25 mL 容量瓶中,用少量 1%硝酸溶液洗涤瓷坩埚 3 次,洗液合并于容量瓶中并用 1%的硝酸溶液定容,混匀备用;同时做试剂空白试验。

3. 设置仪器测定参数

根据所用仪器型号将仪器调至最佳状态,原子吸收分光光度计测定参考条件如下。

(1) 测定镉:镉空心阴极灯,波长 228.8 nm,狭缝 0.2～1.0 nm,灯电流 2～10 mA,干燥温度 105 ℃,干燥时间 20 s;灰化温度 400～700 ℃,灰化时间 20～40 s;原子化温度 1300～2300 ℃,原子化时间 3～5 s;背景校正为氘灯或塞曼效应。

(2) 测定铅:铅空心阴极灯,波长 283.3 nm,狭缝 0.2～1.0 nm,灯电流 5～7 mA,干燥温度 120 ℃,干燥时间 20 s;灰化温度 450 ℃,灰化时间 15～20 s;原子化温度 1700～2300 ℃,原子化时间 4～5 s;背景校正为氘灯或塞曼效应。

4. 标准曲线的制作

将标准曲线工作液按浓度由低到高的顺序各取 20 μL 注入石墨炉,测其吸光度,以标准曲线工作液的浓度为横坐标,相应的吸光度为纵坐标,绘制标准曲线并求出吸光度与浓度关系的一元线性回归方程。

5. 样品溶液的测定

在测定标准曲线工作液相同的实验条件下,吸取样品消化液 20 μL(可根据使用仪器选择最佳进样量),注入石墨炉,测其吸光度。代入标准系列的一元线性回归方程中求样品消化液中镉(或铅)的含量,平行测定次数不少于两次。若测定结果超出标准曲线范围,用 1%的硝酸溶液稀释后再行测定。

6. 基体改进剂的使用

对有干扰的样品,应和样品消化液一起注入石墨炉 5 μL 基体改进剂(10 g/L 的磷酸二氢铵溶液),绘制标准曲线时也要加入与样品测定时等量的基体改进剂。

六、数据记录与处理

样品中镉(或铅)含量按式(5.48.1)进行计算:

$$X = \frac{(c_1 - c_0) \times V}{m \times 1000} \tag{5.48.1}$$

式中:X——样品中镉(或铅)含量,mg/kg 或 mg/L;

c_1——样品消化液中镉(或铅)含量,ng/mL;

c_0——空白液中镉(或铅)含量,ng/mL;

V——样品消化液定容总体积,mL;

m——样品质量或体积,g 或 mL;

1000——换算系数。

七、注意事项

(1) 实验所用玻璃仪器均需以硝酸溶液(1∶4)浸泡 24 h 以上,用水反复冲洗,最后用去离子水冲洗干净。

(2) 标准系列溶液应为不少于 5 个点的不同浓度的标准溶液,相关系数应不小于 0.995。如果有自动进样装置,也可用程序稀释来配制标准系列。

(3) 湿法消解要在通风良好的通风橱内进行,对含油脂的样品,尽量避免用湿式消解法消化,最好采用干法灰化,如果必须采用湿式消解法消化,样品的取样量最大不能超过 1 g。

(4) 在重复性条件下获得的两次独立测定结果的绝对差值不得超过算术平均值的 20%,否则,应重新消解测定。用重复性条件下获得的两次独立测定结果的算术平均值表示,结果保留两位有效数字。

(5) 本实验主要参考国家标准 GB/T 5009.15—2014 和 GB/T 5009.12—2010。

(6) 实验时可选择镉或铅一种元素测定。

实验 49　电感耦合等离子体质谱法测定食品中总砷

一、实验目的

(1) 了解电感耦合等离子体质谱仪的结构、组成和基本原理。

(2) 学习电感耦合等离子体质谱仪的基本操作。

(3) 进一步学习生物样品的消解方法。

二、方法原理

样品经酸消解处理为样品溶液,样品溶液经雾化由载气送入电感耦合等离子体(ICP)炬管中,经过蒸发、解离、原子化和离子化等过程,转化为带电荷的离子,经离子采集系统进入质谱仪,质谱仪根据质荷比进行分离。对于一定的质荷比,质谱的信号强度与进入质谱仪的离子数成正比,即样品浓度与质谱信号强度成正比。通过测量质谱的信号强度对样品溶液中的砷元素进行测定。

称样量为 1 g,定容体积为 25 mL 时,本方法检出限为 0.003 mg/kg,本方法定量测定下限为 0.010 mg/kg。

三、实验仪器设备

(1) 电感耦合等离子体质谱仪(ICP-MS)。

(2) 微波消解系统。

(3) 压力消解罐。

(4) 恒温干燥箱(50～300 ℃)。

(5) 控温电热板(50～200 ℃)。

(6) 超声水浴箱。

(7) 实验室其他常用仪器设备和玻璃器皿。

四、实验试剂与材料

本实验所用试剂除另有说明外,其他均为优级纯试剂,实验用水均为超纯水(符合 GB/T 6682—2008 规定的一级水要求)。

(1) 浓硝酸(HNO_3):MOS 级(电子工业专用高纯化学品)、BV(Ⅲ)级。

(2) 过氧化氢(H_2O_2),30%。

(3) 质谱调谐液:Li、Y、Ce、Ti、Co,推荐使用浓度为 10 ng/mL。

(4) 内标储备液:Ge,浓度为 100 μg/mL(有证标准溶液)。

(5) 氢氧化钠(NaOH)。

(6) 硝酸溶液(2%):量取 20 mL 浓硝酸,缓缓倒入 980 mL 水中,混匀。

(7) 内标溶液 Ge 或 Y,1.0 μg/mL:取 1.0 mL 内标溶液,用 2%的硝酸溶液稀释并定容至 100 mL。

(8) 氢氧化钠溶液(100 g/L):称取 10.0 g 氢氧化钠,溶于 100 mL 水中。

(9) 三氧化二砷(As_2O_3)标准品:纯度≥99.5%。

(10) 砷标准储备液(ρ_{As}＝100 mg/L):准确称取于 100 ℃干燥 2 h 的三氧化二砷(As_2O_3) 0.0132 g,加 1 mL 100 g/L 的氢氧化钠溶液和少量水溶解,转入 100 mL 容量瓶中,加入适量盐酸调整其酸度近中性,用水稀释至刻度。4 ℃避光保存,保存期一年。或购买有证标准溶液。

(11) 砷标准使用液(ρ_{As}＝1.00 mg/L):准确吸取 1.00 mL 砷标准储备液于 100 mL 容量瓶中,用 2%的硝酸溶液稀释定容至刻度,现用现配。

五、实验步骤

1. 样品预处理

(1) 粮食、豆类等样品去杂物后粉碎,过 40 目筛,混匀,装入洁净聚乙烯瓶中,密封保存备用。

(2) 蔬菜、水果、鱼类、肉类及蛋类等新鲜样品,洗净晾干,取可食部分匀浆,装入洁净聚乙烯瓶中,密封,于 4 ℃冰箱冷藏备用。

在采样和制备过程中,应注意不使试样污染。

2. 样品消解

选用下列方法之一消解样品。

1) 微波消解法

蔬菜、水果等含水分高的样品,称取 2.0～4.0 g(精确至 0.001 g)样品于消解罐中,加入 5 mL 浓硝酸,放置 30 min;粮食、肉类、鱼类等样品,称取 0.2～0.5 g(精确至 0.0001 g)样品于消解罐中,加入 5 mL 浓硝酸,放置 30 min,盖好安全阀,将消解罐放入微波消解系统中,根据不同类型的样品,设置适宜的微波消解程序(见注意事项),按相关步骤进行消解,消解完全后赶酸,将消化液转移至 25 mL 容量瓶或比色管中,用少量水洗涤内罐 3 次,合并洗涤液并定容至刻度,混匀,同时做空白试验。

2) 高压密闭消解法

称取固体样品 0.20～1.0 g(精确至 0.0001 g),湿样品 1.0～5.0 g(精确至 0.001 g)或取液体样品 2.00～5.00 mL 于消解内罐中,加入 5 mL 浓硝酸浸泡过夜。盖好内盖,旋紧不锈钢外套,放入恒温干燥箱,140～160 ℃保持 3～4 h,自然冷却至室温,然后缓慢旋松不锈钢外套,将消解内罐取出,用少量水冲洗内盖,放在控温电热板上于 120 ℃赶去棕色气体。将消化液转移至 25 mL 容量瓶或比色管中,用少量水洗涤内罐 3 次,合并洗涤液并定容至刻度,混匀,同时做空白试验。

3. 设置仪器测定条件

参考条件:RF 功率 1550 W;载气流速 1.14 L/min;采样深度 7 mm;雾化室温度 2 ℃;Ni 采样锥,Ni 截取锥。

质谱干扰主要来源于同量异位素、多原子、双电荷离子等,可采用最优化仪器条件、干扰校正方程校正或采用碰撞池、动态反应池等技术方法消除干扰。砷的干扰校正方程为^{75}As＝^{75}As－^{77}M(3.127)＋^{82}M(2.733)－^{83}M(2.757);采用内标校正、稀释样品等方法校正非质谱干扰。砷的 m/z 为 75,选^{72}Ge 为内标元素。

推荐使用碰撞/反应池技术,在没有碰撞/反应池技术的情况下使用干扰方程消除干扰的影响。

4. 标准曲线的制作

吸取适量砷标准使用液(1.00 mg/L),用 2%的硝酸溶液配制砷浓度分别为 0.00 ng/mL、1.0 ng/mL、5.0 ng/mL、10 ng/mL、50 ng/mL 和 100 ng/mL 的标准系列溶液。

当仪器真空度达到要求时,用调谐液调整仪器灵敏度、氧化物、双电荷、分辨率等各项指标,当仪器各项指标达到测定要求,编辑测定方法、选择相关消除干扰方法、引入内标,观测内标灵敏度、脉冲与模拟模式的线性拟合,符合要求后,将标准系列引入仪器。进行相关数据处理,绘制标准曲线,计算回归方程。

5. 样品溶液的测定

相同条件下,将试剂空白、样品溶液分别引入仪器进行测定,根据回归方程计算出样品中砷元素的浓度。

六、数据记录与处理

样品中砷含量按式(5.49.1)计算:

$$X=\frac{(c_1-c_0)\times V}{m\times 1000} \tag{5.49.1}$$

式中:X——样品中砷的含量,mg/kg 或 mg/L;

c_1——样品消化液中砷的测定浓度,ng/mL;

c_0——样品空白消化液中砷的测定浓度,ng/mL;

V——样品消化液总体积,mL;

m——样品质量或体积,g 或 mL;

1000——换算系数。

计算结果保留两位有效数字。

七、注意事项

(1) 在重复性条件下获得的两次独立测定结果的绝对差值不得超过算术平均值的 20%。

(2) 玻璃器皿及聚四氟乙烯消解内罐均需以硝酸溶液(1:4)浸泡 24 h,用水反复冲洗,最后用去离子水冲洗干净。

(3) 微波消解程序的参考条件见表 5.49.1。

表 5.49.1　微波消解参考条件

样品类型	步骤	微波功率		升温时间/min	控制温度/℃	保持时间/min
粮食、蔬菜类	1	1200 W	100%	5	120	6
	2	1200 W	100%	5	160	6
	3	1200 W	100%	5	190	20
乳制品肉类鱼肉类	1	1200 W	100%	5	120	6
	2	1200 W	100%	5	180	10
	3	1200 W	100%	5	190	15
油脂、糖类	1	1200 W	50%	30	50	5
	2	1200 W	70%	30	75	5
	3	1200 W	80%	30	100	5
	4	1200 W	100%	30	140	7
	5	1200 W	100%	30	180	5

(4) 本实验主要参考国家标准 GB/T 5009.11—2003。

实验 50　氢化物发生原子荧光光谱法测定食品中总砷

一、实验目的

(1) 进一步熟悉原子荧光光谱仪的操作。

(2) 学习生物样品的消解。

二、方法原理

食品样品经湿法消解或干灰化法处理后,加入硫脲使五价砷预还原为三价砷,再加入硼氢化钠或硼氢化钾使还原生成砷化氢,由氩气载入石英原子化器中分解为原子态砷,在高强度砷空心阴极灯的发射光激发下产生原子荧光,其荧光强度在固定条件下与被测液中的砷浓度成正比,与标准系列比较定量。

称样量为 1 g,定容体积为 25 mL 时,方法检出限为 0.010 mg/kg,测定下限为 0.040 mg/kg。

三、实验仪器设备

(1) 原子荧光光谱仪。

(2) 组织匀浆器。

(3) 高速粉碎机。

(4) 控温电热板:50~200 ℃。

(5) 马弗炉。

(6) 实验室其他常用仪器设备和玻璃器皿。

四、实验试剂和材料

本实验所用试剂除另有说明外,其他均为优级纯试剂,实验用水均为超纯水(符合 GB/T 6682—2008 规定的一级水要求)。

(1) 氢氧化钠(NaOH)。

(2) 氢氧化钾(KOH)。

(3) 硼氢化钾(KBH$_4$),分析纯。

(4) 硫脲(CH$_4$N$_2$O$_2$S),分析纯。

(5) 浓盐酸,ρ=1.19 g/mL。

(6) 浓硝酸,ρ=1.42 g/mL。

(7) 浓硫酸,ρ=1.84 g/mL。

(8) 高氯酸,ρ=1.68 g/mL。

(9) 硝酸镁[Mg(NO$_3$)$_2$·6H$_2$O],分析纯。

(10) 氧化镁(MgO),分析纯。

(11) 抗坏血酸(C$_6$H$_8$O$_6$)。

(12) 氢氧化钾溶液(5 g/L):称取 5.0 g 氢氧化钾(KOH),溶于水并稀释至 1000 mL。

(13) 硼氢化钾溶液(20 g/L):称取硼氢化钾(KBH$_4$)20.0 g,溶于 1000 mL 5 g/L 氢氧化钾溶液中,混匀。

(14) 硫脲-抗坏血酸溶液:称取 10.0 g 硫脲(CH$_4$N$_2$O$_2$S),加约 80 mL 水,加热溶解,待冷却后加入 10.0 g 抗坏血酸(C$_6$H$_8$O$_6$),稀释至 100 mL,现用现配。

(15) 氢氧化钠溶液(100 g/L):称取 10.0 g 氢氧化钠(NaOH),溶于水并稀释至 100 mL。

(16) 硝酸镁溶液(150 g/L):称取 15.0 g 硝酸镁[Mg(NO$_3$)$_2$·6H$_2$O],溶于水并稀释至 100 mL。

(17) 盐酸(1∶1):100 mL 浓盐酸,缓缓倒入 100 mL 水中,混匀。

(18) 硫酸溶液(1∶9):取浓硫酸 100 mL,缓缓倒入 900 mL 水中,混匀。

(19) 硝酸溶液(2%):量取浓硝酸 20 mL,缓缓倒入 980 mL 水中,混匀。

(20) 三氧化二砷(As$_2$O$_3$)标准品:纯度≥99.5%。

(21) 砷标准储备液(ρ_{As}=100 mg/L):准确称取 0.0132 g 于 100 ℃干燥 2 h 的三氧化二砷(As$_2$O$_3$),加 100 g/L 的氢氧化钠溶液 1 mL 和少量水溶解,转入 100 mL 容量瓶中,用盐酸(1∶1)调节酸度至近中性,加水稀释至刻度。4 ℃避光保存,保存期一年。或购买有证标准溶液。

（22）砷标准使用液（$\rho_{As}=1.00$ mg/L）：准确吸取 1.00 mL 砷标准储备液于 100 mL 容量瓶中，用 2% 的硝酸溶液稀释至刻度，现用现配。

五、实验步骤

1. 样品预处理

（1）粮食、豆类等样品去杂物后粉碎，过 40 目筛，混匀，装入洁净聚乙烯瓶中，密封保存。

（2）蔬菜、水果、鱼类、肉类及蛋类等新鲜样品，洗净晾干，取可食部分匀浆，装入洁净聚乙烯瓶中，密封，于 4 ℃冰箱冷藏备用。

2. 样品消解

实验时选择下列方法之一对样品进行消解。

1）湿法消解

固体样品称取 1.0～2.5 g、液体样品称取 5.0～10.0 g（或 mL）（精确至 0.001 g），置于 50～100 mL 锥形瓶中，同时做两份试剂空白。加浓硝酸 20 mL、高氯酸 4 mL、浓硫酸 1.25 mL，放置过夜。次日置于电热板上加热消解。若消解液处理至 1 mL 左右时仍有未分解物质或色泽变深，取下放冷，补加浓硝酸 5～10 mL，再消解至 2 mL 左右，如此反复两三次，注意避免炭化。继续加热至消解完全后，再持续蒸发至高氯酸的白烟散尽，硫酸的白烟开始冒出。冷却，加水 25 mL，再蒸发至冒硫酸白烟。冷却后用水将消解液转入 25 mL 容量瓶或比色管中，加入硫脲-抗坏血酸溶液 2 mL，补加水至刻度，混匀，放置 30 min，待测，按同一操作方法做空白试验。

2）干灰化法

固体样品称取 1.0～2.5 g，液体样品取 4.00 mL 或 4 g（精确至 0.001 g），置于 50～100 mL 坩埚中，同时做两份试剂空白。加 150 g/L 硝酸镁 10 mL，混匀，低热蒸干，将 1 g 氧化镁覆盖在干渣上，于电炉上炭化至无黑烟，移入 550 ℃马弗炉灰化 4 h。取出放冷，小心加入盐酸（1∶1）10 mL，以中和氧化镁并溶解灰分，转入 25 mL 容量瓶或比色管，加入硫脲-抗坏血酸溶液 2 mL，另用硫酸溶液（1∶9）多次洗涤坩埚后合并洗涤液，最后定容至 25 mL，混匀，放置 30 min，待测。按同一操作方法做空白试验。

3. 设置仪器测定参数

负高压：260 V。砷空心阴极灯电流：50～80 mA。载气（氩气）流速：500 mL/min。屏蔽气流速：800 mL/min。测量方式：荧光强度。读数方式：峰面积。

4. 标准曲线绘制

取 25 mL 容量瓶或比色管 6 支，依次准确加入 1.00 mg/L 砷标准使用液 0.00 mL、0.10 mL、0.25 mL、0.50 mL、1.50 mL 和 3.00 mL，各加硫酸溶液（1∶9）12.5 mL，硫脲-抗坏血酸溶液 2 mL，补加水至刻度混匀（分别相当于砷浓度 0.0 ng/mL、4.0 ng/mL、10 ng/mL、20 ng/mL、60 ng/mL、120 ng/mL），放置 30 min 后测定。

仪器预热稳定后，将试剂空白、标准系列溶液依次引入仪器进行原子荧光强度的测定。以原子荧光强度为纵坐标，砷浓度为横坐标绘制标准曲线，得到回归方程。

5. 样品溶液的测定

相同条件下，将样品溶液分别引入仪器进行测定，根据回归方程计算出样品中砷元素的浓度。

六、数据记录与处理

样品中总砷含量按式(5.50.1)计算：

$$X=\frac{(c_1-c_0)\times V}{m\times 1000}\qquad(5.50.1)$$

式中：X——样品中砷的含量，mg/kg 或 mg/L；

c_1——样品消化液中砷的测定浓度，ng/mL；

c_0——样品空白消化液中砷的测定浓度，ng/mL；

V——样品消化液总体积，mL；

m——样品质量或体积，g 或 mL；

1000——换算系数。

计算结果保留两位有效数字。

七、注意事项

(1) 在采样和样品制备过程中，应注意不要使样品污染。

(2) 玻璃器皿和坩埚均需以硝酸溶液(1∶4)浸泡 24 h，用水反复冲洗，最后用去离子水冲洗干净。

(3) 使用高氯酸消解有机物样品时，一定要先加浓硝酸浸泡过夜，再低温消解将大量有机物破坏以后，才能升高温度消解，也不能蒸干。因高温下，高氯酸遇大量有机物会爆炸，无水高氯酸也会爆炸。

(4) 消解需在通风橱内抽气情况下进行。

(5) 在重复性条件下获得的两次独立测定结果的绝对差值不得超过算术平均值的 20%。

(6) 本实验主要参考国家标准 GB/T 5009.11—2014。

实验 51　原子荧光光谱分析法测定食品中总汞

一、实验目的

(1) 了解原子荧光光谱仪测定汞的基本原理。

(2) 掌握生物样品的消解方法。

(3) 进一步熟悉原子荧光光谱仪的使用。

二、方法原理

样品经酸加热消解后，在酸性介质中，样品中汞被硼氢化钾或硼氢化钠还原成原子态汞，由载气(氩气)带入原子化器中，在汞空心阴极灯照射下，基态汞原子被激发至高能态，在由高能态回到基态时，发射出特征波长的荧光，其荧光强度与汞含量成正比，与标准系列溶液比较定量。

当称样量为 0.5 g，定容体积为 25 mL 时，本方法的检出限为 0.003 mg/kg，测定下限为 0.010 mg/kg。

三、实验仪器设备

（1）原子荧光光谱仪。

（2）微波消解系统。

（3）压力消解器。

（4）恒温干燥箱（50～300 ℃）。

（5）控温电热板（50～200 ℃）。

（6）超声水浴箱。

（7）小型粉碎机。

（8）组织捣碎机。

（9）实验室其他常见仪器设备和玻璃器皿。

四、实验试剂与材料

本实验所用试剂除另有说明外，其他均为优级纯试剂，实验用水均为超纯水（符合 GB/T 6682—2008 规定的一级水要求）。

（1）浓硝酸，$\rho = 1.42$ g/mL。

（2）过氧化氢（H_2O_2），30%。

（3）浓硫酸，$\rho = 1.84$ g/mL。

（4）氢氧化钾（KOH）。

（5）硼氢化钾（KBH_4），分析纯。

（6）硝酸溶液（1∶9）：量取 50 mL 浓硝酸，缓缓加入 450 mL 水中。

（7）硝酸溶液（5%）：量取 5 mL 浓硝酸，缓缓加入 95 mL 水中。

（8）氢氧化钾溶液（5 g/L）：称取 5.0 g 氢氧化钾（KOH），加水溶解并定容至 1000 mL。

（9）硼氢化钾溶液（5 g/L）：称取 5.0 g 硼氢化钾（KBH_4），用 5 g/L 的氢氧化钾溶液溶解并定容至 1000 mL，混匀，现用现配。

（10）重铬酸钾-硝酸溶液（0.5 g/L）：称取 0.05 g 重铬酸钾（$K_2Cr_2O_7$）溶于 100 mL 5% 的硝酸溶液中。

（11）硝酸-高氯酸混合溶液（5∶1）：量取 500 mL 浓硝酸、100 mL 高氯酸，混匀。

（12）氯化汞（$HgCl_2$）：纯度 ≥99%。

（13）汞标准储备液（$\rho_{Hg} = 1.00$ mg/mL）：准确称取 0.1354 g 经干燥过的氯化汞（$HgCl_2$），用 0.5 g/L 的重铬酸钾-硝酸溶液溶解并转移至 100 mL 容量瓶中，稀释至刻度，混匀，于 4 ℃ 冰箱中避光可保存 2 年；或购置有证标准溶液。

（14）汞标准中间液（$\rho_{Hg} = 10$ μg/mL）：吸取 1.00 mL 汞标准储备液于 100 mL 容量瓶中，用 0.5 g/L 的重铬酸钾-硝酸溶液稀释至刻度，混匀，于 4 ℃ 冰箱中避光可保存 2 年。

（15）汞标准使用液（$\rho_{Hg} = 50$ ng/mL）：吸取 0.50 mL 汞标准中间液于 100 mL 容量瓶中，用 0.5 g/L 的重铬酸钾-硝酸溶液稀释至刻度，混匀，此溶液现用现配。

五、实验步骤

1. 样品预处理

（1）粮食、豆类等样品去杂物后粉碎过 40 目筛，混匀，装入洁净聚乙烯瓶中，密封保存备用。

（2）蔬菜、水果、鱼类、肉类及蛋类等新鲜样品，洗净晾干，取可食部分用组织捣碎机捣成匀浆，装入洁净聚乙烯瓶中，密封，于 4 ℃冰箱中冷藏备用。

注意在采样和制备过程中，不能使样品污染。

2. 样品消解

实验时选择下列方法之一消解样品。

1）压力罐消解法

称取固体样品 0.2～1.0 g、新鲜样品 0.5 ～2.0 g（精确到 0.001 g）或液体样品吸取 1.00～5.00 mL（精确到 0.01 mL）置于消解内罐中，加入 5 mL 浓硝酸浸泡过夜。盖好内盖，旋紧不锈钢外套，放入恒温干燥箱，140～160 ℃保持 4 ～5 h，在箱内自然冷却至室温，然后缓慢旋松不锈钢外套，将消解内罐取出，用少量水冲洗内盖，放在控温电热板上或超声水浴箱中，于 80 ℃或超声脱气 2～5 min 赶去棕色气体。取出将消解内罐中消化液转移至 25 mL 容量瓶中，用少量水分 3 次洗涤内罐，洗涤液合并于容量瓶中并定容至刻度，混匀备用；同时做空白试验。

2）微波消解法

称取固体样品 0.2～0.5 g、新鲜样品 0.2～0.8 g（精确到 0.001 g）或液体样品 1～3 mL（精确到 0.01 mL）于消解罐中，加入 5～8 mL 浓硝酸，加盖放置过夜，旋紧罐盖，按照微波消解仪的标准操作步骤进行消解（消解参考条件见表 5.51.1）。冷却后取出，缓慢打开罐盖排气，用少量水冲洗内盖，将消解罐放在控温电热板上或超声水浴箱中，于 80 ℃加热或超声脱气 2～5 min 驱赶棕色气体，取出消解内罐，将消化液转移至 25 mL 塑料容量瓶中，用少量水分 3 次洗涤内罐，洗涤液合并于容量瓶中并定容至刻度，混匀备用，同时做空白试验。

3）回流消解法

粮食样品：称取 1.0～4.0 g（精确到 0.001 g）样品，置于消化装置锥形瓶中，加玻璃珠数粒，加 45 mL 浓硝酸、10 mL 浓硫酸，转动锥形瓶防止局部炭化。装上冷凝管后，小火加热，待开始发泡即停止加热，发泡停止后，加热回流 2 h。如加热过程中溶液变棕色，再加 5 mL 浓硝酸，继续回流 2 h，消解到样品完全溶解，一般呈淡黄色或无色，放冷后从冷凝管上端小心加 20 mL 水，继续加热回流 10 min 放冷，用适量水冲洗冷凝管，冲洗液并入消化液中，将消化液经玻璃棉过滤于 100 mL 容量瓶内，用少量水洗涤锥形瓶、滤器，洗涤液并入容量瓶内，加水至刻度，混匀备用，同时做空白试验。

植物油及动物油脂样品：称取 1.0 ～3.0 g（精确到 0.001 g）样品，置于消化装置锥形瓶中，加玻璃珠数粒，加入 7 mL 浓硫酸，小心混匀至溶液颜色变为棕色，然后加 40 mL 浓硝酸。装上冷凝管后，小火加热，以下和粮食样品一样处理，同时做空白试验。

薯类、豆制品样品：称取 1.0～4.0 g（精确到 0.001 g）样品，置于消化装置锥形瓶中，加玻璃珠数粒及 30 mL 浓硝酸、5 mL 浓硫酸，转动锥形瓶防止局部炭化。装上冷凝管后，小火加热，以下和粮食样品一样处理，同时做空白试验。

肉、蛋类样品：称取 0.5～2.0 g（精确到 0.001 g）样品，置于消化装置锥形瓶中，加玻璃珠数粒及 30 mL 浓硝酸、5 mL 浓硫酸，转动锥形瓶防止局部炭化。装上冷凝管后，小火加热，以下和粮食样品一样处理，同时做空白试验。

乳及乳制品样品：称取 1.0 ～4.0 g（精确到 0.001 g）乳或乳制品样品，置于消化装置锥形瓶中，加玻璃珠数粒及 30 mL 浓硝酸，乳样品加 10 mL 浓硫酸，乳制品样品加 5 mL 浓硫酸，转动锥形瓶防止局部炭化。装上冷凝管后,小火加热,以下和粮食样品一样处理,同时做空白试验。

3. 测定

1) 标准系列溶液配制

分别吸取 50 ng/mL 汞标准使用液 0.00 mL、0.20 mL、0.50 mL、1.00 mL、1.50 mL、2.00 mL 和 2.50 mL 于 7 只 50 mL 容量瓶中,用硝酸溶液(1∶9)稀释至刻度,混匀。对应汞浓度为 0.00 ng/mL、0.20 ng/mL、0.50 ng/mL、1.00 ng/mL、1.50 ng/mL、2.00 ng/mL 和 2.50 ng/mL。

2) 调试仪器,设定测定参数

光电倍增管负高压:240 V。汞空心阴极灯电流:30 mA。原子化器温度:300 ℃。载气流速:500 mL/min。屏蔽气流速:1000 mL/min。

3) 标准系列溶液测定

仪器调试完毕后,连续用硝酸溶液(1∶9)进样,待读数稳定之后,转入标准系列测量,绘制标准曲线。

4) 样品的测定

测定标准系列溶液后,再用硝酸溶液(1∶9)进样,使读数基本回零,再分别测定样品空白和样品消化液,每测不同的样品前都应清洗进样器。

六、数据记录与处理

样品中汞含量按式(5.51.1)计算:

$$X = \frac{(c_1 - c_0) \times V}{m \times 1000} \quad\quad\quad (5.51.1)$$

式中:X——样品中汞的含量,mg/kg 或 mg/L;

c_1——样品消化液中汞的测定浓度,ng/mL;

c_0——样品空白消化液中汞的测定浓度,ng/mL;

V——样品消化液总体积,mL;

m——样品质量或体积,g 或 mL;

1000——换算系数。

计算结果保留两位有效数字。

七、注意事项

(1) 玻璃器皿及聚四氟乙烯消解内罐均需以硝酸溶液(1∶4)浸泡 24 h,用水反复冲洗,最后用去离子水冲洗干净。

(2) 在重复性条件下获得的两次独立测定结果的绝对差值不得超过算术平均值的 20%。

(3) 微波消解程序和参考条件见表 5.51.1。

表 5.51.1　微波消解程序和参考条件

样品类型	步骤	功率(1600 W)变化/(%)	温度/℃	升温时间/min	保温时间/min
粮食、蔬菜、鱼肉类	1	50%	80	30	5
	2	80%	120	30	7
	3	100%	160	30	5

样品类型	步骤	功率(1600 W)变化/(%)	温度/℃	升温时间/min	保温时间/min
油脂、糖类	1	50%	50	30	5
	2	70%	75	30	5
	3	80%	100	30	5
	4	100%	140	30	7
	5	100%	180	30	5

（4）本实验主要参考国家标准 GB/T 5009.17—2014。

实验 52　多管发酵法测定水中总大肠菌群

一、实验目的

（1）掌握多管发酵法测定水中总大肠菌群的原理。
（2）掌握多管发酵法测定水中总大肠菌群的操作。

二、方法原理

微生物检验常用发酵法，又称稀释法，是一种利用统计学原理定量检测微生物浓度的方法。它根据不同稀释度一定体积样品中被检微生物存在与否的频率，查表求得样品中微生物的浓度，与直接报告菌落数的平板计数法不同，它最终报告的是样品中最有可能存在的目标微生物浓度，这个以最大可能存在的浓度为样品中目标微生物浓度，就被称为最大可能数（most probable number，缩写为 MPN）。

三、实验仪器设备

（1）高压蒸汽灭菌器。
（2）恒温培养箱、冰箱。
（3）生物显微镜、载玻片。
（4）酒精灯、镍铬丝接种棒。
（5）培养皿（直径 100 mm）、锥形瓶（500 mL、1000 mL）、采样瓶等。
（6）实验室其他常见仪器设备和玻璃器皿。

四、实验试剂与材料

本实验所用试剂除另有说明外，其他均为分析纯试剂，实验用水均为无菌蒸馏水（用新制备的去离子水或蒸馏水，按无菌操作要求，121 ℃高压蒸汽灭菌 20 min）。

1. 培养基

1）乳糖蛋白胨培养液

将 10 g 蛋白胨、3 g 牛肉膏、5 g 乳糖和 5 g 氯化钠加热溶解于 1000 mL 蒸馏水中，调节溶液 pH 值为 7.2～7.4，再加入 1.6%溴甲酚紫乙醇溶液 1 mL，充分混匀，分装于试管中，于 121 ℃高压蒸汽灭菌器中灭菌 15 min，储存于冷暗处备用。

2）三倍浓缩乳糖蛋白胨培养液

按上述乳糖蛋白胨培养液的制备方法配制。除蒸馏水外,各组分用量增加至原来的 3 倍。

3）品红亚硫酸钠培养基

(1) 储备培养基的制备:称取 20～30 g 琼脂于 2000 mL 烧杯中,加蒸馏水 900 mL,加热溶解,然后加 3.5 g 磷酸氢二钾(KH_2PO_4)及 10 g 蛋白胨,混匀,使其溶解,再加蒸馏水到 1000 mL,调节溶液 pH 值至 7.2～7.4,趁热用脱脂棉或绒布过滤,滤液再加 10 g 乳糖,混匀,定量分装于 250 mL 或 500 mL 锥形瓶内,置于高压蒸汽灭菌器中,在 121 ℃灭菌 15 min,储存于冷暗处备用。

(2) 平皿培养基的制备:将上法制备的储备培养基加热融化。根据锥形瓶内培养基的容量,用灭菌吸管按 1∶50 的比例吸取一定量的 5% 碱性品红乙醇溶液,置于灭菌试管中;再按 1∶200 的比例称取所需无水亚硫酸钠,置于另一灭菌空试管内,加灭菌水少许使其溶解,再置于沸水浴中煮沸 10 min(灭菌)。用灭菌吸管吸取已灭菌的亚硫酸钠溶液,滴加于碱性品红乙醇溶液中至深红色再退至淡红色为止(不宜加多)。将此混合液全部加入到已融化的储备培养基内,并充分混匀(防止产生气泡)。立即将此培养基适量(约 15 mL)倾入已灭菌的平皿内,待冷却凝固后,置于冰箱内备用,但保存时间不宜超过两周。如培养基已由淡红色变成深红色,则不能再用。

4）伊红美蓝培养基

(1) 储备培养基的制备:称取 20～30 g 琼脂于 2000 mL 烧杯中,加蒸馏水 900 mL,加热溶解。再加入 2 g 磷酸二氢钾(KH_2PO_4)及 10 g 蛋白胨,混合使之溶解,加蒸馏水到 1000 mL,调节溶液 pH 值至 7.2～7.4。趁热用脱脂棉或绒布过滤,滤液再加 10 g 乳糖,混匀后定量分装于 250 mL 或 500 mL 锥形瓶内,于 121 ℃高压灭菌 15 min,储于冷暗处备用。

(2) 平皿培养基的制备:将上述储备培养基融化,根据锥形瓶内培养基的容量,用灭菌吸管按比例分别吸取一定量已灭菌的 2% 伊红水溶液(0.4 g 伊红溶于 20 mL 蒸馏水中)和一定量已灭菌的 0.5% 美蓝水溶液(0.065 g 美蓝溶于 13 mL 蒸馏水中),加入已融化的储备培养基内,并充分混匀(防止产生气泡),立即将此培养基适量倾入已灭菌的空平皿内,待冷却凝固后,置于冰箱内备用。

2. 革兰氏染色剂的配制

(1) 结晶紫染色液:将 20 mL 结晶紫乙醇饱和溶液(称取 4～8 g 结晶紫溶于 100 mL 95% 乙醇中)和 80 mL 1% 草酸铵(($NH_4)_2C_2O_4$)溶液混合、过滤。该溶液放置过久会产生沉淀,不能再用。

(2) 助染剂:将 1 g 碘与 2 g 碘化钾混合后,加入少许蒸馏水,充分振荡,待完全溶解后,用蒸馏水补充至 300 mL。此溶液两周内有效,当溶液由棕黄色变为淡黄色时应弃去。为易于储备,可将上述碘与碘化钾溶于 30 mL 蒸馏水中,临用前再加蒸馏水稀释。

(3) 脱色剂:95% 乙醇。

(4) 复染剂:将 0.25 g 沙黄加到 10 mL 95% 乙醇中,待完全溶解后,加 90 mL 蒸馏水。

五、实验步骤

1. 生活饮用水

(1) 初发酵试验:在两个装有已灭菌的 50 mL 三倍浓缩乳糖蛋白胨培养液的大试管或烧瓶中(内有倒管),以无菌操作各加入已充分混匀的水样 100 mL。在 10 支装有已灭菌的 5 mL

三倍浓缩乳糖蛋白胨培养液的试管中(内有倒管),以无菌操作加入充分混匀的水样 10 mL,混匀后置于 37 ℃恒温培养箱内培养 24 h。

(2)平板分离:上述各发酵管经培养 24 h 后,将产酸、产气及只产酸的发酵管分别接种于伊红美蓝培养基或品红亚硫酸钠培养基上,置于 37 ℃恒温培养箱内培养 24 h,挑选符合下列特征的菌落。

①伊红美蓝培养基上:深紫黑色,具有金属光泽的菌落;紫黑色,不带或略带金属光泽的菌落;淡紫红色,中心色较深的菌落。

②品红亚硫酸钠培养基上:紫红色,具有金属光泽的菌落;深红色,不带或略带金属光泽的菌落;淡红色,中心色较深的菌落。

(3)取有上述特征的群落进行革兰氏染色。

①用已培养 18~24 h 的培养物涂片,涂层要薄。

②将涂片在火焰上加温固定,待冷却后滴加结晶紫染色液,1 min 后用水洗去。

③滴加助染剂,1 min 后用水洗去。

④滴加脱色剂,摇动玻片,直至无紫色脱落为止(20~30 s),用水洗去。

⑤滴加复染剂,1 min 后用水洗去,晾干、镜检,呈紫色者为革兰氏阳性菌,呈红色者为阴性菌。

(4)复发酵试验:上述涂片镜检的菌落如为革兰氏阴性无芽孢的杆菌,则挑选该菌落的另一部分接种于装有普通浓度乳糖蛋白胨培养液的试管中(内有倒管),每管可接种分离自同一初发酵管(瓶)的最典型菌落 1~3 个,然后置于 37 ℃恒温培养箱中培养 24 h,有产酸、产气者(不论试管内气体多少皆作为产气论),即证实有大肠菌群存在。根据证实有大肠菌群存在的阳性管(瓶)数查表 5.52.1,报告每升水样中的大肠菌群数。

表 5.52.1　大肠菌群检数表

接种水样总量 300 mL（100 mL 2 份,10 mL 10 份）

10 mL 水量的阳性管数	100 mL 水量的阳性管数		
	0	1	2
	1 L 水中的大肠菌群数	1 L 水中的大肠菌群数	1 L 水中的大肠菌群数
0	<3	4	11
1	3	8	18
2	7	13	27
3	11	18	38
4	14	24	52
5	18	30	70
6	22	36	92
7	27	43	120
8	31	51	161
9	36	60	230
10	40	69	>230

2. 水源水

(1)于各装有 5 mL 三倍浓缩乳糖蛋白胨培养液的 5 个试管中(内有倒管),分别加入 10

mL 水样;于各装有 10 mL 乳糖蛋白胨培养液的 5 个试管中(内有倒管),分别加入 1 mL 水样;再于各装有 10 mL 乳糖蛋白胨培养液的 5 个试管中(内有倒管),分别加入 1 mL 1∶10 稀释的水样。共计 15 管,三个稀释度。将各管充分混匀,置于 37 ℃恒温培养箱内培养 24 h。

　　(2)平板分离和复发酵试验的检验步骤同生活饮用水的检验方法。

六、数据记录与处理

　　根据证实总大肠菌群存在的阳性管数,查表 5.52.2,即求得每 100 mL 水样中存在的总大肠菌群数。我国目前是以 1 L 为报告单位,故 MPN 值再乘以 10,即为 1 L 水样中的总大肠菌群数。

　　例如,某水样接种 10 mL 的 5 管均为阳性,接种 1 mL 的 5 管中有 2 管为阳性,接种 1∶10 的稀释水样 1 mL 的 5 管均为阴性。从表 5.52.2 中查检验结果 5-2-0,得知 100 mL 水样中的总大肠菌群数为 49 个,故 1 L 水样中的总大肠菌群数为 49×10＝490 个。

表 5.52.2　最可能数(MPN)表

出现阳性份数			每 100 mL 水样细菌数的最可能数	95％的可信限值	
10 mL 管	1 mL 管	0.1 mL 管		上限	下限
0	0	0	<2		
0	0	1	2	<0.5	7
0	1	0	2	<0.5	7
0	2	0	4	<0.5	11
1	0	0	2	<0.5	7
1	0	1	4	<0.5	11
1	1	0	4	<0.5	15
1	1	1	6	<0.5	15
1	2	0	6	<0.5	15
2	0	0	5	<0.5	13
2	0	1	7	1	17
2	1	0	7	1	17
2	1	1	9	2	21
2	2	0	9	2	21
2	3	0	12	3	28
3	0	0	8	1	19
3	0	1	11	2	25
3	1	0	11	2	25
3	1	1	14	4	34
3	2	0	14	4	34
3	2	1	17	5	46
3	3	0	17	5	46
4	0	0	13	3	31

出现阳性份数			每 100 mL 水样细菌数的最可能数	95％的可信限值	
10 mL 管	1 mL 管	0.1 mL 管		上限	下限
4	0	1	17	5	46
4	1	0	17	5	46
4	1	1	21	7	63
4	1	2	26	9	78
4	2	0	22	7	76
4	2	1	26	9	78
4	3	0	27	9	80
4	3	1	33	11	93
4	4	0	34	12	93
5	0	0	23	7	70
5	0	1	34	11	89
5	0	2	43	15	110
5	1	0	33	11	93
5	1	1	46	16	120
5	1	2	63	21	150
5	2	0	49	17	130
5	2	1	70	23	170
5	2	2	94	28	220
5	3	0	79	25	190
5	3	1	110	31	250
5	3	2	140	37	310
5	3	3	180	44	500
5	4	0	130	35	300
5	4	1	170	43	190
5	4	2	220	57	700
5	4	3	280	90	850
5	4	4	350	120	1000
5	5	0	240	68	750
5	5	1	350	120	1000
5	5	2	540	180	1400
5	5	3	920	300	3200
5	5	4	1600	640	5800
5	5	5	≥2400		

注：接种 5 份 10 mL 水样、5 份 1 mL 水样、5 份 0.1 mL 水样时,不同阳性及阴性情况下 100 mL 水样细菌数的最可能数和 95％的可信限值。

对污染严重的地表水和废水,初发酵试验的接种水样应做 1∶10、1∶100、1∶1000 或更高倍数的稀释,检验步骤同水源水检验方法。

如果接种的水样量不是 10 mL、1 mL 和 0.1 mL,而是较低或较高的三个浓度的水样量,也可查表求得 MPN 指数,再经式(5.52.1)换算成每 100 mL 的 MPN 值。

$$\text{MPN 值} = \text{PMN 指数} \times \frac{10(\text{mL})}{\text{接种量最大的一管}(\text{mL})} \quad\quad (5.52.1)$$

七、注意事项

(1) 实验用器皿、器具及采样器具试验前要按无菌操作要求包扎,121 ℃高压蒸汽灭菌 20 min,烘干,备用。

(2) 使用后的器皿及废弃物须经 121 ℃高压蒸汽灭菌 20 min 后,器皿方可清洗,废弃物作为一般废物处置。

(3) 品红亚硫酸钠培养基中无水亚硫酸钠的比例为 5 g/L(培养基),5%碱性品红乙醇溶液的比例为 20 mL/L(培养基)。

实验 53　纸片快速法测定水中总大肠菌群和粪大肠菌群

一、实验目的

(1) 掌握纸片快速法测定水中总大肠菌群和粪大肠菌群的原理。
(2) 掌握纸片快速法测定水中总大肠菌群和粪大肠菌群的操作要点。

二、方法原理

按 MPN 法,将一定量的水样以无菌操作的方式接种到吸附有适量指示剂(溴甲酚紫和氯化-2,3,5-三苯基四氮唑即 TTC)以及乳糖等营养成分的无菌滤纸上,在特定的温度(37 ℃或 44.5 ℃)培养 24 h,当细菌生长繁殖时,产酸使 pH 值降低,溴甲酚紫指示剂由紫色变黄色,同时,产气过程相应的脱氢酶在适宜的 pH 值范围内,催化底物脱氢还原 TTC 形成红色的不溶性三苯甲䐸(TTF),即可在产酸后的黄色背景下显示出红色斑点(或红晕)。通过上述指示剂的颜色变化就可对是否产酸产气作出判断,从而确定是否有总大肠菌群或粪大肠菌群存在,再通过查 MPN 表就可得出相应总大肠菌群或粪大肠菌群的浓度值。

三、实验仪器设备

(1) 恒温培养箱。
(2) 高压蒸汽灭菌器。
(3) 冰箱。
(4) 移液管。
(5) 试管:ϕ15 mm×150 mm。
(6) 采样瓶:250 mL。

四、实验试剂与材料

本实验所用试剂除另有说明外,其他均为分析纯试剂,实验用水均为无菌蒸馏水(用新制备的去离子水或蒸馏水,按无菌操作要求,121 ℃高压蒸汽灭菌 20 min。)。

(1) 市售水质总大肠菌群和粪大肠菌群测试纸片:10 mL 水样量纸片、1 mL 水样量纸片,按以下方法进行质量鉴定,达到要求后方可使用。

①外层铝箔包装袋应密封完好,内包装聚丙烯塑膜袋无破损。

②纸片外观应整洁无毛边,无损坏,呈均匀淡黄绿色,加无菌蒸馏水后呈紫色,无论加水与否,应无杂色斑点,无明显变形,表面平整,见彩图 1。

③纸片加入相应水样,充分浸润、吸收后,将内包装聚丙烯塑膜袋倒置,袋口应无水滴悬挂。

④纸片以无菌蒸馏水充分润湿后,其 pH 值应在 7.0~7.4 范围内。

⑤纸片和内包装聚丙烯塑膜袋应无菌,加入相应水量的无菌蒸馏水,(37±1) ℃培养 24 h后,纸片应无微生物生长,其紫色保持不变,且无红斑出现。

⑥按实验步骤的"4)对照试验"中的阳性及阴性对照方法进行总大肠菌群和粪大肠菌群阴性、阳性标准菌株检验,其特性应符合要求。

(2) 硫代硫酸钠溶液(0.10 g/mL):称取硫代硫酸钠($Na_2S_2O_3$)10 g,溶于适量无菌蒸馏水中,稀释至 100 mL,现配。

(3) 乙二胺四乙酸二钠(EDTA-Na_2)溶液(0.15 g/mL):称取 EDTA-Na_2($C_{10}H_{14}N_2O_8Na_2$ · $2H_2O$)15 g,溶于适量无菌蒸馏水中,稀释至 100 mL,此溶液保质期为 30 天。

五、实验步骤

1. 水样采集

与其他项目一同采样时,先单独采集微生物水样,采样瓶不得用水样洗涤,按无菌操作的要求采集水样约 200 mL 于灭菌的采样瓶中。

采集江、河、湖、库等地表水样时,可握住瓶子下部直接将带塞采样瓶插入水面下 10~15 cm 处,瓶口朝水流方向,拔瓶塞,使水样灌入瓶内然后盖上瓶塞,将采样瓶从水中取出。如果没有水流,可握住瓶子水平前推。采好水样后,迅速扎上无菌包装纸。

从龙头装置采集水样时,不要选用漏水的龙头,采水前将龙头打开至最大,放水 3~5 min,然后将龙头关闭,用火焰灼烧约 3 min 灭菌,开足龙头,再放水 1 min,以充分除去水管中的滞留杂质。采样时控制水流速度,小心接入瓶内。

采集地表水、废水水样及一定深度的水样时,可使用灭菌过的专用采样装置采样。

在同一采样点进行分层采样时,应自上而下进行,以免不同层次的搅扰。

2. 水样保存

采样后 2 h 内检测,否则,需 10 ℃以下冷藏并不得超过 6 h。水样带回实验室后,不能立即开展检测的,应将水样放入 0~4 ℃冰箱中并在 2 h 内测定。

3. 干扰和消除

如果采集的是含有余氯或经过加氯处理的水样,需在采样瓶灭菌前加入硫代硫酸钠溶液 0.2 mL。

注:10 mg 硫代硫酸钠可保证去除水样中 1.5 mg 余氯,硫代硫酸钠用量可根据水样实际余氯量调整。

如果采集的是重金属离子含量较高的水样,则在采样瓶灭菌前加入乙二胺四乙酸二钠(EDTA-Na_2)溶液 0.6 mL,以消除干扰。加入干扰消除剂的采样瓶经 121 ℃高压蒸汽灭菌 20

min,采样瓶外壁及包扎纸干燥后可用于水样采集。酸性水样,需在分析前按无菌操作要求调节水样的 pH 值至 7.0～8.0。

4. 分析步骤

以下步骤均在无菌操作的条件下进行。

1) 接种水样的准备

当每张纸片接种水样量为 10 mL 或 1 mL 时,充分混匀水样备用即可。

当每张纸片接种水样量小于 1 mL 时,水样应制成稀释水样后使用。接种量为 0.1 mL、0.01 mL 时,分别制成 1∶10 稀释水样、1∶100 稀释水样,其他接种量的稀释水样依次类推。

1∶10 稀释水样的制作方法:吸取 1 mL 水样,注入盛有 9 mL 无菌蒸馏水的试管中,混匀,制成 1∶10 稀释水样。其他稀释度的稀释水样同法制作。

2) 水样接种

(1) 接种量:每个水样按三个 10 倍递减的不同接种量接种,每个接种量分别接种 5 张纸片,共接种 15 张纸片。

根据水样的污染程度确定接种量,应尽可能使 5 个接种量最大的纸片为阳性、5 个接种量最小的纸片为阴性,避免出现所有三个不同接种量共 15 张纸片全部为阳性或者全部为阴性。

清洁水样的参考接种量分别为 10 mL、1 mL、0.1 mL,受污染水样参考接种量根据污染程度可接种 1 mL、0.1 mL、0.01 mL 或 0.1 mL、0.01 mL、0.001 mL 等,见表 5.53.1。

(2) 接种:清洁水样,接种水样总量为 55.5 mL,10 mL 水样量纸片 5 张,每张接种水样 10 mL;1 mL 水样量纸片 10 张,其中 5 张各接种水样 1 mL,另 5 张各接种 1∶10 的稀释水样 1 mL。受污染水样,接种 3 个不同稀释度的 1 mL 稀释水样各 5 张。

接种水样应均匀滴加在纸片上,纸片充分浸润、吸收水样,用手在聚丙烯塑膜袋外侧轻轻抚平,做好标记。

注:纸片加入水样后,短时间内变黄或退色,表明水样存在酸性物质或氧化剂干扰,需按干扰和消除的步骤去除干扰。

表 5.53.1　水样接种量参考表

水样类型	接种量/mL							
	10	1	0.1	10^{-2}	10^{-3}	10^{-4}	10^{-5}	10^{-6}
湖水,水源水	▲	▲	▲					
河水			▲	▲	▲			
生活污水					▲	▲	▲	
医疗机构排放污水(处理后)		▲	▲	▲				
禽畜养殖业等排放废水						▲	▲	▲

3) 培养

检测总大肠菌群时,在(37±1) ℃的条件下培养 18～24 h 后观察结果;检测粪大肠菌群时,在(44.5±0.5) ℃的条件下培养 18～24 h 后观察结果。

注:检测粪大肠菌群时,纸片接种后应立即放置于(44.5±0.5) ℃的恒温培养箱中培养,在常温下放置过久将影响检测结果的准确性。

4）对照试验

（1）空白对照：用无菌水做全程序空白测定，培养后的纸片上不得有任何颜色反应，否则，该次水样测定结果无效，应查明原因后重新测定。

（2）阳性及阴性对照：总大肠菌群测定的阳性菌株为大肠埃希菌（*Escherichia coli*），阴性菌株为金黄色葡萄球菌（*Staphylococcus aureus*）；粪大肠菌群测定的阳性菌株为大肠埃希菌（*Escherichia coli*），阴性菌株为产气肠杆菌（*Enterobacter aerogenes*）。

上述标准菌株均制成浓度为每毫升 300～3000 个的菌悬液，分别取相应水量的菌悬液接种于纸片上，阳性与阴性菌株各 5 张，按培养步骤的要求培养，大肠埃希菌应呈现阳性反应；金黄色葡萄球菌、产气肠杆菌应呈现阴性反应。否则，该次水样测定结果无效，应查明原因后重新测定。

注：可先制备较高浓度菌悬液，采用血球计数器在显微镜下对其浓度进行初步测定，然后根据实际情况用无菌蒸馏水稀释至每毫升 300～3000 个。

5）结果判读

（1）纸片上出现红斑或红晕且周围变黄，为阳性。

（2）纸片全片变黄，无红斑或红晕，为阳性。

（3）纸片部分变黄，无红斑或红晕，为阴性。

（4）纸片的紫色背景上出现红斑或红晕，而周围不变黄，为阴性。

（5）纸片无变化，为阴性。

结果判定参考图片见彩图 2。

六、数据记录与处理

1. 结果计算

根据不同接种量的阳性纸片数量，查最大可能数（MPN）表（表 5.53.2）得到 MPN 值（MPN/100 mL）。

表 5.53.2　最大可能数（MPN）表

（水样接种量为 5 份 10 mL，5 份 1 mL，5 份 0.1 mL）

各接种量阳性份数			MPN/100 mL	95％置信限		各接种量阳性份数			MPN/100 mL	95％置信限	
10 mL	1 mL	0.1 mL		下限	上限	10 mL	1 mL	0.1 mL		下限	上限
0	0	0	<2			3	0	0	8	1	19
0	0	1	2	<0.5	7	3	0	1	11	2	25
0	0	2	4	<0.5	7	3	0	2	13	3	31
0	0	3	5			3	0	3	16		
0	0	4	7			3	0	4	20		
0	0	5	9			3	0	5	23		
0	1	0	2	<0.5	7	3	1	0	11	2	25
0	1	1	4	<0.5	11	3	1	1	14	4	34
0	1	2	6	<0.5	15	3	1	2	17	5	46
0	1	3	7			3	1	3	20	6	60

续表

各接种量阳性份数			MPN/100 mL	95％置信限		各接种量阳性份数			MPN/100 mL	95％置信限	
10 mL	1 mL	0.1 mL		下限	上限	10 mL	1 mL	0.1 mL		下限	上限
0	1	4	9			3	1	4	23		
0	1	5	11			3	1	5	27		
0	2	0	4	<0.5	11	3	2	0	14	4	34
0	2	1	6	<0.5	15	3	2	1	17	5	46
0	2	2	7			3	2	2	20	6	60
0	2	3	9			3	2	3	24		
0	2	4	11			3	2	4	27		
0	2	5	13			3	2	5	31		
0	3	0	6	<0.5	15	3	3	0	17	5	46
0	3	1	7			3	3	1	21	7	63
0	3	2	9			3	3	2	24		
0	3	3	11			3	3	3	28		
0	3	4	13			3	3	4	32		
0	3	5	15			3	3	5	36		
0	4	0	8			3	4	0	21	7	63
0	4	1	9			3	4	1	24	8	72
0	4	2	11			3	4	2	28		
0	4	3	13			3	4	3	32		
0	4	4	15			3	4	4	36		
0	4	5	17			3	4	5	40		
0	5	0	9			3	5	0	25	8	75
0	5	1	11			3	5	1	29		
0	5	2	13			3	5	2	32		
0	5	3	15			3	5	3	37		
0	5	4	17			3	5	4	41		
0	5	5	19			3	5	5	45		
1	0	0	2	<0.5	7	4	0	0	13	3	31
1	0	1	4	<0.5	11	4	0	1	17	5	46
1	0	2	6	<0.5	15	4	0	2	21	7	63
1	0	3	8	1	19	4	0	3	25	8	75
1	0	4	10			4	0	4	30		
1	0	5	12			4	0	5	36		
1	1	0	4	<0.5	11	4	1	0	17	5	46

各接种量阳性份数			MPN/100 mL	95％置信限		各接种量阳性份数			MPN/100 mL	95％置信限	
10 mL	1 mL	0.1 mL		下限	上限	10 mL	1 mL	0.1 mL		下限	上限
1	1	1	6	<0.5	15	4	1	1	21	7	63
1	1	2	8	1	19	4	1	2	26	9	78
1	1	3	10			4	1	3	31		
1	1	4	12			4	1	4	36		
1	1	5	14			4	1	5	42		
1	2	0	6	<0.5	15	4	2	0	22	7	67
1	2	1	8	1	19	4	2	1	26	9	78
1	2	2	10	2	23	4	2	2	32	11	91
1	2	3	12			4	2	3	38		
1	2	4	15			4	2	4	44		
1	2	5	17			4	2	5	50		
1	3	0	8	1	19	4	3	0	27	9	80
1	3	1	10	2	23	4	3	1	33	11	93
1	3	2	12			4	3	2	39	13	110
1	3	3	15			4	3	3	45		
1	3	4	17			4	3	4	52		
1	3	5	19			4	3	5	59		
1	4	0	11	2	25	4	4	0	34	12	93
1	4	1	13			4	4	1	40	14	110
1	4	2	15			4	4	2	47		
1	4	3	17			4	4	3	54		
1	4	4	19			4	4	4	62		
1	4	5	22			4	4	5	69		
1	5	0	13			4	5	0	41	16	120
1	5	1	15			4	5	1	48		
1	5	2	17			4	5	2	56		
1	5	3	19			4	5	3	64		
1	5	4	22			4	5	4	72		
1	5	5	24			4	5	5	81		
2	0	0	5	<0.5	13	5	0	0	23	7	70
2	0	1	7	1	17	5	0	1	31	11	89
2	0	2	9	2	21	5	0	2	43	15	110
2	0	3	12	3	28	5	0	3	58	19	140

各接种量阳性份数			MPN/100 mL	95%置信限		各接种量阳性份数			MPN/100 mL	95%置信限	
10 mL	1 mL	0.1 mL		下限	上限	10 mL	1 mL	0.1 mL		下限	上限
2	0	4	14			5	0	4	76	24	180
2	0	5	16			5	0	5	95		
2	1	0	7	1	17	5	1	0	33	11	93
2	1	1	9	2	21	5	1	1	46	16	120
2	1	2	12	3	28	5	1	2	63	21	150
2	1	3	14			5	1	3	84	26	200
2	1	4	17			5	1	4	110		
2	1	5	19			5	1	5	130		
2	2	0	9	2	21	5	2	0	49	17	130
2	2	1	12	3	28	5	2	1	70	23	170
2	2	2	14	4	34	5	2	2	94	28	220
2	2	3	17			5	2	3	120	33	280
2	2	4	19			5	2	4	150	38	370
2	2	5	22			5	2	5	180	44	520
2	3	0	12	3	28	5	3	0	79	25	190
2	3	1	14	4	34	5	3	1	110	31	250
2	3	2	17			5	3	2	140	37	340
2	3	3	20			5	3	3	180	44	500
2	3	4	22			5	3	4	210	53	670
2	3	5	25			5	3	5	250	77	790
2	4	0	15	4	37	5	4	0	130	35	300
2	4	1	17			5	4	1	170	43	490
2	4	2	20			5	4	2	220	57	700
2	4	3	23			5	4	3	280	90	850
2	4	4	25			5	4	4	350	120	1000
2	4	5	28			5	4	5	430	150	1200
2	5	0	17			5	5	0	240	68	750
2	5	1	20			5	5	1	350	120	1000
2	5	2	23			5	5	2	540	180	1400
2	5	3	26			5	5	3	920	300	3200
2	5	4	29			5	5	4	1600	640	5800
2	5	5	32			5	5	5	≥2400	800	

按式(5.53.1)换算并报告 1 L 水样中总大肠菌群或粪大肠菌群数：

$$c = 100 \frac{M}{Q} \qquad (5.53.1)$$

式中：c——水样总大肠菌群或粪大肠菌群浓度，MPN/L；

　　M——查 MPN 表得到的 MPN 值，MPN/100 mL；

　　Q——实际水样最大接种量，mL；

　　100——为 10×10 mL，其中，10 将 MPN 值的单位 MPN/100 mL 转换为 MPN/L，10 mL 为 MPN 表中最大接种量。

2. 结果表示

测定结果保留两位有效数字，大于等于 100 时以科学计数法表示，结果的单位为 MPN/L，平均值以几何平均计算。

七、注意事项

(1) 必须使用质量鉴定合格的纸片。

(2) 每批水样都要进行全程序空白测定，并使用有证标准菌株进行阳性、阴性对照试验。

(3) 移液管、试管、采样瓶等玻璃器皿及采样器具试验前要按无菌操作要求包扎，121 ℃高压蒸汽灭菌 20 min，烘干，备用。

(4) 使用后的器皿及废弃物须经 121 ℃高压蒸汽灭菌 20 min 后，器皿方可清洗，废弃物作为一般废物处置。

(5) 本实验主要参考国家环境标准 HJ 755—2015。

第6章 物理性污染监测实验

实验 54 校园声环境质量监测

一、实验目的

(1) 熟练掌握声级计的使用。
(2) 掌握区域环境噪声的监测方法。
(3) 学习对非稳态无规则噪声监测数据的处理方法。
(4) 学会噪声污染图的绘制。

二、方法原理

运用声级计测量选定测点的瞬时 A 声级,并对测得的瞬时 A 声级值进行处理,从大到小排列,找出 L_{10}(噪声的平均峰值即 10% 的时间超过的噪声级)、L_{16}(16% 的时间超过的噪声级)、L_{50}(噪声的平均值即 50% 的时间超过的噪声级)、L_{84}(84% 的时间超过的噪声级)、L_{90}(噪声的本底值即 90% 的时间超过的噪声级)、最大值 L_{max} 和最小值 L_{min},按式(6.54.1)、式(6.54.2)和式(6.54.3)计算连续等效声级 L_{eq} 和标准偏差 δ,并按表 6.54.4 绘制噪声分布直框图。

$$L_{eq} = L_{50} + d^2/60 \qquad (6.54.1)$$
$$d = L_{10} - L_{90} \qquad (6.54.2)$$
$$\delta \approx (L_{16} - L_{84})/2 \qquad (6.54.3)$$

三、实验仪器设备

(1) PSJ-2 型声级计。
(2) 声校准器。
(3) 声级记录仪。
(4) 三脚架。

四、实验步骤

1. 资料收集与现场调查

(1) 校园规划(功能分区)图,包括学生宿舍区、食堂、教工住宅区、教学区、实验区、实习工厂区、体育场所等。

(2) 调查校园主要声源(建筑工地、实习工厂、交通车辆、食堂风机等)和外部声源(周边交通噪声、工厂、工地等)。

2. 测点的选择

将校园(或某区域)划分为 25 m×25 m 的网格,测点选在每个网格的中心,若中心位置不适合测量,可移动到旁边可测量位置,在图纸上标注每个测点的位置。

3. 测量条件的选择

(1) 天气条件要求无雨雪,风速小于五级。

(2) 声级计应保持传声器膜片清洁;声级计固定在三脚架上,距离地面 1.2 m,传声器指向被测声源;声级计应远离人身,减少人身对测量的影响。

(3) 风速在三级以上,必须在传声器上加防风罩,以避免风噪声干扰;风速大于五级应停止测量。

4. 测量

以 3~4 人为一组,配置一台声级计,首先检查声级计是否正常,并进行统一校准,然后按顺序到各测点测量。读数方式采用慢挡,每隔 5 s 读取 1 个瞬时 A 声级,连续读取 200 个数据,读数的同时要判断和记录附近主要声源(如交通噪声、施工噪声、生活噪声、锅炉噪声等),记录天气条件。每个网格测点至少测量 3 次,时间间隔尽可能相同。

五、数据记录与处理

1. 数据记录

1) 测点基本信息

将声环境测点的基础信息填入表 6.54.1。

表 6.54.1　声环境测点基础信息表

监测时间:＿＿＿＿＿＿＿　　　　　　监测组别:＿＿＿＿＿＿＿

测点代码	测点名称	测点经度	测点纬度	测点高度/m	测点参照物	备注

负责人:　　　　　　　审核人:　　　　　　　填表人:

2) 现场测量记录表

将声环境监测现场数据记入表 6.54.2。

表 6.54.2　声环境监测现场记录表

监测组别:＿＿＿＿＿＿　网格编号:＿＿＿＿＿＿　测点名称 :＿＿＿＿＿＿

监测仪器(型号、编号):＿＿＿＿＿＿　声校准器(型号、编号):＿＿＿＿＿＿　监测前校准值(dB):＿＿＿＿＿＿

监测后校准值(dB):＿＿＿＿＿＿　声源代码:＿＿＿＿＿＿　气象条件:＿＿＿＿＿＿

第一次测定 (测定时间:＿＿＿＿＿)		第二次测定 (测定时间:＿＿＿＿＿)		第三次测定 (测定时间:＿＿＿＿＿)	
顺序	瞬时 A 声级/dB	顺序	瞬时 A 声级/dB	顺序	瞬时 A 声级/dB
1		1		1	
2		2		2	
3		3		3	
4		4		4	
⋮		⋮		⋮	
200		200		200	

负责人:　　　　　审核人:　　　　　测试人员:　　　　　监测日期:

注:声源代码:1.交通噪声;2.工业噪声;3.施工噪声;4.生活噪声。两种以上噪声填主噪声。除交通、工业、施工噪声外的其他噪声归入生活噪声。

2. 数据统计计算与评价

1) 数据统计计算

采用 excel 表,将所测得的 200 个瞬时 A 声级数据从大到小排序,找到 L_{10}(第 20 个数据)、L_{16}(第 32 个数据)、L_{50}(第 100 个数据)、L_{84}(第 168 个数据)、L_{90}(第 180 个数据)。按式(6.54.1)、式(6.54.2)和式(6.54.3)计算等效声级和标准偏差 δ,将计算结果列于表6.54.3。

表 6.54.3　区域声环境监测结果统计表

监测组别:_____　　监测仪器(型号、编号):_____　　声校准器(型号、编号):_____

监测前校准值(dB):_____　　监测后校准值(dB):_____　　监测日期:____年___月___日

网格编号	测点名称	监测时间	L_{eq}	L_{10}	L_{50}	L_{90}	L_{max}	L_{min}	标准偏差	声源代码

2) 区域噪声污染图的绘制

区域环境噪声污染可用等效声级 L_{eq} 绘制区域噪声污染图进行评价,以 5 dB 为一个等级,在地图上用不同颜色的阴影表示各区域噪声的大小。各噪声带颜色和阴影表示规定见表6.54.4。

表 6.54.4　各噪声带颜色和阴影表示规定

噪声带/dB	颜色	阴影线	噪声带/dB	颜色	阴影线
≤35	浅绿色	小点,低密度	61~65	朱红色	交叉线,低密度
36~40	绿色	中点,中密度	66~70	洋红色	交叉线,中密度
41~45	深绿色	大点,高密度	71~75	紫红色	交叉线,高密度
46~50	黄色	垂直线,低密度	76~80	蓝色	宽条垂直线
51~55	褐色	垂直线,中密度	81~85	深蓝色	全黑
56~60	橙色	垂直线,高密度			

六、注意事项

(1) 测量时要注意天气状况,要求在无雨无雪时测量,风力在三级以上必须加防风罩(以避免风声干扰),风力在五级以上应停止测量。

(2) 声级计应保持传声器膜片清洁,测量时要求传声器距离地面 1.2 m。

(3) 不同的声级计的校准方法和使用方法可能会有所不同,使用前认真阅读使用说明书,按照说明书要求进行校准和测量。

(4) 其他不明事项可参考环境标准 HJ 640—2012 和国家标准 GB 3096—2008。

实验 55　道路交通噪声监测

一、实验目的

（1）掌握声级计的使用方法，学会用普通声级计测量交通噪声。

（2）熟练计算等效声级、统计声级和标准偏差。

（3）学习道路交通噪声的评价。

二、实验原理

随着城市机动车辆数量的增长，交通干线迅速发展，交通噪声日益成为城市的主要噪声。噪声监测的结果用于分析噪声污染的现状及变化趋势，也为噪声污染的规划管理和综合整治提供基础数据。

运用声级计测量选定测点的瞬时 A 声级，并对测得的瞬时值进行处理，找出 L_{10}、L_{50}、L_{90}、L_{max}、L_{min}，计算 L_{eq} 和标准偏差 δ。

$$L_{eq} = L_{50} + d^2/60 \tag{6.55.1}$$

$$d = L_{10} - L_{90} \tag{6.55.2}$$

$$\delta \approx (L_{16} - L_{84})/2 \tag{6.55.3}$$

式中各参数意义与本章实验 54 中式（6.54.1）、式（6.54.2）和式（6.54.3）相同。

三、实验仪器设备

（1）PSJ-2 型声级计。

（2）声校准器。

（3）声级记录仪。

（4）三脚架。

四、实验步骤

（1）监测条件：天气条件要求在无雨无雪时进行操作，应保持声级计传声器膜片清洁，风力在三级以上必须加防风罩，以免风噪声干扰；五级以上大风应停止测量。声级计要固定在三脚架上，距离地面 1.2 m，传声器应水平放置，同时将传声器指向被测声源。声级计应尽量远离人身，传声器应离人 0.5 m 以上，以减少人身对测量的影响。

（2）选择测点：测点选在路段两路口之间，距任一路口的距离大于 50 m，路段不足 100 m 的选路段中点，测点位于人行道上距路面（含慢车道）20 cm 处，测点应避开非道路交通源的干扰，传声器指向被测声源。

（3）现场测定：每个测点连续测量 20 min 或用声级计慢挡每 5 s 读取一个 A 声级瞬时值，连续读取 200 个数据，记录累积百分声级 L_{10}、L_{50}、L_{90} 和 L_{max}、L_{min}，计算标准偏差（δ）。分大型车（卡车、大客车）、中小型车（面包车、小汽车、拖拉机、摩托车）记录车流量（辆/时）。

五、数据记录与处理

1. 道路交通声环境测点基础信息

将声环境测点的基础信息填入表 6.55.1。

表 6.55.1 道路交通声环境测点基础信息表

城市名称：_____ 监测单位：_____ 测量日期：_____年_____月_____日

测点代码	测点名称	测点经度	测点纬度	测点参照物	路段名称	路段起止点	路段长度/m	路幅宽度/m	道路等级	备注

负责人：   审核人：   填表人：   填表日期：

注：①路段名称、路段起止点、路段长度：指测点代表的所有路段。②道路等级：1 城市快速路、2 城市主干路、3 城市次干路、4 城市含路面轨道交通的道路、5 穿过城市的高速公路、6 其他道路。

2. 监测数据记录

将声环境监测现场数据记入表 6.55.2。

表 6.55.2 交通道路噪声现场记录表

监测组别：_____ 道路名称：_____ 路段名称：_____

监测仪器(型号、编号)：_____ 声校准器(型号、编号)：_____ 监测前校准值(dB)：_____

监测后校准值(dB)：_____ 气象条件：_____

顺序	瞬时 A 声级/dB	顺序	瞬时 A 声级/dB	顺序	瞬时 A 声级/dB
1		⋮		⋮	
2					
3					
4					
5					⋮	
⋮		⋮		200	

负责人：   审核人：   测试人员：   监测日期：

3. 监测统计结果

将统计结果列于表 6.55.3。

表 6.55.3 道路交通声环境监测结果统计表

城市名称：_____ 监测时间：_____年_____月_____日 监测单位：_____

道路名称	路段名称或编号	时	分	L_{eq}	L_{10}	L_{50}	L_{90}	L_{max}	L_{min}	标准差(δ)	车流量/(辆/时)	
											大型车	中小型车

负责人：   审核人：   填表人：   填表日期：

将道路交通噪声监测的等效声级采用路段长度加权算术平均法,按式(6.55.4)计算城市道路交通噪声平均值:

$$\overline{L} = \frac{1}{l} \sum_{i=1}^{n} (l_i \times L_i) \tag{6.55.4}$$

$$l = \sum_{i=1}^{n} l_i \tag{6.55.5}$$

式中:$\overline{L}$——道路交通昼间平均等效声级(L_d)或夜间平均等效声级(L_n),dB(A);

　　l——监测的路段总长,m;

　　l_i——第 i 测点代表的路段长度,m;

　　L_i——第 i 测点测得的等效声级,dB(A)。

4. 道路噪声评价

道路交通噪声平均值的强度级别按表 6.55.4 进行评价。

表 6.55.4　道路交通噪声强度等级划分

等级	一级	二级	三级	四级	五级
昼间平均等效声级($\overline{L}_d$)	≤68.0	68.1~70.0	70.1~72.0	72.1~74.0	>74.0
夜间平均等效声级($\overline{L}_n$)	≤58.0	58.1~60.0	60.1~62.0	62.1~64.0	>64.0
评价	好	较好	一般	较差	差

六、注意事项

(1) 测量时要注意天气状况,要求在无雨无雪时测量,风力在三级以上必须加防风罩(以避免风声干扰),风力在五级以上应停止测量。

(2) 声级计应保持传声器膜片清洁,测量时要求传声器距离地面 1.2 m。

(3) 不同的声级计的校准方法和使用方法可能会有所不同,使用前认真阅读使用说明书,按照说明书要求进行校准和测量。

(4) 其他不明事项可参考环境标准 HJ 640—2012 和国家标准 GB 3096—2008。

实验 56　建筑施工场界环境噪声监测

一、实验目的

(1) 了解建筑施工场界环境噪声排放限值。

(2) 学会建筑施工场界环境噪声测量及评价方法。

二、实验原理

建筑施工是指工程建设实施阶段的生产活动,是各类建筑物的建造过程,包括基础工程施工、主体结构施工、屋面工程施工、装饰工程施工(已经竣工交付使用的住宅楼进行室内装修活动除外)等。建筑施工过程中产生的干扰周围生活环境的声音称为建筑施工噪声,用等效连续A 声级($L_{eqA,T}$简写为 L_{eq})表示,单位 dB(A)。

根据定义,等效声级表示为:

$$L_{eq} = 10\lg\left[\frac{1}{T}\int_0^T 10^{0.1L_A}\,dt\right] \tag{6.56.1}$$

式中:L_A——t 时刻的瞬时 A 声级;

　　　T——规定的测量时间段。

　　根据《中华人民共和国环境噪声污染防治法》,"昼间"是指 6:00 至 22:00 之间的时段;"夜间"是指 22:00 至次日 6:00 之间的时段。

三、实验仪器设备

（1）积分平均声级计。

（2）声校准器。

（3）传声器防风罩。

四、实验步骤

（1）测量仪器时间计权特性设为快（F）挡。

（2）测量气象条件:测量应在无雨雪、无雷电天气,风速为 5 m/s 以下时进行。

（3）测点位置选择:根据测点周围环境选择不同的位置。

①根据施工场地周围噪声敏感建筑物位置和声源位置的布局,测点应设在对噪声敏感建筑物影响较大、距离较近的位置。一般情况测点设在建筑施工场界外 1 m,高度在 1.2 m 以上的位置。

②当场界有围墙且周围有噪声敏感建筑物时,测点应设在场界外 1 m,高于围墙 0.5 m 以上的位置,且位于施工噪声影响的声辐射区域。

③当场界无法测量到声源的实际排放时,如声源位于高空、场界有声屏障、噪声敏感建筑物高于场界围墙等情况,测点可设在噪声敏感建筑物户外 1 m 处。

④在噪声敏感建筑物室内测量时,测点设在室内中央、距室内任一反射面 0.5 m 以上、距地面 1.2 m 高度以上,在受噪声影响方向的窗户开启状态下测量。

（4）测量时段:施工期间,测量连续 20 min 的等效声级,夜间同时测量最大声级。

（5）背景噪声测量:①测量环境:不受被测声源影响且其他声环境与测量被测声源时保持一致。②测量时段:稳态噪声测量 1 min 的等效声级,非稳态噪声测量 20 min 的等效声级。

五、数据记录与处理

1. 测量数据记录

记录内容主要包括:被测量单位名称、地址、测量时气象条件、测量仪器、校准仪器、测点位置、测量时间、仪器校准值（测前、测后）、主要声源、示意图（场界、声源、噪声敏感建筑物、场界与噪声敏感建筑物间的距离、测点位置等）、噪声测量值、最大声级值（夜间时段）、背景噪声值、测量人员、校对人员、审核人员等相关信息。

2. 测量结果修正

（1）背景噪声值比噪声测量值低 10 dB(A) 以上时,噪声测量值不做修正。

（2）噪声测量值与背景噪声值相差在 3～10 dB(A) 之间时,噪声测量值与背景噪声值的差值修约后,按表 6.56.1 进行修正。

（3）噪声测量值与背景噪声值相差小于 3 dB(A) 时,应采取措施降低背景噪声后,按前面两种情况处理;仍无法满足前面两种情况的,应按环境噪声监测技术规范的有关规定执行。

表 6.56.1　测量结果修正表　　　　　　　　　　　　　单位:dB（A）

差值	3	4～5	6～10
修正值	−3	−2	−1

六、测量结果评价

（1）各个测点的测量结果应单独评价。

（2）最大声级 L_{Amax} 直接评价。

（3）环境噪声排放限值。

建筑施工过程中场界环境噪声不得超过表 6.56.2 规定的排放限值。

表 6.56.2　建筑施工场界环境噪声排放限值　　　　　　　单位:dB（A）

昼间	夜间
70	55

夜间噪声最大声级超过限值的幅度不得高于 15 dB（A）。

当场界距噪声敏感建筑物较近,其室外不满足测量条件时,可在噪声敏感建筑物室内测量,并将表 6.56.2 中相应的限值减 10 dB（A）作为评价依据。

七、注意事项

（1）积分平均声级计或噪声自动监测仪,其性能应不低于 GB/T 17181 对 2 型仪器的要求,校准所用仪器应符合 GB/T 15173 对 1 级或 2 级声校准器的要求。

（2）测量仪器和校准仪器应定期检定合格,并在有效使用期限内使用。

（3）每次测量前、后必须在测量现场进行声学校准,其前、后校准的测量仪器示值偏差不得大于 0.5 dB（A）,否则测量结果无效。

（4）其他事项可参考 GB 12523—2011。

实验 57　大气中长寿命 α 放射性的测量

一、实验目的

（1）了解环境中放射性物质及其来源和对人类的危害。

（2）掌握大气中长寿命 α 放射性的测定技术。

二、方法原理

放射性探测是根据辐射与物质的相互作用所产生的各种效应（电离、光、电或热等）进行观测和测量,如 α 射线、β 射线、γ 射线与物质相互作用时,发生某些物理、化学效应,以此来间接进行观测和测量。基于这些效应制成的能观测核辐射的各类仪器称为核辐射探测仪,几种常用的探测仪有电离探测器、闪烁探测器和半导体探测器等。

空气放射性对人体危害最大的是 α 放射性,目前均采用滤膜法测定长寿命 α 放射性。利用超细纤维滤膜吸附空气中的 α 放射性物质,取样后放置 4 天,用 α 计数器测定滤膜上的 α 放射性,将测得的 α 计数代入公式,从而计算出空气中的长寿命 α 放射性的浓度。

三、实验仪器设备与材料

(1) 抽气泵,流量为 20～100 mL/min。
(2) α 闪烁计数装置和 α 辐射探测仪,要求计数效率高,本底计数低。
(3) 取样头。
(4) 取样架,高度可调。
(5) 超细纤维滤膜,如国产 1 号滤布或 LXGL-15 型滤膜。
(6) 干燥器。
(7) 镊子。

四、实验步骤

1. 采样
将滤膜放入取样头,与抽气泵连接,启动抽气泵,记录采样时间,采集 1000～2000 L 气体。采样后,将样品滤膜放入盒内,于干燥器内放置 4 天。

2. 测定
4 天后,用 α 计数器测定其长寿命 α 放射性。注意在样品计数前,要对仪器测定本底计数。

五、数据记录处理

用式(6.57.1)计算空气中长寿命 α 放射性活性(Bq/L)的值:

$$空气中长寿命 α 放射性活性 = \frac{N_a - N_b}{60 \times \mu \times Q \times t \times F} \qquad (6.57.1)$$

式中:N_a——样品加本底计数率;

N_b——仪器本底计数率;

μ——仪器计数效率;

Q——气体流量;

t——抽气时间;

F——滤膜过滤效率;

$1/60$——由 1/min 换算为 Bq 的系数。

六、注意事项

(1) 实验对环境中常遇的大气 α 辐射体的整个浓度范围都适用。

(2) 采样点应选在人员经常活动的地点,取样头放置在人员的呼吸带处,并要求迎风流采样。

(3) 滤膜过滤效率(F)指捕集在滤膜上的放射性气溶胶每分钟放出的 α 粒子数与被测空气中放射性气溶胶每分钟应放射的 α 粒子数之比。F 值总是小于 1,因为取样时有一部分放射性气溶胶渗入到过滤材料内部,放射的 α 粒子数总有一部分被吸收。

第7章　环境监测实习(综合实践)

7.1　环境监测实习的目的及任务

7.1.1　环境监测实习的目的与意义

环境监测实习是环境监测课程的重要实践教学环节之一,这一环节是在环境监测课堂理论教学和实验课训练完成的基础上,单独设立的综合实践课程,该环节设置的目的如下。

(1)训练学生独立完成一项模拟或实际监测任务的能力。

(2)使学生学会监测方案的制订,根据监测任务确定监测项目及监测方法,合理布设采样点,学会样品采样及样品保存与预处理,运用确定的方法对样品进行分析测定。

(3)训练学生科学地处理监测数据的能力,提高对各项目监测结果的综合分析和评价能力,学会监测报告的编制。

7.1.2　环境监测实习的任务

以大学校园(或校园周边附近地区)为监测区域,以小组为单位,完成下列实习任务。

(1)校园环境空气质量监测与评价。

(2)地表水和污水环境质量监测与评价。

(3)土壤环境质量监测与评价。

7.1.3　环境监测实习的具体内容

学生根据指导老师分配确认的实习任务,以小组为单位,分工合作,完成以下具体实习工作。

1. 收集资料,现场勘察调研

收集的资料包括以下内容:校园及附近地区地图,校园规划图(功能分区),校园所在地区气候、水文、地理(地质)资料,水系分布,校园所在地区在城市规划中的功能,校园内部及周边大气、噪声、水污染源的分布情况,土地利用情况,监测的历史资料等。

在收集整理资料的基础上,进行实地勘察调研,确认实地现场与资料是否相符。并根据气象部门天气预报,确认实习期间的天气状况,适当调整监测计划。

2. 制订监测方案

监测方案包括以下内容:

(1)明确监测的目的。

(2)确定监测点(采样点):根据收集的资料结合实地考察情况,确定符合监测规范要求的监测点。

(3)确定监测项目:根据监测目的、资料分析整理与现场调研情况,结合相应的标准,选定具有代表性的监测项目。

（4）确定采样和监测分析方法：根据国家标准和实验室条件确认所选项目的采样与监测分析方法。

（5）确定整个监测过程的质量保证方法，提出对仪器设备、试剂、实验室用水的要求，提出对采样、样品保存、样品处理、测定和数据处理的要求。

（6）选择评价标准和评价方法：根据学校所处城市功能分区、水体、土壤用途、结合我国质量标准确定评价标准。

（7）时间安排与人员分工。

3．监测方案的实施

环境监测方案经指导教师审阅批准后方可实施，实施过程如下。

（1）实验室准备：根据监测方案，向指导教师领取所需仪器设备、玻璃器皿、试剂。清洗并干燥玻璃器皿，配制所需试剂。

（2）检查仪器设备状况：根据相关监测项目，绘制仪器工作曲线（标准曲线），指导教师检查标准曲线是否符合要求，并以标准样品检查确定学生测定的准确性，若数据达不到所需要求，则需检查试剂配制、仪器设备和测试过程，查找原因并改正，重新测试，符合要求后才能进行下一步的采样工作。

（3）采样前的准备工作：采样前准备好采样所需的各种采样设备、玻璃器皿、现场测定的仪器、试剂等。

（4）采样与现场测定：按照采样要求采集样品，需现场处理或现场测定的项目在现场处理或测定；需带回实验室测定的样品，按要求密封，带回实验室处理并测定。

（5）预处理：样品带回实验室不能立即测定，应按有关要求保存。测试前按规定方法进行处理，处理过程中要注意空白试验、平行试验、标准样品处理或加标回收率试验处理等。

（6）试验与数据处理：按照分析项目分析方法，绘制标准曲线，测定实际样品、标准样品或加标回收率样品。检查标准曲线是否符合要求，标准样品准确度或加标回收率、平行试验结果是否符合要求，计算样品浓度。

（7）监测实习报告撰写：在监测方案的基础上，加上数据处理，分析评价，完成监测实习报告。

7.2　环境空气质量监测实习方案

7.2.1　实习目的

（1）通过实习进一步巩固课堂所学知识，深入了解大气环境中各污染因子的具体采样方法、分析方法、误差分析及数据处理等方法。

（2）对校园的环境空气质量进行监测评价，了解校园环境空气质量现状，了解校园空气质量的影响因素。

（3）培养实践动手能力、综合分析与处理问题的能力，培养团结协作的精神。

7.2.2　××大学校园概况

1．××大学校园所处地区区域环境概况

收集区域自然、人文、社会发展资料，包括区域地理位置，气候、气象、地貌特征，经济发展状况,近几年空气质量监测资料。

2．××大学校园局地环境概况

校园在所处区域中的地理位置及周边情况,局地气候、气象条件,地形地貌,校园规划与功能分区。

3．××大学校园附近及校园内大气污染源调查

校园附近地区(1~2 km范围内)主要大气污染源分布情况。

(1)工业污染源情况:包括企业名称、主要产品、燃料类型、主要污染物治理措施、污染物排放情况、与校园中心位置距离和方位,列表表示。

(2)交通污染源情况:周边1~2 km范围内的主要交通干道分布及车流量分布情况。

(3)居民生活和餐饮业污染源情况:校园界外1000 m范围内居民分布、人口数量、餐饮业分布。

(4)校园内部:生活区生活污染源,食堂、锅炉房、实验室、实习工厂污染源,校内交通污染源情况。

7.2.3　监测项目及分析方法选择

根据我国《环境空气质量标准》(GB 3095—2012),环境空气质量监测基本项目包括二氧化硫(SO_2)、二氧化氮(NO_2)、一氧化碳(CO)、臭氧(O_3)、PM_{10}、$PM_{2.5}$。其他项目有 TSP、氮氧化物(NO_x)、铅(Pb)、苯并[a]芘(B[a]P)。实习时根据国家《环境空气质量标准》(GB 3095—2012)和校园及其周边的大气污染物排放情况来筛选监测项目,校园内一般无特征污染物排放,结合大气污染源调查结果,可选择环境空气质量标准中的基本污染物为监测对象,一般选择手工采样分析方法。具体监测项目和分析方法见表7.2.1。

表 7.2.1　环境空气质量监测项目及分析方法

序号	监测项目	分析方法	方法标准
1	二氧化硫(SO_2)	甲醛吸收-副玫瑰苯胺分光光度法;	HJ 482
		四氯汞盐吸收-副玫瑰苯胺分光光度法	HJ 483
2	二氧化氮(NO_2)	盐酸萘乙二胺分光光度法	HJ 479
3	一氧化碳(CO)	非分散红外法	GB 9801
4	臭氧(O_3)	靛蓝二磺酸钠分光光度法;	HJ 504
		紫外光度法	HJ 590
5	PM_{10}	重量法	HJ 618
6	$PM_{2.5}$	重量法	HJ 618
7	TSP	重量法	GB/T 15432—1995

7.2.4　采样点布设

采样点的布设根据污染源的分布,结合校园各环境功能区的要求,及当地的地形、地貌、气象条件,采取按功能区划分的布点法和网格布点法相结合的方式来布置采样点。各测点具体位置应在总平面布置图上注明,必要时注明经纬度坐标。

将各监测点位置及名称详细记入表7.2.2中。

表 7.2.2　监测点位置及名称

测点编号	测点名称	测点坐标（经纬度）
1		
2		
3		
⋮		

附采样点分布图。

7.2.5　采样时间与频次

二氧化硫（SO_2）、二氧化氮（NO_2）、一氧化碳（CO）、臭氧（O_3）采用间隙性采样方法，连续监测 2～3 天，每隔 2～3 h 采样一次（8:00、11:00、14:00、17:00、20:00），每次采样 45～60 min。PM_{10}、$PM_{2.5}$、TSP 每天采样一次，连续采样 24 h。采样时同时记录气温、气压、风向、风速、阴晴等气象因素。

7.2.6　采样

各监测项目按分析方法标准中规定的采样方法，在各采样点同时采样，记录采样时的条件和采样数据于空气质量监测现场采样记录表（表 7.2.3）。

表 7.2.3　空气质量监测现场采样记录表

采样点编号：_____　　采样点名称：_____　　污染物：_____

采样日期	采样时间		采样号	气温 /℃	大气压 /kPa	采样流量 /(L/min)	采样体积/L		天气状况
	开始	结束					现场	标态	

采样人：_____　　　审核人_____

气态污染物标准状况下采样体积按式（7.2.1）计算：

$$V_{nd} = Q_n \times t = Q_s \times t \times \frac{PT_0}{P_0 T} \tag{7.2.1}$$

式中：V_{nd}——标准状况下采样体积，L；

Q_n——标准状况下的采样流量，L/min；

Q_s——采样时，未进行标准状况订正的流量计指示流量，L/min；

T——采样时流量计前的气体温度，K；

T_0——标准状况下气体的温度，273 K；

P——采样时气体的压力，kPa；

P_0——标准状况下气体的压力，101.3 kPa；

t——采样时间，min。

颗粒物标准状况下采样体积计算：

$$V_{nd} = Q_n \times t \tag{7.2.2}$$

$$Q_n = Q_1 \times \sqrt{\frac{P_1 T_3}{P_3 T_1}} \times \frac{273 \times P_3}{101.3 T_3} \tag{7.2.3}$$

式中：V_{nd}——标准状况下采样体积，L；

$\quad\quad Q_n$——标准状况下的采样流量，L/min；

$\quad\quad t$——采样时间，min；

$\quad\quad Q_1$——孔口校准器流量，L/min 或 m^3/min；

$\quad\quad T_1$——孔口校准器校准时的温度，K；

$\quad\quad T_3$——采样时大气温度，K；

$\quad\quad P_1$——孔口校准器校准时的大气压力，kPa；

$\quad\quad P_3$——采样时大气压力，kPa。

注：现在有的颗粒物采样器，带有自动记录采样体积功能，可以自动将采样体积转换为标准状态下的采样体积。

7.2.7　实验室分析测定

（1）接通分析仪器电源，预热，检查仪器是否正常。

（2）配制标准系列溶液。

（3）测定标准系列溶液，绘制标准曲线，检查标准曲线斜率、截距、相关系数等是否符合要求。列出原始数据表格，计算出具体回归方程。

（4）测定样品溶液，计算样品溶液浓度和空气中污染物浓度。

7.2.8　数据处理

1. 数据整理

原始数据的记录要根据仪器的精度和有效数字的保留规则正确书写，数据的运算要遵循运算规则。在数据处理过程中，对出现的可疑数据，首先要从技术上查找原因，然后再用统计检验方法处理，经检验属于离群值的应剔除，使测定结果更符合实际情况。

2. 分析结果的表示

将监测结果按监测项目、监测点、时间整理，汇总制成表格（表7.2.4）表示。

表 7.2.4　空气中污染物的监测结果

监测点名称：_____　　　　　污染物：_____

样品编号	采样时间	污染物浓度

7.2.9　校园空气质量的分析评价

（1）分析各监测点污染物（SO_2、NO_2、CO、O_3）浓度与采样时间的关系，并分析原因。

（2）各监测点污染物浓度对比分析，同种污染物在各监测点之间是否存在差异，并进行分析。

（3）对污染物超标率进行分析，根据校园所在区域环境功能选择评价标准或直接以教育文化区标准来评价，SO_2、NO_2、CO、O_3 等以 1 h 平均值来评价，颗粒物以 24 h 平均值来评价。

（4）计算校园空气质量指数，对校园空气质量进行初步评价。

以 SO_2、NO_2、CO、O_3 各自当天的平均值和当天的 PM_{10}、$PM_{2.5}$、TSP 计算各监测点的空气质量指数，并分析主要污染物。根据各点的空气质量指数，对校园空气质量进行总体评价。

7.3　地表水和污水环境质量监测实习方案

7.3.1　实习目的

（1）通过地表水和污水监测实习，进一步巩固课堂所学知识，深入了解污水和地表水各污染因子的采样与分析方法、误差分析、数据处理的方法与技巧。

（2）通过对校园地表水和污水的监测，掌握校园地表水环境质量状况和校园污水排放情况，并对校园地表水环境现状进行初步评价。

（3）培养学生综合实践技能和发现问题、分析问题、解决问题的能力。

7.3.2　××校园基本概况

（1）校园所在区域水文状况，包括降水量、降水量年度分布、蒸发量、地表水系分布和水系基本状况，如河涌源头、流经区域基本情况、流量、用途、最终汇入水系，湖泊和池塘（鱼塘）的分布、面积、水深等。

（2）调查校园用水量，生活污水、食堂污水、实验室污水、实验工厂污水的排放口分布，排放量及处理情况等。

将校园水污染源的调查情况填入表 7.3.1。

表 7.3.1　校园水污染源调查

污染源名称	用水量/(m³/d)	排水量/(m³/d)	主要污染物	污水排放去向
食堂				
学生宿舍区				
实验室				
实验工厂				
⋮				

7.3.3　监测对象与监测项目的确定

1. 监测对象

流经校园的河涌或附近河流、湖泊（池塘、鱼塘）、校园各功能区污水。

2. 监测项目与监测方法选择

根据国家《地表水环境质量标准》(GB 3838—2002)，结合地表水环境功能、污染源排放状况和实验室条件确定实习监测项目，污水监测项目根据污水类别、特性来选择监测项目。

一般实习时可选择 pH 值、COD、BOD_5、悬浮物、氨氮、油类、挥发酚、总氮、总磷、重金属（选测）作为监测项目，地表水增测溶解氧(DO)，实验室污水增加电导率、苯系物等的测定。

分析方法（表 7.3.2）尽量选择国家标准分析方法，参见国家《地表水环境质量标准》(GB

3838—2002)。

表 7.3.2　监测项目与分析方法列表

序号	监测项目	分析方法	方法国家标准	检出下限/(mg/L)
1	pH 值	玻璃电极法	GB 6920—1986	—
2	COD	重铬酸盐法	GB 11914—1989	10
3	溶解氧(DO)	碘量法	GB 7489—1987	0.2
⋮	⋮	⋮	⋮	⋮

7.3.4　监测点的布设

地表水(江河、湖、库)监测断面和采样点的设置原则既要遵循国家环保部《地表水和污水监测技术规范》(HJ/T 91—2002),同时也要考虑监测对象、监测目的、监测项目,并结合水域类型、水文、气象、现场具体情况和实习的条件,综合各方面因素提出优化方案。

1. 河流(河涌)监测点的布设

监测某段河流(河涌),一般设置 3 种监测断面,即对照断面、控制断面、削减断面。

监测某段河流(河涌)一般设置对照断面 1 个(设置在监测河段、河涌的上游流入监测河段以前)。控制断面:一般在排污口下游要设置控制断面;在河流流经特殊区域也要设置控制断面。实习时一般选择 2～3 个控制断面。削减断面:1 个,一般设置在控制断面 1500 m 以外的河段上(实习时可根据具体情况,确定是否设置)。

采样点位的设置:1 个监测断面上设置的采样垂线数与各垂线上的采样点数应根据水面宽度和水深来确定,水面宽度≤50 m 时设 1 条采样垂线,(一般设在中泓线上,即水的流速最大处),但应避开污染带,要测污染带应另加垂线;水面宽度在 50～100 m 范围内时,在近左、右岸有明显水流处设 2 条采样垂线,确能证明该断面水质均匀时,可仅设中泓垂线;水面宽度>100 m 时,在左、中、右设 3 条采样垂线。实习时河涌一般在河涌中间或在左右两岸有明显水流的地方采样。水深≤5 m 时,在水面下 0.5 m 处采样;水深不到 0.5 m 时,在水深 1/2 处采样;水深 5～10 m 时,在水面下 0.5 m 处和河底以上 0.5 m 处两点采样;水深>10 m 时,在水面下 0.5 m 处、水深 1/2 处和河底以上 0.5 m 处 3 点采样。

2. 湖泊、水库监测垂线的布设

湖泊、水库通常只设监测垂线,如有特殊情况可参照河流的有关规定设置监测断面。在湖(库)区的不同水域,如进水区、出水区、深水区、浅水区、湖心区、岸边区,按水体类别设置监测垂线。湖(库)区若无明显功能区别,可用网格法均匀设置监测垂线。

监测垂线上采样点的布设一般与河流的规定相同,但对有可能出现温度分层现象时,应做水温、溶解氧的探索性试验后再定。

受污染物影响较大的重要湖泊、水库,应在污染物主要输送路线上设置控制断面。

一般校园湖泊、池塘(水塘)面积都不会很大,可以多点采样混合作为该湖(塘)的代表水样。如有污水排入湖(塘),排污口附近要设置采样点。

7.3.5　监测时间

监测的目的和水体不同,监测的频率也不同,对河流(河涌)、湖泊(水塘)的水质、水文同步监测 2～4 天,至少有 1 天对所有选定的水质指标采样分析;废(污)水可每隔 2～3 h 采样一次。

7.3.6　水样的采集与保存

（1）采样器需事先在实验室依次用洗涤剂、自来水、10%的硝酸溶液或盐酸、蒸馏水洗涤干净，沥干，采样前用被采集的水样洗涤 2～3 次。采样时应避免激烈搅动水体，避免漂浮物进入采样瓶（桶）；采样瓶（桶）口迎着水流方向浸入水中，水样充满后迅速提出水面。有些监测项目需单独采集水样（如悬浮物、油类等）；有些项目需现场测定（如 pH 值、电导率等）；有些项目需现场处理（如 DO 等）。

（2）水样采集处理后要密封，贴好水样标签（图 7.3.1），做好采样记录。运输过程中要保证水样的完好，不能受到污染、损坏或丢失。路途较远时，夏天要冷藏，北方冬天要防冻以免冻裂。运回实验室后不能立即测定的，应立即放在 4 ℃ 左右的冰箱中冷藏。水样保存方法及保存时间参见《地表水和污水监测技术规范》（HJ/T 91—2002）。

水样标签

水样名称：_____　　水样编号：_____

采样地点：_____　　采样时间：_____

分析项目：_____

处理方法：_____　　采样人：_____

图 7.3.1　水样标签示意图

（3）水样存放过程中，由于吸附、沉淀、氧化还原、微生物作用等，水样的成分有可能发生变化，因此不能及时运输和分析测定的水样，需采取适当的保存方法。常用的保存方法有控制水样的 pH 值（测重金属的水样要加硝酸溶液酸化，防止吸附和水解沉淀；测定挥发酚、氰化物的水样要加碱处理，防止挥发等）；加入生物抑制剂，减少微生物作用（如测定氨氮、亚硝酸盐氮、硝酸盐氮、COD 的水样可加入氯化汞或三氯甲烷）；冷藏或冷冻等。

（4）将水样采样过程中各参数数据填入表 7.3.3。

表 7.3.3　水样采样记录表

采样单位：_____　　_____年_____月_____日

水样编号	河流（湖库）或水样名称	采样时间	采样位置			水文及现场测定参数									气象参数				备注
			采样地点或断面名称	垂线号	点位号	水深/m	流速/(m/s)	流量/(m³/s)	水温/℃	pH值	溶解氧/(mg/L)	透明度/cm	电导率/(μS/cm)	感官特征描述	气温/℃	气压/kPa	风向	风速/(m/s)	相对湿度/%	

采样人：_____　　记录人：_____

标签和记录表上的水样编号、水样名称、采样地点、采样时间要一致,一一对应。

7.3.7　水样的预处理

水质监测分析中多数待测组分浓度低,存在形态各异,并且水样组分复杂,分析待测组分时干扰物质多,因此在分析测定之前,需要用不同方法对水样进行预处理,以得到适合于分析测定方法要求的待测组分的浓度和形态,并与干扰组分最大限度地分离。水样的预处理方法主要有消解、微量组分的富集、待测组分与干扰组分的分离等。

各组分分析测定方法中都有水样的预处理方法,应严格遵循标准方法的要求进行。水样的预处理过程中应注意以下几点。

(1) 预处理过程中要尽量防止待测组分的损失,必要时要做加标回收率试验,验证方法的准确性。

(2) 处理过程中要尽量避免带入新的干扰物质,水样进行预处理时需同时做空白试验,以不含待测组分的纯水代替水样进行同样处理、测定,并从水样测定值中扣除空白测定值,以消除水样预处理过程带来的干扰。

(3) 应尽量选择简便易行,适合分析测定的预处理方法。

(4) 尽量减少预处理过程对环境的污染。

7.3.8　实验室分析测定

(1) 接通分析仪器电源,预热,检查仪器是否正常。

(2) 需采用标准曲线法测定的配制标准系列溶液。

(3) 测定标准系列溶液,绘制标准曲线,检查标准曲线斜率、截距、相关系数等是否符合要求。列出原始数据表格,计算出具体回归方程。

(4) 测定水样溶液,计算水样待测组分的浓度。

7.3.9　数据处理

1. 数据整理

原始数据的记录要根据仪器的精度和有效数字的保留规则正确书写,数据的运算要遵循运算规则。在数据处理过程中,对出现的可疑数据,首先要从技术上查找原因,然后再用统计检验方法处理,经检验属于离群值的应剔除,使测定结果更符合实际情况。

2. 分析结果的表示

将监测结果按监测项目、监测点、时间进行整理,汇总制成表格(表7.3.4)表示。

表 7.3.4　水质监测结果统计表

监测单位:_____　　监测对象:_____

断面名称或采样点	pH 值	SS	DO	COD	BOD$_5$	NH$_3$-N	TN	TP	…

注:监测对象为××河流(河涌)××段、或××湖(库)、××排污口等。

7.3.10　水质评价

1．地表水环境质量现状评价

根据国家《地表水环境质量标准》(GB 3838—2002)，结合监测水体环境功能或环境保护目标，选择合理的评价标准，对河流（河涌）每一断面、湖（库）水体水质指标逐一分析评价，最后作出总体评价，找出存在的主要污染因子，并尝试分析原因，提出治理对策或建议。

2．污染源评价

根据监测分析数据（污染物的浓度、污水排放量），计算污染物排放量；根据污染源类型，选择正确的评价标准，对监测指标逐一评价，看是否有超标排放现象，提出治理建议。

7.4　土壤环境质量监测实习方案

7.4.1　实习目的

（1）通过土壤监测实习，学习土壤采样布点和土壤样品采集；学习土壤中主要污染物的监测分析方法及样品的预处理方法；学习监测数据处理分析方法，并初步掌握土壤环境质量的评价方法。

（2）通过监测，判断污染状况，分析污染来源，为土壤污染治理和科学规划土地用途提供依据。

7.4.2　监测对象选择

以学校农场或附近农田为监测对象，监测单元面积在 $0.333 \sim 0.667 \ km^2$ 之间。

7.4.3　收集资料与实地调查

需收集的资料如下。

（1）监测区域的地图或地形图、土地利用规划图等资料，供制作采样工作图和标注采样点位用。

（2）监测区域土类、成土母质、土壤环境背景值等土壤信息资料。

（3）工程建设、工矿企业或生产过程对土壤造成影响的环境研究资料。

（4）造成土壤污染事故的主要污染物的毒性、稳定性以及如何消除等资料。

（5）监测区域工农业生产及排污、污灌、化肥农药施用情况资料。

（6）监测区域气候资料（温度、降水量和蒸发量）、水文资料。

（7）监测区域遥感与土壤利用及其演变过程方面的资料等。

在收集整理资料的基础上进行现场踏勘，将调查得到的信息进行整理和利用，丰富采样工作图的内容。

7.4.4　监测项目和监测分析方法选择

根据现行国家《土壤环境质量标准》(修订)(GB 15618—2008)和《食用农产品产地环境质量评价标准》(HJ 332—2006)，选择土壤环境质量基本控制项目即 pH 值、总镉、总汞、总砷、总铅、总铬、总铜、六六六、DDT 等为监测项目，必要时测定阳离子交换量，也可以根据调查情况适当增减监测项目。

监测分析方法尽量选择国标方法和等效方法,见表 7.4.1。

表 7.4.1　食用农产品产地环境质量评价标准选配分析方法

项　目	分 析 方 法	方 法 来 源	等 效 方 法
pH 值	电位法	GB 7859—1987	
总镉	石墨炉原子吸收分光光度法	GB/T 17141—1997	ICP-MS
总汞	冷原子吸收分光光度法	GB/T 17136—1997	AFS
总砷	二乙基二硫代氨基甲酸银分光光度法	GB/T 17134—1997	HG-AFS
总铅	石墨炉原子吸收分光光度法	GB/T 17141—1997	ICP-MS
总铬	火焰原子吸收分光光度法	GB/T 17137—1997	ICP-MS
总铜	火焰原子吸收分光光度法	GB/T 17138—1997	ICP-MS、ICP-AES
六六六	气相色谱法	GB/T 14550—2003	
DDT	气相色谱法	GB/T 14550—2003	
阳离子交换量	乙酸铵交换法、氯化铵-乙酸铵交换法	GB 7863—1987	

注:ICP-AES 为电感耦合等离子体原子发射光谱法;ICP-MS 为电感耦合等离子体质谱法;AFS 为原子荧光光谱法;HG-AFS 为氢化物发生-原子荧光光谱法。

7.4.5　采样小区的划分

实习监测对象选择学校农场或附近村庄农田,为一般农田,监测单元面积在 0.333～0.667 km² 之间。参照《土壤环境监测技术规范》(HJ/T 166—2004),采用均匀布点法设置 10～15 个采样区,每个采样小区面积约为 200 m×200 m。

7.4.6　样品采集

1. 采样器具准备

(1) 工具:铁锹、铁铲、圆状取土钻、螺旋取土钻、竹片以及适合特殊采样要求的工具等。

(2) 器材:GPS、罗盘、照相机、卷尺、铝盒、样品袋、样品箱等。

(3) 样品标签、采样记录表、铅笔、资料夹等。

2. 样品采样

每个采样区采集耕作层(0～20 cm)样品为农田土壤混合样,混合样的采集主要有四种方法(可根据具体情况选择其中一种):

(1) 对角线法:适用于污灌农田土壤,对角线分 5 等份,以等分点为采样分点。

(2) 梅花点法:适用于面积较小,地势平坦,土壤组成和受污染程度相对比较均匀的地块,设分点 5 个左右。

(3) 棋盘式法:适宜中等面积、地势平坦、土壤不够均匀的地块,设分点 10 个左右;受污泥、垃圾等固体废物污染的土壤,分点应在 20 个以上。

(4) 蛇形法:适宜于面积较大、土壤不够均匀且地势不平坦的地块,设分点 15 个左右,多用于农业污染型土壤。

各分点混匀后用四分法取 1 kg 土样装入样品袋,多余部分弃去。

为了解污染物在土壤中的垂直分布,在采样单元内随机选取 2～3 个点用取土钻采集不同深度的土壤样品,取样深度为 100 cm,分取三个土样:表层样(0～20 cm),中层样(20～60 cm),深层样(60～100 cm)。每层样品采集 1 kg 左右。

注意:采样点不能设在田边、路边、沟边、堆肥边及水土流失严重或表层土被破坏处。

采集的土壤样品装入样品袋,样品袋一般由棉布缝制而成,如潮湿样品可内衬塑料袋(供无机化合物测定)或将样品置于玻璃瓶内(供有机化合物测定)。采样的同时,由专人填写土壤样品标签(表 7.4.2)、采样记录;标签一式两份,一份放入袋中,一份系在袋口,标签上标注采样日期、地点、样品编号、监测项目、采样深度和经纬度等。采样结束,需逐项检查采样记录、样袋标签和土壤样品,如有缺项和错误,及时补齐更正。

表 7.4.2　土壤样品标签

样品编号:		采样日期:
采用地点:　　　东经:　　　北纬:		采样层次:
采样深度/cm:		采样人员:
特征描述:		
监测项目:		

将土壤采样过程的实际情况填入表 7.4.3。

表 7.4.3　土壤现场记录表

采用地点		东经:	北纬:
样品编号		采样日期	
样品类别		采样人员	
采样层次		采样深度/cm	
样品描述	土壤颜色	植物根系	
	土壤质地	砂砾含量	
	土壤湿度	其他异物	
采样点示意图		自下而上植被描述	

土壤颜色可采用门塞尔比色卡比色,也可按土壤颜色三角表(图 7.4.1)进行描述。颜色描述可采用双名法,主色在后,副色在前,如黄棕、灰棕等。颜色深浅还可以冠以暗、淡等形容词,如浅棕、暗灰等。

图 7.4.1　土壤颜色三角表

土壤质地分为砂土、壤土(砂壤土、轻壤土、中壤土、重壤土)和黏土,野外估测方法为取小块土壤,加水潮润,然后揉搓,搓成细条并弯成直径为 2.5～3 cm 的土环,据土环表现的性状确定质地。

砂土:不能搓成条。砂壤土:只能搓成短条。轻壤土:能搓直径为 3 mm 直径的条,但易断裂。中壤土:能搓成完整的细条,弯曲时容易断裂。重壤土:能搓成完整的细条,弯曲成圆圈时容易断裂。黏土:能搓成完整的细条,能弯曲成圆圈。

土壤湿度的野外估测,一般可分为以下五级。

干:土块放在手中,无潮润感觉。潮:土块放在手中,有潮润感觉。湿:手捏土块,在土团上塑有手印。重潮:手捏土块时,在手指上留有湿印。极潮:手捏土块时,有水流出。

植物根系含量的估计可分为以下五级。

无根系:在该土层中无任何根系。少量:在该土层每 50 cm^2 内少于 5 根。中量:在该土层每 50 cm^2 内有 5~15 根。多量:该土层每 50 cm^2 内多于 15 根。根密集:在该土层中根系密集交织。

石砾含量以石砾量占该土层的体积百分数估计。

在采样现场样品必须逐件与样品登记表、样品标签和采样记录进行核对,核对无误后分类装箱;运输过程中严防样品的损失、混淆和污染;对光敏感的样品应有避光外包装。

7.4.7　样品制备

1. 风干样品

在风干室将土样放置于风干盘中(搪瓷盘或木盘),摊成 2~3 cm 的薄层,适时地压碎、翻动,拣出碎石、砂砾、植物残体。

2. 粗磨样品

将风干的样品倒在有机玻璃板或硬木板上,用木槌敲打,用木滚、木棒、有机玻璃棒再次压碎,拣出杂质,混匀,并用四分法取压碎样,过孔径 2 mm(20 目)的尼龙筛。过筛后的样品全部置于无色聚乙烯薄膜上,并充分搅拌混匀,再采用四分法取其两份,一份交样品库存放,另一份作样品的细磨用。粗磨样可直接用于土壤 pH 值、阳离子交换量、元素有效态含量等项目的分析。

3. 细磨样品

用于细磨的样品再用四分法分成两份,一份磨样用玛瑙研磨机(球磨机)或玛瑙研钵、白色瓷研钵研磨到全部通过孔径为 0.25 mm(60 目)的尼龙筛,用于农药或土壤有机质、土壤全氮量等项目的分析;另一份研磨到全部通过孔径为 0.15 mm(100 目)的尼龙筛,用于土壤元素全量分析。

4. 样品分装

研磨混匀后的样品,分别装于样品袋或样品瓶,填写土壤样品标签一式两份,瓶内或袋内一份,瓶外或袋外贴一份。

制样过程中采样时的土壤样品标签与土壤始终放在一起,严禁混错,样品名称和编码始终不变;制样工具每处理一份样后擦抹(洗)干净,严防交叉污染。

分析挥发性、半挥发性有机物或可萃取有机物无需上述制样,用新鲜样按特定的方法进行样品预处理。

7.4.8　样品保存

按样品名称、编号和粒径分类保存。

1. 新鲜样品的保存

对于易分解或易挥发等不稳定组分的样品要采取低温保存的运输方法，并尽快送到实验室分析测试。测试项目需要新鲜样品的土样，采集后用可密封的聚乙烯或玻璃容器在 4 ℃以下避光保存，样品要充满容器。避免用含有待测组分或对测试有干扰的材料制成的容器盛装保存样品，测定有机污染物用的土壤样品要选用玻璃容器保存。

2. 分析取用后的剩余样品

分析取用后的剩余样品，待测定全部完成数据报出后，也移交样品库保存。

分析取用后的剩余样品一般保留半年；预留样品一般保留两年；特殊、珍稀、仲裁、有争议样品一般要永久保存。样品库应保持干燥、通风、无阳光直射、无污染。

7.4.9　土壤分析测定

1. 样品处理

土壤污染物种类繁多，不同的污染物在不同土壤中的样品处理方法及测定方法各异，同时要根据不同的监测要求和监测目的，选定样品处理方法。

仲裁监测必须选定《土壤环境质量标准》中选配的分析方法中规定的样品处理方法，其他类型的监测优先使用国家土壤测定标准，如果《土壤环境质量标准》中没有的项目或国家土壤测定方法标准暂缺项目则可使用等效测定方法中的样品处理方法。《土壤环境质量标准》中重金属测定的是土壤中的重金属全量（除特殊说明，如六价铬），其测定土壤中金属全量的方法见相应的分析方法，测定土壤中有机物的样品处理方法见相应分析方法。

2. 分析方法

分析方法的选择顺序：

第一方法：标准方法（即仲裁方法），按土壤环境质量标准中选配的分析方法。

第二方法：由权威部门规定或推荐的方法。

第三方法：根据各地实情，自选等效方法，但应做标准样品验证或比对实验，其检出限、准确度、精密度不低于相应的通用方法要求水平或待测物准确定量的要求。

选择监测分析方法见表 7.4.1。

3. 分析记录与数据处理，结果表示

1) 分析记录

分析记录要设计成记录本格式，页码、内容齐全，用碳素墨水笔填写翔实，字迹要清楚，需要更正时，应在错误数据（文字）上画一横线，在其上方写上正确内容，并在所画横线上加盖修改者名章或者签字以示负责。

分析记录也可以设计成活页，随分析报告流转和保存，便于复核审查。

分析记录也可以是电子版本式的输出物（打印件）或存有其信息的磁盘、光盘等。

记录测量数据，要采用法定计量单位，只保留一位可疑数字，有效数字的位数应根据计量器具的精度及分析仪器的示值确定，不得随意增添或删除。

2) 数据运算

有效数字的计算修约规则按 GB/T 8170—2008 执行，采样、运输、储存、分析失误造成的离群数据应剔除。

3) 结果表示

平行样的测定结果用平均数表示,一组测定数据用 Dixon 检验法、Grubbs 检验法检验剔除离群值后以平均值报出;低于分析方法检出限的测定结果以"未检出"报出,参加统计时按二分之一最低检出限计算。

土壤样品测定一般保留三位有效数字,含量较低的镉和汞保留两位有效数字,并注明检出限数值。分析结果的精密度数据,一般只取一位有效数字,当测定数据很多时,可取两位有效数字。表示分析结果的有效数字的位数不可超过方法检出限的最低位数。

7.4.10　监测报告

监测报告包括以下内容:报告名称,实验室名称,报告编号,报告每页和总页数标识,采样地点名称,采样时间,分析时间,检测方法,监测依据,评价标准,监测数据,单项评价,总体结论,监测仪器编号,检出限(未检出时需列出),采样点示意图,采样(委托)者,分析者,报告编制、复核、审核和签发者及时间等内容。

7.4.11　土壤环境质量评价

土壤环境质量评价涉及评价因子、评价标准和评价模式。评价因子数量与项目类型取决于监测的目的、现实的经济和技术条件;评价标准常采用国家《土壤环境质量标准》、区域土壤背景值或部门(专业)土壤质量标准;评价模式常用污染指数法或者与其有关的评价方法。

1. 污染指数、超标率(倍数)评价

土壤环境质量评价一般以单项污染指数为主,指数小污染轻,指数大污染则重。当区域内土壤环境质量作为一个整体与外区域进行比较或与历史资料进行比较时除用单项污染指数外,还常用综合污染指数。土壤由于地区背景差异较大,用土壤污染累积指数更能反映土壤的人为污染程度。土壤污染物分担率可评价确定土壤的主要污染项目,污染物分担率由大到小排序,污染物主次也同此序。除此之外,土壤污染超标倍数、样本超标率等统计量也能反映土壤的环境状况。污染指数和超标率等计算公式如下。

$$土壤单项污染指数 = \frac{土壤污染物实测值}{土壤污染物质量标准}$$

$$土壤污染累积指数 = \frac{土壤污染物实测值}{污染物背景值}$$

$$土壤污染物分担率 = \frac{土壤某项污染指数}{各项污染指数之和} \times 100\%$$

$$土壤污染超标倍数 = \frac{土壤某污染物实测值 - 某污染物质量标准}{某污染物质量标准}$$

$$土壤污染样本超标率 = \frac{土壤样本超标总数}{监测样本总数} \times 100\%$$

2. 内梅罗污染指数评价

内梅罗污染指数按式(7.4.1)计算。

$$P_N = \sqrt{\frac{(\overline{P_1})^2 + (P_{Iamx})^2}{2}} \tag{7.4.1}$$

式中:P_N——内梅罗污染指数;

$\overline{P_1}$——平均单项污染指数;

　　P_{Imax}———最大单项污染指数。

　　内梅罗污染指数反映了各污染物对土壤的作用，同时突出了高浓度污染物对土壤环境质量的影响，可按内梅罗污染指数，划定污染等级。

　　Ⅰ级：$P_N \leqslant 0.7$　清洁（安全）；　　　　Ⅱ级：$0.7 < P_N \leqslant 1.0$　尚清洁（警戒限）；

　　Ⅲ级：$1.0 < P_N \leqslant 2.0$　轻度污染；　　　Ⅳ级：$2.0 < P_N \leqslant 3.0$　中度污染；

　　Ⅴ级：$P_N > 3.0$　重污染。

　　3. 背景值及标准偏差评价

　　用区域土壤环境背景值(x)95％置信度的范围$(x \pm 2s)$来评价：

　　若土壤某元素监测值$x_1 < (x - 2s)$，则该元素缺乏或属于低背景土壤；

　　若土壤某元素监测值在$(x \pm 2s)$，则该元素含量正常；

　　若土壤某元素监测值$x_1 > (x + 2s)$，则土壤已受该元素污染，或属于高背景土壤。

7.4.12　质量保证和质量控制

　　质量保证和质量控制的目的是为了保证所产生的土壤环境质量监测资料具有代表性、准确性、精密性、可比性和完整性。质量控制涉及监测的全部过程，采用分析标准样品或实验室控制样品、平行测定、加标回收率等方法来进行实验室内分析质量的控制。

7.5　环境监测实习报告与实习总结的撰写

　　学生完成具体的环境监测实践过程后，要撰写环境监测实习报告和实习总结。实习报告主要以专业技术内容为主，实习总结主要写对实习任务的完成情况，对实习过程中出现的问题分析解决过程，取得的经验及教训，收获和体会，对实习的建议等。原则上实习小组监测原始数据共享，实习报告学生独自撰写，每人一份。

　　实习报告是在实习方案的基础上，加上方案实施过程及实施的具体内容，数据处理、分析评价，实习报告应分项目逐项撰写，实习报告撰写提纲如下。

环境监测实习报告

专业班级：_____　实习组别：_____　姓名：_____　学号：_____

Ⅰ　××校园空气质量监测报告（撰写提纲）

一、监测目的

二、监测对象与范围

三、监测区域基本概况

四、区域内及周边污染源分布概况

五、监测项目及方法的选择

六、监测、采样布点

七、采样分析

1. ××项目的采样分析

（1）分析方法基本原理，测定浓度范围。

（2）使用主要分析仪器设备名称、型号、生产厂家。

(3) 主要试剂及规格。

(4) 标准曲线的绘制(不用标准曲线法则不要)。

要求列出浓度与仪器测定对应响应值,计算直线回归方程(标准曲线),并判断是否符合要求。

(5) 样品的采集与预处理。

(6) 样品测定响应值及计算结果。

将测定结果列表。

2. ××项目的采样分析

……

八、校园环境空气质量评价

1. 评价标准的选择及依据

2. 各采样点空气质量评价

(1) 采样点1:监测结果汇总;空气质量分指数计算;空气质量指数的计算。

(2) 采样点2:监测结果汇总;空气质量分指数计算;空气质量指数的计算。

……

3. 校园环境空气质量总体评价

校园环境空气质量的等级,主要污染物,原因分析。

九、空气质量监测实习小结

Ⅱ ××校园地表水环境质量监测报告(撰写提纲)

一、××河流(河涌)××段水质监测

(一) 监测目的

(二) 监测对象与范围

(三) 监测河段基本概况

(四) 监测河段两岸周边污染源分布概况

(五) 监测项目及方法的选择

(六) 监测断面和采样布点

(七) 采样分析

1. ××项目的采样分析

(1) 分析方法基本原理,测定浓度范围。

(2) 使用主要分析仪器设备名称、型号、生产厂家。

(3) 主要试剂及规格。

(4) 标准曲线的绘制(不用标准曲线法则不要)。

要求列出浓度与仪器测定对应响应值,计算直线回归方程(标准曲线),并判断是否符合要求。

(5) 样品的采集与预处理。

(6) 样品测定响应值及计算结果。

将测定结果列表。

2. ××项目的采样分析

……

（八）××河流（河涌）××段水质评价

1．评价标准的选择及依据

2．各采样断面水质评价

（1）断面 1：各项水质指标汇总；对每一指标进行分析评价；该断面水质总体评价。

（2）断面 2：……

（3）断面 3：……

3．监测河段水质总体评价

二、××湖泊水环境质量监测

撰写内容与"××河流（河涌）××段水质监测"报告类似。

三、地表水环境质量监测实习小结

Ⅲ　土壤环境质量监测报告（撰写提纲）

一、监测目的

二、监测对象与范围

三、监测土壤基本情况

四、监测项目及方法的选择

五、采样布点

六、土壤样品采集与样品制备

七、土壤样品分析

1．××项目的分析

（1）分析方法基本原理，测定浓度范围。

（2）使用主要分析仪器设备名称、型号、生产厂家。

（3）主要试剂及规格。

（4）标准曲线的绘制（不用标准曲线法则不要）。

要求列出浓度与仪器测定对应响应值，计算直线回归方程（标准曲线），并判断是否符合要求。

（5）样品的采集与预处理。

（6）样品测定响应值及计算结果。

将测定结果列表。

2．××项目的分析

……

八、土壤环境质量的评价

1．评价标准的选择及依据

2．各采样区土壤质量评价

（1）采样区 1：各项水质指标汇总；对每一指标进行分析评价；该区域土壤环境质量总体评价。

（2）采样区 2：……

（3）采样区 3：……

3．监测区域土壤环境质量总体评价

九、土壤环境质量监测实习小结

7.6　现场采样安全注意事项

　　一般情况下,环境监测都要现场采样或现场测定,野外作业应格外注意人身安全。一般现场采样时应注意以下事项:

　　(1) 进入现场时根据需要佩戴安全帽。

　　(2) 通过酸、碱、氨等管线下方时,如发现有滴漏现象,不得抬头仰望。

　　(3) 登高取样时应注意安全,必要时应系安全带。

　　(4) 不得在运动的设备上通行,禁止以电线作扶手,切忌靠近高压电线。

　　(5) 自高压设备中取气体样品时,应先将气样通过减压设备,然后取样。

　　(6) 取有害物质样品时,要完全消除有害物质与皮肤接触、侵入呼吸器官或消化道的可能性。根据具体情况,使用防毒面具、呼吸罩、强力橡皮手套、保护软膏和防护眼镜等。

附　　录

附录 A　国际相对原子质量表

（以 ^{12}C＝12 相对原子质量为基准）

原子序数	元素名称	元素符号	相对原子质量	原子序数	元素名称	元素符号	相对原子质量	原子序数	元素名称	元素符号	相对原子质量
1	氢	H	1.008	27	钴	Co	58.93	53	碘	I	126.9
2	氦	He	4.003	28	镍	Ni	58.69	54	氙	Xe	131.3
3	锂	Li	6.941	29	铜	Cu	63.55	55	铯	Cs	132.9
4	铍	Be	9.012	30	锌	Zn	65.41	56	钡	Ba	137.3
5	硼	B	10.81	31	镓	Ga	69.72	57	镧	La	138.9
6	碳	C	12.01	32	锗	Ge	72.64	58	铈	Ce	140.1
7	氮	N	14.01	33	砷	As	74.92	59	镨	Pr	140.9
8	氧	O	16.00	34	硒	Se	78.96	60	钕	Nd	144.2
9	氟	F	19.00	35	溴	Br	79.90	61	钷	Pm	144.9
10	氖	Ne	20.18	36	氪	Kr	83.80	62	钐	Sm	150.4
11	钠	Na	22.99	37	铷	Rb	85.47	63	铕	Eu	152.0
12	镁	Mg	24.31	38	锶	Sr	87.62	64	钆	Gd	157.3
13	铝	Al	26.98	39	钇	Y	88.91	65	铽	Tb	158.9
14	硅	Si	28.09	40	锆	Zr	91.22	66	镝	Dy	162.5
15	磷	P	30.979	41	铌	Nb	92.91	67	钬	Ho	164.9
16	硫	S	32.07	42	钼	Mo	95.94	68	铒	Er	167.3
17	氯	Cl	35.45	43	锝	Tc	97.91	69	铥	Tm	168.9
18	氩	Ar	39.95	44	钌	Ru	101.1	70	镱	Yb	173.0
19	钾	K	39.10	45	铑	Rh	102.9	71	镥	Lu	175.0
20	钙	Ca	40.08	46	钯	Pd	106.4	72	铪	Hf	178.5
21	钪	Sc	44.96	47	银	Ag	107.9	73	钽	Ta	180.9
22	钛	Ti	47.87	48	镉	Cd	112.4	74	钨	W	183.9
23	钒	V	50.94	49	铟	In	114.8	75	铼	Re	186.2
24	铬	Cr	52.00	50	锡	Sn	118.7	76	锇	Os	190.2
25	锰	Mn	54.94	51	锑	Sb	121.8	77	铱	Ir	192.2
26	铁	Fe	55.85	52	碲	Te	127.6	78	铂	Pt	195.1

续表

原子序数	元素名称	元素符号	相对原子质量	原子序数	元素名称	元素符号	相对原子质量	原子序数	元素名称	元素符号	相对原子质量
79	金	Au	197.0	90	钍	Th	232.0	101	钔	Md	258.1
80	汞	Hg	200.6	91	镤	Pa	231.0	102	锘	No	259.1
81	铊	Tl	204.4	92	铀	U	238.0	103	铹	Lr	260.1
82	铅	Pb	207.2	93	镎	Np	237.0	104		Rf	261.1
83	铋	Bi	209.0	94	钚	Pu	244.0	105		Db	262.1
84	钋	Po	209.0	95	镅	Am	243.1	106		Sg	263.1
85	砹	At	210.0	96	锔	Cm	247.1	107		Bh	264.1
86	氡	Rn	222.0	97	锫	Bk	247.1	108		Hs	265.1
87	钫	Fr	223.0	98	锎	Cf	251.1	109		Mt	266.1
88	镭	Ra	226.0	99	锿	Es	252.1				
89	锕	Ac	227.0	100	镄	Fm	257.1				

附录 B　常用酸碱和过氧化氢溶液的密度与浓度

试剂名称	分子式	密度 ρ/(g/mL)	质量分数/(%)	浓度/(mol/L)
盐酸	HCl	1.18～1.19	36～38	11.6～12.4
硝酸	HNO_3	1.39～1.40	65～68	14.4～15.2
硫酸	H_2SO_4	1.83～1.84	95～98	17.8～18.4
磷酸	H_3PO_4	1.69	85	14.6
高氯酸	$HClO_4$	1.68	70～72	11.7～12.0
冰乙酸	CH_3COOH	1.05	99.8(优级纯),99.0(分析纯,化学纯)	17.4
氢氟酸	HF	1.13	40	22.5
氢溴酸	HBr	1.49	47	8.6
氨水	$NH_3 \cdot H_2O$	0.88～0.90	25～28	13.3～14.3
过氧化氢	H_2O_2	1.11	30	10

附录 C　常用基准物质及其干燥条件

基准物质名称	分子式	干燥后组成	干燥条件/℃
碳酸氢钠	$NaHCO_3$	Na_2CO_3	270～300
碳酸钠	$Na_2CO_3 \cdot 10H_2O$	Na_2CO_3	270～300
硼砂	$Na_2B_4O_7 \cdot 10H_2O$	$Na_2B_4O_7 \cdot 10H_2O$	放在含有氯化钠和蔗糖饱和液的干燥器中

续表

基准物质名称	分 子 式	干燥后组成	干燥条件/℃
碳酸氢钾	$KHCO_3$	K_2CO_3	270～300
草酸	$H_2C_2O_4 \cdot 2H_2O$	$H_2C_2O_4 \cdot 2H_2O$	室温空气干燥
邻苯二甲酸氢钾	$KHC_8H_4O_4$	$KHC_8H_4O_4$	110～120
重铬酸钾	$K_2Cr_2O_7$	$K_2Cr_2O_7$	140～150
碘酸钾	KIO_3	KIO_3	130
草酸钠	$Na_2C_2O_4$	$Na_2C_2O_4$	130
碳酸钙	$CaCO_3$	$CaCO_3$	110
锌	Zn	Zn	室温干燥器中
氧化锌	ZnO	ZnO	900～1000
硫酸锌	$ZnSO_4 \cdot 7H_2O$	$ZnSO_4$	400～700
氯化钠	$NaCl$	$NaCl$	500～600
氯化钾	KCl	KCl	500～600
硝酸银	$AgNO_3$	$AgNO_3$	280～290
氨基磺酸	$HOSO_2NH_2$	$HOSO_2NH_2$	在真空 H_2SO_4 干燥器中保存 48 h

附录 D　环境空气质量标准(GB 3095—2012)

(一)环境空气污染物基本项目浓度限值

序号	污 染 物	平 均 时 间	浓度限值 一级	浓度限值 二级	单 位
1	二氧化硫(SO_2)	年平均	20	60	$\mu g/m^3$
		24 h 平均	50	150	
		1 h 平均	150	500	
2	二氧化氮(NO_2)	年平均	40	40	
		24 h 平均	80	80	
		1 h 平均	200	200	
3	一氧化碳(CO)	24 h 平均	4	4	mg/m^3
		1 h 平均	10	10	
4	臭氧(O_3)	日最大 8 h 平均	100	160	
		1 h 平均	160	200	
5	PM_{10} (粒径≤10 μm 的颗粒物)	年平均	40	70	$\mu g/m^3$
		24 h 平均	50	150	
6	$PM_{2.5}$ (粒径≤2.5 μm 的颗粒物)	年平均	15	35	
		24 h 平均	35	75	

（二）环境空气污染物其他项目浓度限值

序号	污染物	平均时间	浓度限值 一级	浓度限值 二级	单 位
1	TSP（总悬浮颗粒物）	年平均	80	200	
		24 h平均	120	300	
2	氮氧化物（NO$_x$）	年平均	50	50	
		24 h平均	100	100	
		1 h平均	250	250	$\mu g/m^3$
3	铅（Pb）	年平均	0.5	0.5	
		季平均	1	1	
4	苯并[a]芘（B[a]P）	年平均	0.001	0.001	
		24 h平均	0.0025	0.0025	

注 1：一级浓度限值适用于一类区域（自然保护区、风景名胜区和其他需要特殊保护的区域），二级浓度限值适用于二类地区（居住区、商业交通居民混合区、文化区、工业区和农村地区）。

注 2：表中的浓度均为标准状态（273 K，101.325 kPa）下的浓度。

附录 E　室内空气质量标准（GB/T 18883—2002）

序号	参数类别	参 数	单 位	标 准 值	备 注
1	物理性	温度	℃	22～28	夏季空调
				16～24	冬季采暖
2		相对湿度	%	40～80	夏季空调
				30～60	冬季采暖
3		空气流速	m/s	0.3	夏季空调
				0.2	冬季采暖
4		新风量	m³/(h·人)	30	
5	化学性	二氧化硫（SO$_2$）	mg/m³	0.50	1 h平均
6		二氧化氮（NO$_2$）	mg/m³	0.24	1 h平均
7		一氧化碳（CO）	mg/m³	10	1 h平均
8		二氧化碳（CO$_2$）	%	0.10	日平均
9		氨（NH$_3$）	mg/m³	0.20	1 h平均
10		臭氧（O$_3$）	mg/m³	0.16	1 h平均
11		甲醛（HCHO）	mg/m³	0.10	1 h平均
12		苯（C$_6$H$_6$）	mg/m³	0.11	1 h平均
13		甲苯（C$_7$H$_8$）	mg/m³	0.20	1 h平均
14		二甲苯（C$_8$H$_{10}$）	mg/m³	0.20	1 h平均
15		苯并[a]芘（B[a]P）	ng/m³	1.0	日平均
16		可吸入颗粒物（PM$_{10}$）	mg/m³	0.15	日平均
17		总挥发性有机物（TVOC）	mg/m³	0.60	8 h平均

序号	参数类别	参　数	单　位	标准值	备　注
18	生物性	菌落总数	CFU/m^3	2500	依据仪器定
19	放射性	氡(^{222}Rn)	Bq/m^3	400	年平均

附录 F　地表水环境质量标准(GB 3838—2002)

（一）地表水环境质量标准基本项目标准限值　　　　　　　　　单位:mg/L

序号	项　目	标　准　值				
		Ⅰ级	Ⅱ级	Ⅲ级	Ⅳ级	Ⅴ级
1	水温/℃	人为造成的环境水温变化的控制范围：周平均最大升温≤1；周平均最大降温≤1				
2	pH值(无量纲)	6～9				
3	溶解氧　≥	饱和率90%(或7.5)	6	5	3	2
4	高锰酸盐指数　≤	2	4	6	10	15
5	化学需氧量(COD)　≤	15	15	20	30	40
6	五日生化需氧量(BOD_5)　≤	3	3	4	6	10
7	氨氮(NH_3-N)　≤	0.15	0.5	1.0	1.5	2.0
8	总磷(以P计)　≤	0.02	0.1	0.2	0.3	0.4
	总磷(湖、库,以P计)　≤	0.01	0.025	0.05	0.1	0.2
9	总氮(湖、库,以N计)　≤	0.2	0.5	1.0	1.5	2.0
10	铜　≤	0.01	1.0	1.0	1.0	1.0
11	锌　≤	0.05	1.0	1.0	2.0	2.0
12	氟化物(以F^-计)　≤	1.0	1.0	1.0	1.5	1.5
13	硒　≤	0.01	0.01	0.01	0.02	0.02
14	砷　≤	0.05	0.05	0.05	0.1	0.1
15	汞　≤	0.00005	0.00005	0.0001	0.001	0.001
16	镉　≤	0.001	0.005	0.005	0.005	0.01
17	铬(六价)　≤	0.01	0.05	0.05	0.05	0.1
18	铅　≤	0.01	0.01	0.05	0.05	0.1
19	氰化物　≤	0.005	0.05	0.2	0.2	0.2
20	挥发酚　≤	0.002	0.002	0.005	0.01	0.1
21	石油类　≤	0.05	0.05	0.05	0.5	1.0
22	阴离子表面活性剂　≤	0.2	0.2	0.2	0.3	0.3
23	硫化物　≤	0.05	0.1	0.2	0.5	1.0
24	粪大肠菌群(个/L)　≤	200	2000	10000	20000	40000

（二）集中式生活饮用水地表水源补充项目标准限值　　　　　　　　单位：mg/L

序　　号	项　　目	标　准　值
1	硫酸盐（以 SO_4^{2-} 计）	250
2	氯化物（以 Cl^- 计）	250
3	硝酸盐（以 N 计）	10
4	铁	0.3
5	锰	0.1

注：依据地表水水域环境功能和保护目标，按功能高低依次划分为五类：Ⅰ类主要适用于源头水、国家自然保护区；Ⅱ类主要适用于集中式生活饮用水地表水源地一级保护区、珍稀水生生物栖息地、鱼虾类产卵场、仔稚幼鱼的索饵场等；Ⅲ类主要适用于集中式生活饮用水地表水源地二级保护区、鱼虾类越冬场、洄游通道、水产养殖区等渔业水域及游泳区；Ⅳ类主要适用于一般工业用水区及人体非直接接触的娱乐用水区；Ⅴ类主要适用于农业用水区及一般景观要求水域。

附录 G　食用农产品产地环境质量评价标准（HJ/T 332—2006）

土壤环境质量评价指标限值　　　　　　　　单位：mg/kg

	项　　目		pH<6.5	pH 6.5~7.5	pH>7.5
基本控制项目	总镉	水作、旱作、果树等 ≤	0.30	0.30	0.60
		蔬菜 ≤	0.30	0.30	0.40
	总汞	水作、旱作、果树等 ≤	0.30	0.50	1.0
		蔬菜 ≤	0.25	0.30	0.35
	总砷	旱作、果树等 ≤	40	30	25
		水作、蔬菜 ≤	30	25	20
	总铅	水作、旱作、果树等 ≤	80	80	80
		蔬菜 ≤	50	50	50
	总铬	旱作、蔬菜、果树等 ≤	150	200	250
		水作 ≤	250	300	350
	总铜	水作、旱作、蔬菜、柑橘等 ≤	50	100	100
		果树 ≤	150	200	200
	六六六（四种异构体总量）≤		0.10		
	滴滴涕（四种衍生物总量）≤		0.10		
选择控制项目	总锌 ≤		200	250	300
	总镍 ≤		40	50	60
	稀土总量（氧化稀土）≤		背景值+10	背景值+15	背景值+20
			采用当地土壤母质相同、土壤类型和性质相似的土壤背景值		
	全盐量 ≤		1000　　　　2000（半漠境及漠境区）		

附录 H 声环境质量标准(GB 3096—2008)

环境噪声限值   单位:dB(A)

声环境功能区类别		时段	
		昼间	夜间
0 类		50	40
1 类		55	45
2 类		60	50
3 类		65	55
4 类	4a 类	70	55
	4b 类	70	60

注:0 类声环境功能区是指康复疗养区等特别需要安静的区域。1 类声环境功能区是指以居民住宅、医疗卫生、文化教育、科研设计、行政办公为主要功能,需要保持安静的区域。2 类声环境功能区是指以商业金融、集市贸易为主要功能,或者居住、商业、工业混杂,需要维护住宅安静的区域。3 类声环境功能区是指以工业生产、仓储物流为主要功能,需要防止工业噪声对周围环境产生严重影响的区域。4 类声环境功能区是指交通干线两侧一定距离之内,需要防止交通噪声对周围环境产生严重影响的区域,包括 4a 类和 4b 类两种类型。4a 类为高速公路、一级公路、二级公路、城市快速路、城市主干路、城市次干路、城市轨道交通(地面段)、内河航道两侧区域;4b 类为铁路干线两侧区域。

附录 I 生活饮用水卫生标准(GB 5749—2006)

(一) 水质常规指标及限制

指 标	限 值	指 标	限 值
1.微生物指标(MPN/100 mL 或 CFU/100 mL)*			
总大肠菌群	不得检出	大肠埃希菌	不得检出
耐热大肠菌群	不得检出	菌落总数(CFU/mL)	100
2.毒理指标/(mg/L)			
砷	0.01	镉	0.005
铬(六价)	0.05	铅	0.01
汞	0.001	硒	0.01
氰化物	0.05	氟化物	1.0
硝酸盐(以 N 计)	10	三氯甲烷	0.06
	20(地下水源限制时)	四氯化碳	0.002
溴酸盐(使用臭氧时)	0.01	甲醛(使用臭氧时)	0.9
亚氯酸盐(使用二氧化氯消毒时)	0.7	氯酸盐(使用复合二氧化氯消毒时)	0.7

续表

指　　标	限　　值	指　　标	限　　值
3.感官性状和一般化学指标			
色度(铂钴色度单位)	15	浑浊度(散射浑浊度单位)/NTU	1
臭和味	无异臭、异味		3**
肉眼可见物	无	pH 值	6.5～8.5
铝/(mg/L)	0.2	铁/(mg/L)	0.3
锰/(mg/L)	0.1	铜/(mg/L)	1.0
锌/(mg/L)	1.0	氯化物/(mg/L)	250
硫酸盐/(mg/L)	250	溶解性总固体/(mg/L)	1000
总硬度(以 CaCO₃ 计)/(mg/L)	450	耗氧量(COD$_{Mn}$法,以 O₂ 计)/(mg/L)	3 5***
挥发酚类(以苯酚计)/(mg/L)	0.002	阴离子合成洗涤剂/(mg/L)	0.3
4.放射性指标(放射性指标超过指导值,应该进行核素分析和评价,判定能否饮用)			
总 α 放射性/(Bq/L)	0.5	总 β 放射性/(Bq/L)	1.0

　　* MPN 表示最可能数;CFU 表示菌落形成单位。当水样检出总大肠菌群时,应进一步检验大肠埃希菌或耐热大肠菌群;当水样未检出总大肠菌群时,不必检验大肠埃希菌或耐热大肠菌群。

　　** 水源与净水技术条件限制时,浑浊度限值为 3。

　　*** 水源限制,原水耗氧量>6 mg/L 时,耗氧量限值为 5。

(二)饮用水中消毒剂常规指标及要求

消毒剂名称	与水接触时间/min	出厂水中限值/(mg/L)	出厂水中余量/(mg/L)	管网末梢水中余量/(mg/L)
氯气及游离氯制剂(游离氯)	≥30	4	≥0.3	≥0.05
一氯胺(总氯)	≥120	3	≥0.5	≥0.05
臭氧(O₃)	≥12	0.3	—	0.02 如加氯,总氯≥0.05
二氧化氯(ClO₂)	≥30	0.8	≥0.1	≥0.02

(三)水质非常规指标及限值

指　　标	限　　值	指　　标	限　　值
1.微生物指标			
贾第鞭毛虫/(个/10 L)	<1	隐孢子虫/(个/10 L)	<1
2.毒理指标/(mg/L)			
锑	0.005	钡	0.7
铍	0.002	硼	0.5

指　标	限　值	指　标	限　值
钼	0.07	镍	0.02
银	0.05	铊	0.0001
氯化氰（以 CN⁻ 计）	0.07	一氯二溴甲烷	0.1
二氯一溴甲烷	0.06	二氯乙酸	0.05
1,2-二氯乙烷	0.03	二氯甲烷	0.02
三卤甲烷（三氯甲烷、一氯二溴甲烷、二氯一溴甲烷、三溴甲烷的总和）	该类化合物中各种化合物的实测浓度与其各自的限值的比值之和不超过 1	1,1,1-三氯乙烷	2
		三氯乙酸	0.1
		三氯乙醛	0.01
2,4,6-三氯酚	0.2	三溴甲烷	0.1
七氯	0.0004	马拉硫磷	0.25
五氯酚	0.009	六六六	0.005
六氯苯	0.001	乐果	0.08
对硫磷	0.003	灭草松	0.3
甲基对硫磷	0.02	百菌清	0.01
呋喃丹	0.007	林丹	0.002
毒死蜱	0.03	草甘膦	0.7
敌敌畏	0.001	莠去津	0.002
溴氰菊酯	0.02	2,4-滴	0.03
滴滴涕	0.001	乙苯	0.3
1,1-二氯乙烯	0.03	二甲苯（总量）	0.5
1,2-二氯乙烯	0.05	1,2-二氯苯	1
1,4-二氯苯	0.3	三氯乙烯	0.07
三氯苯（总量）	0.02	六氯丁二烯	0.0006
丙烯酰胺	0.0005	四氯乙烯	0.04
甲苯	0.7	邻苯二甲酸二（2-乙基己基）酯	0.008
环氧氯丙烷	0.0004		
苯	0.01	苯并[a]芘	0.00001
苯乙烯	0.02	氯乙烯	0.005
氯苯	0.3	微囊藻毒素-LR	0.001

3.感官性状和一般化学指标/(mg/L)

氨氮（以 N 计）	0.5	硫化物	0.02
钠	200		

（四）农村小型集中式供水和分散式供水部分水质指标及限值

指　　标	限　　值	指　　标	限　　值
1.微生物指标			
菌落总数/(CFU/mL)	500		
2.毒理指标/(mg/L)			
砷	0.05	氟化物	1.2
硝酸盐(以 N 计)	20		
3.感官性状和一般化学指标(mg/L)			
浑浊度(散射浑浊度单位/NTU)	3 5(水源与净水技术条件限制时)	耗氧量(高锰酸盐指数,以 O$_2$ 计)	5
总硬度(以 CaCO$_3$)计	550	pH 值	6.5～9.5
色度(铂钴色度单位)	20	溶解性总固体	1500
铁	0.5	锰	0.3
氯化物	300	硫酸盐	300

主要参考文献

[1] 韦进宝,吴峰.环境监测手册[M].北京:化学工业出版社,2006.
[2] 国家环境保护总局《水和废水监测分析方法》编委会.水和废水监测分析方法[M].4版.北京:中国环境科学出版社,2002.
[3] 奚旦立,孙裕生.环境监测[M].4版.北京:高等教育出版社,2010.
[4] 曲东.环境监测[M].北京:中国农业出版社,2007.
[5] 陈玲,赵建夫.环境监测[M].2版.北京:化学工业出版社,2014.
[6] 吴忠标.环境监测[M].北京:化学工业出版社,2009.
[7] 夏青,陈艳卿,刘宪兵.水质基准与水质标准[M].北京:中国标准出版社,2004.
[8] 聂麦茜.环境监测与分析实践教程[M].北京:化学工业出版社,2003.
[9] 孙成.环境监测实验[M].2版.北京:科学出版社,2010.
[10] 岳梅.环境监测实验[M].2版.合肥:合肥工业大学出版社,2014.
[11] 董德明,朱利中.环境化学实验[M].2版.北京:高等教育出版社,2009.
[12] 陈玉娟.环境监测实验教程[M].广州:中山大学出版社,2012.
[13] 奚旦立.环境监测实验[M].北京:高等教育出版社,2011.
[14] 刘玉婷.环境监测实验[M].北京:化学工业出版社,2007.
[15] 冯素珍,杜丹丹.环境监测实验[M].郑州:黄河水利出版社,2013.
[16] 大气质量分析方法国家标准汇编[M].北京:中国标准出版社,1997.
[17] 中国环境保护标准汇编:废气废水废渣分析方法[M].北京:中国标准出版社,2001.
[18] 中国环境保护标准汇编:噪声测量[M].北京:中国标准出版社,2000.
[19] 中国环境保护标准汇编:放射性物质测定方法[M].北京:中国标准出版社,2000.

彩 图

(a) 纸片不加水

(b) 纸片加水

彩图 1 测试纸片

(a) 阳性
（纸片上出现红斑或红晕且周围发黄）

(b) 阳性
（纸片全片变黄，无红斑或红晕）

(c) 阴性
（纸片无变化）

(d) 阴性
（纸片部分变黄，无红斑或红晕）

(e) 阴性
（纸片的紫色背景上出现红斑或红晕，而周围不变黄）

彩图 2 结果判定参考图片